大数据与人工智能技术丛书

文本挖掘与信息检索概论

◎ 蔡晓妍 杨黎斌 程塨 姚西文 姚超 韩军伟 编著

清华大学出版社
北京

内 容 简 介

文本挖掘与信息检索是近年来人工智能领域的热点研究方向。本书共分8章，包括信息检索概述、信息检索模型、信息检索的评价、文本分类技术、文本聚类技术、自动摘要技术、文本推荐技术和网页链接分析，融合了统计学、机器学习、数据库等知识，具有多学科交叉的特点。

本书内容全面，案例丰富，适合作为人工智能、数据科学、计算机、软件工程等信息技术相关专业的本科生和研究生教材，也可作为企事业单位、政府部门和研究机构的文本挖掘、信息检索相关方向研究人员的参考资料。

图书在版编目(CIP)数据

文本挖掘与信息检索概论/蔡晓妍等编著. —北京：清华大学出版社，2022.9
(大数据与人工智能技术丛书)
ISBN 978-7-302-59744-5

Ⅰ. ①文… Ⅱ. ①蔡… Ⅲ. ①数据采集 ②信息检索 Ⅳ. ①TP274 ②G254.9

中国版本图书馆 CIP 数据核字(2022)第 002023 号

责任编辑：付弘宇 薛 阳
封面设计：刘 键
责任校对：韩天竹
责任印制：曹婉颖

出版发行：清华大学出版社
网　　址：http://www.tup.com.cn，http://www.wqbook.com
地　　址：北京清华大学学研大厦 A 座　　**邮　　编**：100084
社 总 机：010-83470000　　**邮　　购**：010-62786544
投稿与读者服务：010-62776969，c-service@tup.tsinghua.edu.cn
质量反馈：010-62772015，zhiliang@tup.tsinghua.edu.cn
课件下载：http://www.tup.com.cn，010-83470236
印 装 者：三河市龙大印装有限公司
经　　销：全国新华书店
开　　本：185mm×260mm　　**印　张**：12　　**字　　数**：277 千字
版　　次：2022 年 10 月第 1 版　　**印　　次**：2022 年 10 月第 1 次印刷
印　　数：1～1500
定　　价：49.00 元

产品编号：087788-01

第 1 章

信息检索概述

1.1 数据、信息和知识

1.1.1 从数据到信息

21 世纪是一个高度信息化的社会，信息就是资源，信息就是机会，人人都渴望及时获得有用的信息。有人提出“财富＝信息＋技术”，可见在激烈的社会竞争中，谁首先获得了最新的信息，谁便获得了发展的主动权，并且拥有了成功和未来。如果说信息搜集是人类赖以生存、发展的一种本能，信息检索则是当代大学生和广大科研人员所必须具备的一种基本技能。而想要具备信息检索的能力，特别是以计算机为代表的现代信息检索能力，就必须掌握信息检索的方法和技术。

按照美国系统科学家拉塞尔・阿克夫的观点，人类思想的内容可以分为以下 5 类。

(1) 数据：未经处理的符号。

(2) 信息：正在处理的有用的数据，提供资料，以回答“谁(who)”“什么(what)”“何处(where)”“何时(when)”的问题。

(3) 知识：数据和信息的应用，回答“如何(how)”的问题。

(4) 理解：知识的升值，回答“为什么(why)”的问题。

(5) 智慧：对理解的评估。

阿克夫从区分数据、信息和知识的角度对知识进行了定义。他认为：数据是未经处理的符号，信息是经过处理的并被赋予了意义的有用的数据，而知识是数据和信息的运用。阿克夫表明，前 4 个类别涉及过去，它们指已经有什么或已知什么的处理；只有第 5 类“智慧”与未来有关，因为有了智慧，人们可以创造未来，而不是只把握现在和过去，但实现智慧是不容易的，人们必须通过实现其他类别的思想内容来实现智慧。数据指未经组织的数字、词语、声音和图像等，信息指以有意义的形式加以排列和处理的数据，知识指用于生产的信息（有意义的信息），信息经过加工处理应用于生产才能转变成知识，智慧是应用知识和创新的能力。

国内外许多学者和文献在不同场合和各自领域对数据和信息做了一系列定义。本书采用的数据定义为：未被解释的符号、简单观察、一组分散的事实、没有回答特定问题的文本事实和消息等。而信息则被定义为：有意义的数据、有目的的相关数据、试图改变接收者认识的消息、回答“何人、何时、何地、何事”问题的文本。

由上述这些定义，可以将数据的一般特征归纳为关于事件和关于世界的一组独立的事实；信息则是已经排列成有意义的形式的数据，是有组织或结构化的数据，是被赋予了关联和因果关系的数据，是放在上下文中并被赋予特定含义的数据，是捕捉了来龙去脉的内容并把它们提炼成经验和想法以后的产出物，是经过一定处理并且有一定意义的数据。

计算机与信息技术经历了70多年的发展，给人类社会带来了巨大的变化与影响。在支配人类社会的能源、材料和信息三大要素中，信息愈来愈显示出其重要性和支配力，它将人类社会由工业化时代推向信息化时代。随着人类活动范围的扩展、信息技术的进步以及网络基础设施的发展，人们能以更快速、更方便、更廉价和更科学的方式来搜集、获取、组织、存储、加工、检索、传送、分析、利用数据和信息，使数据和信息量呈指数级增长。据统计，20世纪80年代，全球信息量每隔20个月就增加一倍；进入20世纪90年代，各类机构所有数据库的数据量增长更快。美国政府部门中一个典型的大数据库每天要接收约5TB的数据量，在15s～1min的时间里，要维护的数据量达到300TB，存档数据达15～100PB。在科研方面，以美国宇航局的数据库为例每天从卫星下载的数据量就达3～4TB之多，而为了研究的需要，这些数据要保存7年之久。20世纪90年代Internet的出现和发展，以及随之而来的企业内部网、企业外部网及虚拟专用网（Virtual Private Network，VPN）的产生和应用，将整个世界连成一个小小的地球村，人们可以跨越时空在网上交换信息，协同工作。这样，展现在人们面前的已不是局限于本部门、本单位和本行业的庞大数据库，而是浩瀚无垠的信息海洋。2019年第44次《中国互联网络发展状况统计报告》说明，截至2019年6月，我国网民规模达8.54亿，互联网普及率达61.2%；我国手机网民规模达8.47亿，网民使用手机上网的比例达99.1%。《2019年中国网民搜索引擎使用情况研究报告》中指出，截至2019年6月，我国搜索引擎用户规模达6.95亿。极度膨胀的数据信息量，使人们感受到了“信息爆炸”“混沌信息空间”和“数据过程”的巨大压力。

1.1.2 从信息到知识

1. 信息

信息是指人们对数据进行系统的收集、整理、管理和分析的结果，是经过一系列的提炼加工和集成后的数据。信息是对客观世界各种事物特征的反映。数据是信息的符号表示，或称载体，数据不经加工只是一种原始材料，其价值只是在于记录了客观数据的事实。信息是数据的内涵，是对数据的解释。信息可以是完整的，也可以是片段的；可以是关于过去的，或者是关于现在的，也可以是涉及未来的。目前天气很热，气温高达35℃，这条信息描述的是现在的天气状况。参考过去连续三年的气温记录，每年这一天的历史温度都高于37℃，这是关于过去的信息。如果根据这两天的信息预测明天的气温至少为37℃，那么这就是涉及未来的信息。尽管明天高温天气是有可能的，甚至是必然的，但这种预测未来的信息多少会带有不确定性，为了减少不确定性，提高置信度，必须对信息进行提炼、加工和集成。

2. 知识

所谓知识，就它反映的内容而言，是客观事物的属性与联系的反映，是客观世界在人脑中相对正确的反映。就它反映的活动形式而言，有时表现为主体对事物的感性直觉或表象，属于感性知识；有时表现为关于事物的概念或规律，属于理性知识。知识是在实践活动中获得的关于世界的最本质的认识，是对信息的提炼、比较、挖掘、分析、概括、判断和推论。

一般而言，知识具有共享性、传递性、非损耗性（可以反复使用，其价值不会减小）及再生性等特点。

按知识的复杂性可将知识划分为显性知识和隐性知识，它是知识最基本和最重要的划分结构。显性知识是用系统、正式的语言传递的知识，可以编码和度量，可以清晰地表达出来，易于传播，可以在人与人之间进行直接的交流，通常以语言文字（如书籍、文件、网页、电子邮件等）形式存在，显性知识的处理可以用计算机实现。隐性知识是存在于人脑中的、非结构化的、与特定语境相关的知识，很难编码和度量。隐性知识是人们在实践中不断摸索和反复体验形成的，通常以直觉、价值观、推断、经验、技能等形式表现出来，它难以表述，但却是个人能力的直接表现且更为宝贵。隐性知识的处理只能通过人脑实现，一般要通过言传身教和师传徒等形式传播。

数据、信息和知识之间的关系为：从数据中提取信息，从信息中挖掘知识，如图1-1所示。

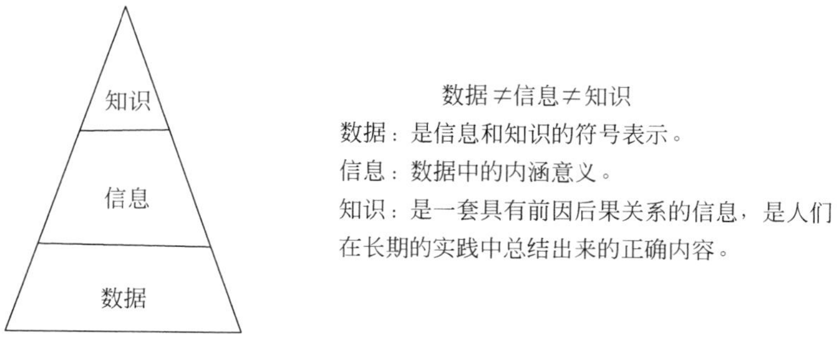
知识
信息
数据
数据≠信息≠知识
数据：是信息和知识的符号表示。
信息：数据中的内涵意义。
知识：是一套具有前因后果关系的信息，是人们在长期的实践中总结出来的正确内容。

图1-1 数据、信息和知识的关系

3. 从信息到知识

数据和信息共同构成知识的来源，但知识不是数据和信息的简单积累，知识是信息应用之后的结果。知识深刻地反映了事物的本质,可以利用知识来进行预测,进行相关性分析和制定决策,即得到新的知识。知识可应用于一般情况中,当信息被应用在前所未有的新环境中时,信息就成为知识。从人工智能观点看,知识是对事实的合理推理的结果。信息和知识的关系,简言之,信息是回答“When/Where/Who/What”的问题,而知识是回答“How/Why”的问题。数据、信息和知识的关系可以归纳为:信息是对数据整序的结果,而知识是对信息整序的结果。

作为知识的发展,计算机人工智能系统能够从以前存储的信息和知识中综合出新的知识,因而有人将知识分类方法分为:知事(know-what)、知因(know-why)、知能(know-how)、知人(know-who)。智慧是一种外推和非确定性过程,能够主动了解有哪些以前没有了解的,这样做远远超出了理解本身,是哲学探索的本质。图 1-2 表示从数据、信息、知识到理解和最终智慧的转换,它们支持从前一个阶段过渡到下一个阶段。

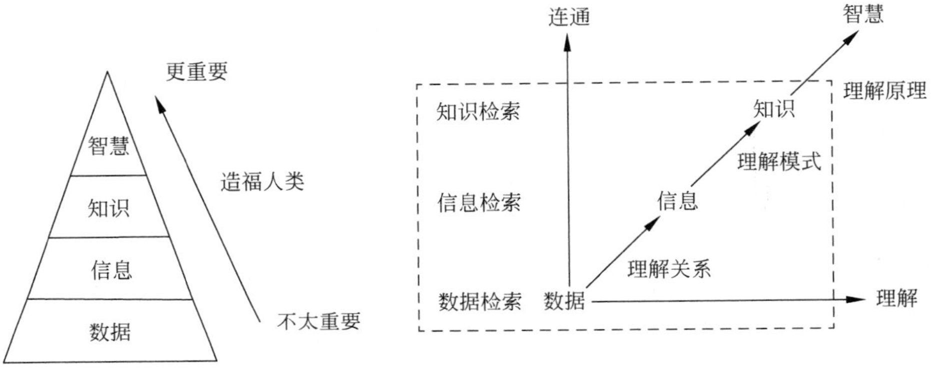

图 1-2 人类思想内容分类和信息检索阶段

人类的各项活动基于人类的智慧和知识,即对外部世界的观察和了解,正确的判断和决策以及正确的行动,而数据仅仅是人们用各种工具和手段观察外部世界所得到的原始材料,它本身没有任何意义。从数据到智慧,要经过分析、加工处理、精炼的过程。如图 1-2 所示,数据是原材料,它只是描述发生了什么事情,而不提供判断或解释;人们对数据进行分析找出其中的关系,赋予数据以某种意义和关联,这就形成所谓的信息。信息虽给出了数据中一些有一定意义的东西,但它往往和人们手上的任务没有什么关联,还不能作为判断、决策和行动的依据。对信息进行再加工,进行深入洞察,才能获得更有用的信息,即知识。举个例子,这里在下雨(数据)→气温下降 15℃,然后开始下雨(信息)→如果湿度非常高、温度大幅下降,往往容易下雨(知识)。从信息中理解其模式,即形成知识,在大量知识积累基础上总结成原理和法则,就形成所谓的智慧。

1.2 信息检索的定义

“信息检索”一词出现于 20 世纪 50 年代,又称为信息存储与检索或情报检索。信息检索起源于图书馆的参考咨询和文摘索引工作,从 19 世纪下半叶开始发展,至 20 世纪 40 年代,索引和检索已成为图书馆独立的工具和用户服务项目。随着 1946 年世界上第一台电子计算机问世，计算机技术逐步走进信息检索领域，并与信息检索理论紧密结合起来，脱机批量情报检索系统、联机实时情报检索系统相继研制成功并商业化。20世纪60—80年代，在信息处理技术、通信技术、计算机和数据库技术的推动下，信息检索在教育、军事和商业等各领域高速发展，得到了广泛的应用。Dialog国际联机情报检索系统就是这一时期信息检索领域的代表，至今仍是世界上最著名的系统之一。

信息检索是指将杂乱无序的信息按一定的方式和规律组织、存储起来，形成某种信息集合，并能根据用户的特定需求快速高效地查找出相关信息的技术和过程。目前，关于信息检索有代表性的定义有：《图书馆学百科全书》认为信息检索是"知识的有序化识别和查找的过程""广义的情报检索包括情报的检索与存储，而狭义的情报检索仅指后者"；王永成教授的全息检索将信息检索定义为"可以从任意角度从存储的多种形式的信息中高速准确地查找，并可以任意要求的信息形式和组织方式输出，也可仅输出人们所需要的一切相关信息的计算机活动"；叶继元等教授认为"信息检索是从大量相关信息中利用人-机系统等各种方法加以有序识别与组织，以便及时找出用户所需部分信息的过程"；概念信息检索则认为"信息检索指在语义层次上的析取并由此形成知识库，再根据对用户提问的理解来检索其中的相关信息，它用概念而不是关键词来组织信息。图1-3是信息检索原理的示意图。

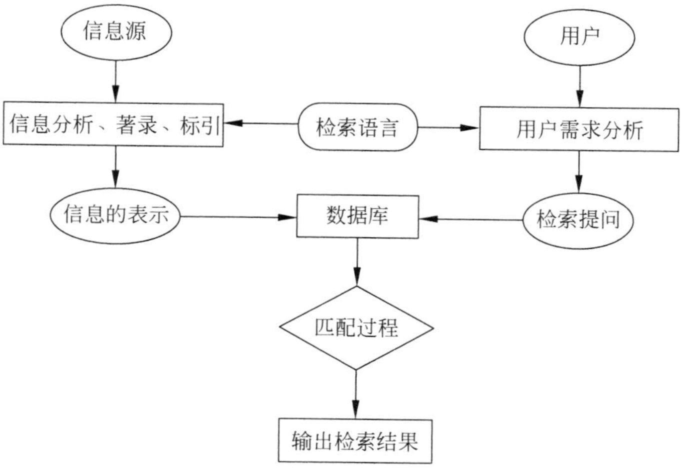

图1-3　信息检索原理示意图

信息检索包括存储与检索两个环节（如图1-4所示），一方面是用户的信息需求，另一方面是组织有序的信息集合。检索就是从用户特定的信息需求出发，对特定的信息集合采用一定的方法、技术手段，根据一定的线索与规则从中找出相关信息的过程。因此，信息检索包括"存"和"取"两个环节和内容。狭义的信息检索就是信息检索过程的后半部分，即从信息集合中找出所需信息的过程，也就是常说的信息查询。如果刻意要区分"检索"和"查找""搜索""搜寻"，有学者给出了如表1-1所示的区别。

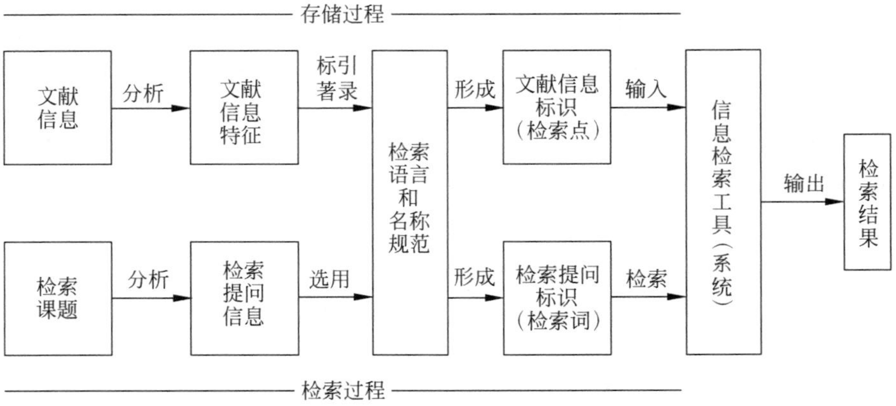

图 1-4 信息检索过程

表 1-1 检索与查找、搜索、搜寻的区别

	检　　索	查找，搜索，搜寻
英文	retrieval	search
过程和方法	系统地查找资料，有一定的策略	随机或比较随意
技能	需要一定的专门知识或技能	简单，任意词
用途	课题或专题	生活或工作
结果	检索前通常不知道结果	通常知道结果
效率	迅速，准确	一般

不论是“存”还是“取”，都需要理解概念分析。概念分析即将概念转换成系统语言，是存储与检索共有的过程，因此从这个意义上说，信息存储是信息检索的逆过程，两者是不可分割的整体。

信息检索的目的是解决特定的信息需求和满足信息用户的需要。信息检索的本质是对用户的信息需求与一定的信息集合进行比较和选择，也就是两者匹配的过程。信息检索通常指文本信息检索，包括信息的存储、组织、表现、查询和存取等各个方面，其核心为文本信息的索引和检索。从历史上看，信息检索经历了手工检索、计算机检索到目前网络化、智能化检索等多个发展阶段。目前，信息检索已经发展到网络化和智能化的阶段。信息检索的对象从相对封闭、稳定一致、由独立数据库集中管理的信息内容扩展到开放、动态、更新快、分布广泛、管理松散的 Web 内容；信息检索的用户也由原来的情报专业人员扩展到包括商务人员、管理人员、教师学生、各专业人士等在内的普通大众，他们对信息检索从结果到方式提出了更高、更多样化的要求。适应网络化、智能化及个性化的需要是目前信息检索技术发展的新趋势。

1.3 信息检索的发展

1.3.1 信息检索的发展历史

1. 手工检索阶段(1876—1954)

信息检索源于参考咨询和文摘索引工作。较正式的参考咨询工作是由美国公共图书馆和大专院校图书馆于 19 世纪下半叶发展起来的。到 20 世纪 40 年代，咨询工作的内容又进一步，包括事实性咨询、编目书目、文摘、进行专题文献检索，提供文献代译。检索从此成为一项独立的用户服务工作，并逐渐从单纯的经验工作向科学化方向发展。

2. 脱机批量处理检索阶段(1954—1965)

1954 年，美国海军机械实验中心使用 IBM701 型计算机，初步建成了计算机情报检索系统，这也预示着以计算机检索系统为代表的信息检索自动化时代的到来。单纯的手工检索和机械检索都或多或少显露出各自的缺点，因此极有必要发展一种新型的信息检索方式。

3. 联机检索阶段(1965—1991)

1965 年，美国系统发展公司研制成功 ORBIT 联机情报检索软件，开始了联机情报检索系统阶段。与此同时，美国洛克公司研制成功了著名的 Dialog 检索系统。20 世纪 70 年代，卫星通信技术、微型计算机以及数据库产生的同步发展，使用户得以冲破时间和空间的障碍，实现了国际联机检索。计算机检索技术从脱机阶段进入联机信息检索时期。远程实时检索多种数据库是联机检索的主要优点。联机检索是计算机、信息处理技术和现代通信技术三者的有机结合。

4. 网络化联机检索阶段(1991 年至今)

20 世纪 90 年代是联机检索发展进步的一个重要转折时期。随着互联网的迅速发展及超文本技术的出现，基于客户/服务器的检索软件的开发，实现了将原来的主机系统转移到服务器上，使客户/服务器联机检索模式开始取代以往的终端/主机结构，联机检索进入了一个崭新的时期。

1.3.2 信息检索的主要方法

1. 顺查法

顺查法指按照时间的顺序，由远及近地利用检索系统进行文献信息检索的方法。这种方法能收集到某一课题的系统文献，适用于较大课题的文献检索。例如，已知某课题的起始年代，现在需要了解其发展的全过程，就可以用顺查法从最初的年代开始，逐渐向近期查找。该方法的优点是漏检率、误检率比较低，但工作量大。

2. 倒查法

倒查法是由近及远，从新到旧，逆着时间的顺序利用检索工具进行文献信息检索的方法。此方法的重点是放在近期文献，只需查到基本满足需要时即可。使用这种方法可以最快地获得新资料，而且近期的资料总是既概括了前期的成果，又反映了最新水平和动向。这种方法工作量较小，但是漏检率较高，主要用于新课题立项前的调研。

3. 抽查法

抽查法是针对检索课题的特点，选择有关该课题的文献信息最可能出现或最多出现的时间段，利用检索工具进行重点检索的方法。它适合检索某一领域研究高潮很明显的、某一学科的发展阶段很清晰的、某一事物出现频率在某一阶段很突出的课题。该方法是一种花时较少而又能查到较多有效文献的检索方法。

4. 追溯法

追溯法是指不利用一般的检索工具，而是利用已经掌握的文献末尾所列的参考文献，进行逐一地追溯查找"引文"的一种最简便的扩大情报来源的方法。它还可以从查到的"引文"中再追溯查找"引文"，像滚雪球一样，依据文献间的引用关系，获得越来越多的内容相关文献。

5. 综合法

综合法又称为循环法，是把上述方法加以综合运用的方法。综合法既要利用检索工具进行常规检索，又要利用文献后所附参考文献进行追溯检索，分期分段地交替使用几种方法。即先利用检索工具(系统)检索出一批文献，再以这些文献末尾的参考目标为线索逆行查找，如此循环进行，直到满足要求时为止。

1.3.3 信息检索的应用

信息检索技术的应用主要体现在两方面，一是图书情报检索，例如图书馆信息系统；二是互联网信息检索。

自 1946 年世界上第一台电子计算机问世，计算机技术逐步在信息检索领域得到应用，并与信息检索理论紧密结合起来。脱机批量情报检索系统、联机实施情报检索系统相继被研发成功并投入应用。

自 20 世纪 60 年代后，在信息处理技术、通信技术的推动之下，信息检索在教育、军事、医疗、商业等各领域高速发展，得到了广泛的应用。

近些年来，信息检索技术正逐步向应用需求靠拢，从而真正发展成为一项对整个信息产业举足轻重的基础技术。

当今，信息正向着更加集中和更加分散这两个方向发展着。一方面出现了很多掌握着大量信息，并且出售信息从中获利的信息服务公司；另一方面，这个时代有着先进的信息发布手段，使得每个人都是信息的接收者，也是信息的发布者。信息的总量倍速增长着，在这种信息爆炸的情况下，对高速度高质量的信息检索的需求显得尤为迫切。

1.3.4 信息检索的发展趋势

1. 智能化

智能信息检索系统由知识库和智能接口两部分组成。智能化主要体现在网络搜索软件与搜索引擎的智能化。更智能化的搜索引擎具有一定的分析与推理能力，当用户使用搜索引擎进行信息检索时，搜索引擎会考虑到用户的年龄、所在地区、兴趣爱好偏向、搜索历史等因素，来为用户做信息取舍，进行一轮信息筛选。而后将结果呈现给用户，由用户自行进行筛选与使用。

信息检索的对象从相对封闭、一致、由独立数据库统一管理的内容扩散到开放、动态更新、管理松散的Web内容。检索范围越来越广，内容越来越丰富。信息检索的用户群体也在不断地扩充，从最初的专业人员到如今的各个社会阶层的人士。信息检索智能化的程度越高，越能满足各用户群体对信息的需求，搜索的最终结果也能大范围地与用户的需求重合，使得用户能精准地获得有效信息。这样一来，适应智能化的需要便是目前信息检索技术发展的趋势。

2. 多样化

信息检索的多样化体现在不仅能将文本作为关键词进行检索，同时还能将语音、图像等形式的信息作为关键词进行检索，如听音识曲、百度识图等功能。与此同时，检索工具也向着多语种、多国化的方向在发展。检索工具所包含的范围正在不断地扩大，检索工具的各项客户服务也正在逐步完善。

3. 简单化

搜索引擎的发展、网上自动标印、自动文摘、多语种机器翻译等功能也在逐步发展，这些功能的发展将会使得信息检索变得更加简单化与便捷化。

4. 深入化

搜索策略包含广度优先和深度优先。信息检索的深入化主要包括：提高检索深度，即由相关性检索逐步向直接性检索发展；检索内容向综合化和专业化的方向发展，用户可以提前选择较为可信的信息源，而后从中抓取信息并返回给用户使用，还可以对检索出来的结果进行进一步的限定与筛选，提高信息的准确性与可用性，同时也提升了信息检索系统的效率。

5. 用户友好化

用户友好化主要包括用户界面友好化和检索结果提供方式友好化。这两方面主要是为了提升用户体验，用户提供信息服务上的便利时，也提供了良好舒适的信息检索体验，使用户快捷、准确、高效地进行信息检索，从而筛选出自己需要的信息。

6. 多语种化

致力于开发多种语言的信息检索系统，为世界各地各语种的用户提供信息检索服务，是信息检索的一大发展方向。这样有利于加强世界各地的文化交流，引进新型技术来服务各用户群体，也能更好地服务于国民经济建设。

习题

1. 信息检索产生的原因是什么？
2. 如何定义信息检索？它有哪些功能？
3. 论述目前我国信息检索在各个领域的应用情况。
4. 如何理解信息检索的发展趋势？

第 2 章

信息检索模型

2.1 概述

检索模型提供了一种度量查询和文档之间相似度的方法。这些模型基于一种公认的理念：文档和查询共有的词项越多，则认为这篇文档和该查询越相关。语言本身就客观存在着诸多不确定性，现实中同一个概念可能会使用多种不同的词项来表达（如 new york 和 the big apple 可能指的是同一事物）。同时，同一个词项也可能有多种语义（如 bark 和 duck，它们的名词形式和动词形式的含义都不同）。常用的检索模型有：向量空间检索模型、概率检索模型、语言检索模型、推理检索模型、布尔检索、LSI、神经网络方法。本章主要介绍向量空间模型、概率模型以及语言模型。

2.2 向量空间检索模型

一系列文档在同一向量空间中的表示被称为向量空间模型（Vector Space Model，VSM），它是信息检索领域一系列相关处理的基础，如文档的评分、文档的分类及聚类等。接下来首先给出向量空间模型评分方法的基本思路。

2.2.1 内积

假设文档 d 对应的向量用 $\boldsymbol{v}(d)$表示，其中每个分量对应一个词项。如果不特别说明的话，那么假定以下向量分量均采用 tf-idf 权重计算方式。当然，具体的权重计算方式对下面的讨论本身并没有实质性的影响。至此，一组文档的集合可以看成向量空间中的多个向量，每个词项对应一个坐标轴。这种表示忽略了词项在文档中的相对次序。

在向量空间下，如何对两篇文档的相似度进行计算？可以首先考虑采用两个文档向量的差向量的大小进行计算。但是这种计算方法有一个缺点：两篇内容相似的文档向量的差向量可能很大，这是因为一篇文档可能比另一篇文档要长得多。因此，尽管两个词项在每篇文档中的相对分布完全一样，但是其中一个词项的绝对词频有可能远远大于另一个，于是计算出的差向量也就很大。

为了弥补文档长度给上述相似度计算所带来的负面效果，计算两篇文档 d_1 和 d_2 相似度的常规方法是求向量 $\boldsymbol{v}(d_1)$和 $\boldsymbol{v}(d_2)$的余弦相似度：

$$\mathrm{sim}(d_1,d_2)=\frac{\boldsymbol{v}(d_1)\cdot\boldsymbol{v}(d_2)}{|\boldsymbol{v}(d_1)||\boldsymbol{v}(d_2)|} \tag{2-1}$$

其中，分子是向量 $\boldsymbol{v}(d_1)$和 $\boldsymbol{v}(d_2)$的内积或称点积，分母是两个向量的欧几里得长度的乘积。两个向量的内积 $\boldsymbol{x}\cdot\boldsymbol{y}$ 定义为 x_iy_i，文档 d 对应的向量表示为 $\boldsymbol{v}(d)$，它是一个 M 维的向量 $\boldsymbol{v}_1(d)\cdots\boldsymbol{v}_M(d)$，$d$ 的欧几里得长度定义为 $\sqrt{\sum_{i=1}^{M}\boldsymbol{v}_i^2(d)}$。

式(2-1)中除以分母的效果实际上相当于将向量 $\boldsymbol{v}(d_1)$和 $\boldsymbol{v}(d_2)$进行长度归一化（称为欧氏归一化），得到单位向量：$\boldsymbol{v}(d_1)=\boldsymbol{v}(d_1)/|\boldsymbol{v}(d_1)|$，$\boldsymbol{v}(d_2)=\boldsymbol{v}(d_2)/|\boldsymbol{v}(d_2)|$。因此，公式(2-1)可以重写成：

$$\mathrm{sim}(d_1,d_2)=\boldsymbol{v}(d_1)\cdot\boldsymbol{v}(d_2) \tag{2-2}$$

式(2-2)可以看成是两个归一化以后的文档向量的内积，也就是计算两个向量的夹角余弦。考虑在给定文档 d（也许是文档集中的某篇文档 d_i）的前提下在文档集中搜索与之相近的文档的过程。如果在某个系统中，用户先确定一篇文档然后查找与之相似的文档，那么上面给出的文档相似度计算就非常有用。于是，查找与 d 相似的文档这个问题可以归结成寻找和 d 有大内积结果 $\boldsymbol{v}(d_1)\cdot\boldsymbol{v}(d_2)$的文档过程。因此，需要首先计算 $\boldsymbol{v}(d)$与每篇文档 $\boldsymbol{v}(d_1)\cdots\boldsymbol{v}(d_N)$的内积，然后选择具有大值的结果。

将一个包含 N 篇文档的文档集看成向量的集合相当于将整个文档集看成一个 $M\times N$ 的词项——文档矩阵，其中，矩阵的每一行代表一个词项，每一列代表一篇文档。通常，词项可以在索引前进行词干还原处理，例如，wrote 和 written 在词干还原之后可能会被合并成一个词项，从而构成向量空间的一维。

将文档表示成向量的一个令人信服的理由是也可以将查询 q 表示成向量。按照和 q 的内积计算结果对每篇文档 d 进行评分：

$$\boldsymbol{v}(q)\cdot\boldsymbol{v}(d) \tag{2-3}$$

概括来说，只要将查询看成词袋，那么就能将它当成一篇极短的文档来处理。因此，可以通过计算给定的查询向量和每个文档向量的相似度来对所有文档进行排名，最终的结果可以用于选择排名靠前的一些文档。于是，有

$$\mathrm{score}(q,d)=\frac{\boldsymbol{v}(q)\cdot\boldsymbol{v}(d)}{|\boldsymbol{v}(q)||\boldsymbol{v}(d)|} \tag{2-4}$$

整个检索过程就是：计算查询向量和文档集中每个文档向量的余弦相似度，结果按照得分排序，并选择得分高的 K 篇文档。这个过程的代价很大，这是因为每次相似度计算都是数万维向量之间的内积计算，这需要数万次的算术操作。

2.2.2 相似度计算

通常情况下,一个典型检索系统的配置包括:一批文档组成的文档集,其中每篇文档表示成一个向量;一个自由文本查询,也表示成一个向量;正整数 K。检索系统的目标是,给定查询,从文档集合中返回得分高的 K 篇文档。

人们提出了许多比较查询向量和文档向量的方法,这些方法都经过了证明。这里再快速回顾一下。其中最常见的方法是余弦方法,也就是计算查询向量和文档向量之间夹角的余弦值。

$$\mathrm{SC}(Q,D_i)=\frac{\sum_{j=1}^{t}\boldsymbol{w}_{qj}d_{ij}}{\sqrt{\sum_{j=1}^{t}(d_{ij})^2\sum_{j=1}^{t}(\boldsymbol{w}_{qj})^2}} \tag{2-5}$$

因为 $\sqrt{\sum_{j=1}^{t}(\boldsymbol{w}_{qj})^2}$ 在计算每篇文档的相似度时都会出现,向量内积除以文档向量大小后,余弦系数应该给出相同的相关性结果。注意到余弦方法通过考虑文档长度来"归一化"结果。通过内积方法,一个比较长的文档可能会得到一个比较高的分数,仅仅因为文档比较长,因此有更多的机会包含查询词——并不一定因为文档是相关的。

Dice 系数定义为:

$$\mathrm{SC}(Q,D_i)=\frac{2\times\sum_{j=1}^{t}\boldsymbol{w}_{qj}d_{ij}}{\sqrt{\sum_{j=1}^{t}(d_{ij})^2\sum_{j=1}^{t}(\boldsymbol{w}_{qj})^2}} \tag{2-6}$$

Jaccard 系数定义为:

$$\mathrm{SC}(Q,D_i)=\frac{\sum_{j=1}^{t}\boldsymbol{w}_{qj}d_{ij}}{\sum_{j=1}^{t}(d_{ij})^2+\sum_{j=1}^{t}(\boldsymbol{w}_{qj})^2-\sum_{j=1}^{t}\boldsymbol{w}_{qj}d_{ij}} \tag{2-7}$$

余弦方法通过将向量内积除以文档向量的长度来实现不同文档长度的归一化。余弦方法中假定文档长度对查询没有影响。排除归一化因素,较长的文档更容易被认定为相关的,仅仅因为长文档包含的词多,所以增加了包含查询词的可能性。除以文档向量长度就是不考虑文档长度。

为了找到一种调整归一化因子的方法,Singhal 比较了相关的可能性和在文档集中被检索到的可能性,其中已知与查询集相关的文档。理想情况下,如果检索概率和相关概率同时以文档长度为标准进行作图,那么这两条曲线应该基本一致。由于并不是这种情况(实际上两条曲线是相交的),所以肯定存在一个文档长度点使检索概率和相关概率相等。在这个点(被称为临界点)前,文档被检索的概率大于相关概率。在这个点后,文档被检索的概率小于相关概率。一旦找到临界点,就可以使用这个"校正因子"进行归一化调整。

这个“校正因子”通过一个线性表达式计算出来，其中，在临界点时线性表达式的值等于临界点的值，并且选定一定的斜率来增加短文档归一化之后的值，这样短文档被选定的概率就等于相关概率。因此，相似度为：

$$\mathrm{SC}(Q,D_i)=\frac{\sum_{j=1}^{t}\boldsymbol{w}_{qj}d_{ij}}{(1.0-s)p+(s)\sqrt{\sum_{j=1}^{t}(d_{ij})^2}} \tag{2-8}$$

这种方法有两个变量：分别为斜率 s 和临界点 p。不过，也有可能将斜率 s 表示为临界点的函数。Singhal 在纠正和调整相应的斜率之前，将整个文档集上统计出来的平均归一化因子选定为临界点。计算相似度的等式如下：

$$\mathrm{SC}(Q,D_i)=\frac{\sum_{j=1}^{t}\boldsymbol{w}_{qj}d_{ij}}{(1.0-s)+(s)\sqrt{\dfrac{\sum_{j=1}^{t}(d_{ij})^2}{\mathrm{avgn}}}} \tag{2-9}$$

其中，avgn 是在任何纠正前的平均文档归一化因子。

临界点模式对于短文档和中等长度的文档还算有成效，但是与归一化前相比，整个算法会更有利于特别长的文档。为了修正这一点，在任何调整前，科研人员提出将文档中不同词项的数量 $|d_i|$ 作为归一化因子。

最后一种调整是针对在特别长文档中出现的词频特别高的情况。首先，使用 1+lg 来限制词频。为了应对长文档，将每个词项权重除以平均词项权重。

新的权重 d_{ij} 为(其中 tf 和 atf 的含义将在 2.3.2 节中说明)：

$$d_{ij}=\frac{1+\lg(\mathrm{tf})}{1+\lg(\mathrm{atf})} \tag{2-10}$$

使用新权重，并且除以调整因子的新公式如下。

$$\mathrm{SC}(Q,D_i)=\frac{\sum_{j=1}^{t}\boldsymbol{w}_{qj}d_{ij}}{(1.0-s)p+(s)(|d_i|)} \tag{2-11}$$

然后计算给定文档集中每篇文档的词项的平均数量，并且将其作为临界点 p。一旦计算完成，就可以使用文档集训练出一个很好的斜率。式(2-11)被称为临界点唯一归一化，并且实验表明，在式(2-9)临界点余弦归一化的基础上检索效果得到了提高。

2.3 概率检索模型

2.3.1 概率论基础知识

1. 条件概率

设有两个事件 A 和 B，$P(A)\neq 0$，在已知 A 发生的条件下 B 发生的概率记为：

$P(B|A)=\frac{P(AB)}{P(A)}$；满足概率的三个基本性质。

乘法公式：

$$P(AB)=P(A)P(B \mid A) \tag{2-12}$$

2. 全概率公式

设 $B_1,\cdots,B_2,\cdots,B_n$ 是 Ω 的一个划分(完备事件组)。

$$B_1 \cup B_2 \cup \cdots \cup B_n=\Omega \tag{2-13}$$

$$B_i \cap B_j=\varnothing, \quad i \neq j \tag{2-14}$$

$$P(B_i)>0, \quad 其中,i=1,2,3,\cdots \tag{2-15}$$

得到全概率公式：

$$\begin{aligned} P(A) &= P(A \cap \Omega)P(A \cap (B_1 \cup B_2 \cup \cdots \cup B_n)) \\ &= P(AB_1 \cup AB_2 \cup \cdots \cup AB_n)=\sum_{i=1}^{n} P(AB_i) \\ &= \sum_{i=1}^{n} P(B_i)P(A \mid B_i) \end{aligned} \tag{2-16}$$

注意：全概率公式的基本思想是把一个未知的复杂事件(Ω)分解成若干已知的简单事件 $B_1,B_2,\cdots,B_n$,再进行分解。

3. 贝叶斯公式

$$\begin{aligned} P(B_i \mid A) &= \frac{P(B_iA)}{P(A)}=\frac{P(B_i)P(A \mid B_i)}{P(A \mid B_1)+\cdots+P(A \mid B_i)+\cdots+P(A \mid B_n)} \\ &= \frac{P(B_i)P(A \mid B_i)}{\sum_{i=1}^{n} P(B_i)P(A \mid B_i)} \end{aligned} \tag{2-17}$$

其中,$P(A)>0,P(B_i)>0$。

$P(B_i)$是先验概率,在实际应用中是经验的总结、信息的归纳。

$P(B_i|A)$是后验概率,表示在事件(A)发生后对各种原因 B_i 发生可能性的分析。

2.3.2 词项权重

词项频率(term frequency,tf)：词项在文档 d 中出现的次数。

文档频率(document frequency,df)：出现词项的所有文档数目。

逆文档频率(inverse document frequency,idf)：$\mathrm{idf}_t=\lg \frac{N}{\mathrm{df}_t}$,其中,$N$ 是指语料库的文档总数,df_t 是指当前词项的文档频率。

某个词项在文档 d 中的最终权重,可以用 tf-idf 指标描述：

$$\text{tf-idf}_{t,d}=\mathrm{tf}_{t,d} \times \mathrm{idf}_t \tag{2-18}$$

换句话说,$\text{tf-idf}_{t,d}$ 按照如下的方式对文档 d 中的词项 t 赋予权重。

(1) 当 t 只在少数几篇文档中多次出现时,权重取值大(此时能够对这些文档提供强的区分能力)。

(2) 当 t 在一篇文档中出现次数很少,或者在很多文档中出现,权重取值次之(此时对最后的相关度计算作用不大)。

(3) 如果 t 在所有文档中都出现,那么权重取值小。

2.3.3 二值独立模型

假设 1:词项之间的出现是相互独立的。

这样文档和查询都可以向量化:

$$\boldsymbol{D}=[x_1,x_2,\cdots,x_M],\quad \boldsymbol{Q}=[q_1,q_2,\cdots,q_M] \tag{2-19}$$

当词项 t 出现在文档或查询中,则 x_t 或 q_t 的值为 1,否则为 0。由于假设词项出现是相互独立的,并且向量只取 0,1 两个值,故这个模型就叫作二值独立模型。那么这个模型是如何进行文档检索以及排序的呢?接下来就详细介绍一下。

给定一个查询 Q,文档 D 与 Q 相关的概率可以用 $P(R=1|(\boldsymbol{D},\boldsymbol{Q}))$ 表示,不相关的概率可以用 $P(R=0|(\boldsymbol{D},\boldsymbol{Q}))$ 表示。

$$\begin{aligned}P(R=1\mid(\boldsymbol{D},\boldsymbol{Q}))&=\frac{P(R=1,\boldsymbol{D},\boldsymbol{Q})}{P(\boldsymbol{D},\boldsymbol{Q})}=\frac{P(\boldsymbol{Q})P(R=1\mid\boldsymbol{Q})P(\boldsymbol{D}\mid(\boldsymbol{Q},R=1))}{P(\boldsymbol{Q})P(\boldsymbol{D}\mid\boldsymbol{Q})}\\&=\frac{P(R=1\mid\boldsymbol{Q})P(\boldsymbol{D}\mid(\boldsymbol{Q},R=1))}{P(\boldsymbol{D}\mid\boldsymbol{Q})}\end{aligned} \tag{2-20}$$

$$\begin{aligned}P(R=0\mid(\boldsymbol{D},\boldsymbol{Q}))&=\frac{P(R=0,\boldsymbol{D},\boldsymbol{Q})}{P(\boldsymbol{D},\boldsymbol{Q})}=\frac{P(\boldsymbol{Q})P(R=0\mid\boldsymbol{Q})P(\boldsymbol{D}\mid(\boldsymbol{Q},R=0))}{P(\boldsymbol{Q})P(\boldsymbol{D}\mid\boldsymbol{Q})}\\&=\frac{P(R=0\mid\boldsymbol{Q})P(\boldsymbol{D}\mid(\boldsymbol{Q},R=0))}{P(\boldsymbol{D}\mid\boldsymbol{Q})}\end{aligned} \tag{2-21}$$

那么自然能想到一个可以用来进行排序的指标:$P(R=1|(\boldsymbol{D},\boldsymbol{Q}))$,但是实际中常用下面的式子作为排序的指标。

$$O(R,\boldsymbol{D},\boldsymbol{Q})=\frac{P(R=1\mid(\boldsymbol{D},\boldsymbol{Q}))}{P(R=0\mid(\boldsymbol{D},\boldsymbol{Q}))}=\frac{P(R=1\mid\boldsymbol{Q})P(\boldsymbol{D}\mid(\boldsymbol{Q},R=1))}{P(R=0\mid\boldsymbol{Q})P(\boldsymbol{D}\mid(\boldsymbol{Q},R=0))} \tag{2-22}$$

这是因为 $P(R=1|(\boldsymbol{D},\boldsymbol{Q}))+P(R=0|(\boldsymbol{D},\boldsymbol{Q}))=1$,当 $P(R=1|(\boldsymbol{D},\boldsymbol{Q}))$ 越大时,$O(R,\boldsymbol{D},\boldsymbol{Q})$ 也越大,这样不影响排序效果,并且可以省去对 $P(\boldsymbol{D}|\boldsymbol{Q})$ 的计算。

为了方便计算这个函数,做了如下几个假设。

假设 2:$\dfrac{P(R=1|\boldsymbol{Q})}{P(R=0|\boldsymbol{Q})}$ 对于一个给定的查询来说是一个常数。

那么可以从式子中去掉不影响排序结果,所以式子又变成如下形式。

$$\begin{aligned}O(R,\boldsymbol{D},\boldsymbol{Q})&=\frac{P(R=1\mid(\boldsymbol{D},\boldsymbol{Q}))}{P(R=0\mid(\boldsymbol{D},\boldsymbol{Q}))}=\frac{P(R=1\mid\boldsymbol{Q})P(\boldsymbol{D}\mid(\boldsymbol{Q},R=1))}{P(R=0\mid\boldsymbol{Q})P(\boldsymbol{D}\mid(\boldsymbol{Q},R=0))}\\&\approx\frac{P(\boldsymbol{D}\mid(\boldsymbol{Q},R=1))}{P(\boldsymbol{D}\mid(\boldsymbol{Q},R=0))}\end{aligned} \tag{2-23}$$

接下来引入词项的独立性:

$$P(\boldsymbol{D}\mid(\boldsymbol{Q},R=1))=\prod_{t=1}^{M}P(x_t\mid(\boldsymbol{Q},R=1))$$

$$= \prod_{t:\,x_t=1} P(x_t=1 \mid (\boldsymbol{Q},R=1)) \cdot \prod_{t:\,x_t=0} P(x_t=0 \mid (\boldsymbol{Q},R=1))$$

(2-24)

$$P(\boldsymbol{D} \mid (\boldsymbol{Q},R=0)) = \prod_{t=1}^{M} P(x_t \mid (\boldsymbol{Q},R=0))$$

$$= \prod_{t:\,x_t=1} P(x_t=1 \mid (\boldsymbol{Q},R=0)) \cdot \prod_{t:\,x_t=0} P(x_t=0 \mid (\boldsymbol{Q},R=0))$$

(2-25)

上面的式子很好理解，既然每个词的出现是相互独立的，那么一篇文档出现的概率自然是每个词出现的概率的乘积。

设 $p_t=P(x_t=1|(\boldsymbol{Q},R=1))$，那么 $P(x_t=0|(\boldsymbol{Q},R=1))=1-p_t$。

设 $u_t=P(x_t=1|(\boldsymbol{Q},R=0))$，那么 $P(x_t=1|(\boldsymbol{Q},R=0))=1-u_t$。

$$O(R,\boldsymbol{D},\boldsymbol{Q}) \approx \frac{\prod_{t=1}^{M} P(x_t \mid (\boldsymbol{Q},R=1))}{\prod_{t=1}^{M} P(x_t \mid (\boldsymbol{Q},R=0))}$$

$$= \prod_{t:\,x_t=1,q_t=1} \frac{p_t}{u_t} \cdot \prod_{t:\,x_t=1,q_t=0} \frac{p_t}{u_t} \cdot \prod_{t:\,x_t=0,q_t=0} \frac{1-p_t}{1-u_t} \cdot \prod_{t:\,x_t=0,q_t=1} \frac{1-p_t}{1-u_t}$$

(2-26)

观察这个式子发现，如果需要计算这个式子的值必须要计算不在文档内出现的词的一些信息，而不出现在文档中的词的规模是词典的大小，所以计算起来非常耗时，故又提出一个假设来避免对不必要的词进行的计算。

假设 3：当 t 不出现在查询中时，令 $p_t=u_t$。

$$O(R,\boldsymbol{D},\boldsymbol{Q}) \approx \prod_{t:\,x_t=1,q_t=1} \frac{p_t}{u_t} \cdot \prod_{t:\,x_t=0,q_t=1} \frac{1-p_t}{1-u_t}$$

$$= \prod_{t:\,x_t=1,q_t=1} \frac{p_t(1-u_t)}{u_t(1-p_t)} \cdot \prod_{t:\,x_t=1,q_t=1} \frac{1-p_t}{1-u_t} \cdot \prod_{t:\,x_t=0,q_t=1} \frac{1-p_t}{1-u_t}$$

$$= \prod_{t:\,x_t=1,q_t=1} \frac{p_t(1-u_t)}{u_t(1-p_t)} \cdot \prod_{t:\,q_t=1} \frac{1-p_t}{1-u_t} \tag{2-27}$$

假设 4：$\prod_{t:\,q_t=1} \frac{1-p_t}{1-u_t}$ 只与查询词有关，对于给定的查询，也可以看成是一个常数。

故该项可以略去，不会影响排序效果。并且这个式子中用到了乘法操作，计算过程中很容易产生精度损失，故把其取对数得：

$$O(R,\boldsymbol{D},\boldsymbol{Q}) \approx \lg \prod_{t:\,x_t=1,q_t=1} \frac{p_t(1-u_t)}{u_t(1-p_t)} = \sum_{t:\,x_t=q_t=1} \lg \frac{p_t(1-u_t)}{u_t(1-p_t)} \tag{2-28}$$

这样就只需考虑同时出现在文档和查询中的词进行计算从而提高了效率，并且有效地避免了乘法的精度损失问题。

综上所述，这个模型的好处就是推导过程比较直观，缺点就是使用了很多假设。

但是反过来，这个模型到底怎么使用？有一个困惑的地方在于：我们说它是一个检索模型，但是现在怎么看它都只是一个排序函数而已。并且，无法知道文档与查询的相关性，故 p_t 与 u_t 是不知道的，这又导致了这个模型在这个时候无法计算。既然作为检索模型，那么必须单独使用就可以检索到用户满意的文档，而不能依赖于其他的方法。再仔细观察上面的排序函数的推导过程，发现主要难点在于不知道 p_t 与 u_t。如果这两个参数知道了，那么后面就自然能得到。因此，要使用这种模型必须首先自己估计 p_t 与 u_t，而且估计过程类似于一个迭代的过程，大致过程如下。

(1) 初始设置 $u_t = \mathrm{df}_t / N$，$p_t = 0.5$。

(2) 利用初始的估计进行文档的相关性计算，并根据排序函数值进行排序。

(3) 默认结果列表中前 R 个文档与查询相关，后面 $N-R$ 个与查询不相关。

(4) 根据这 R 个相关文档和 $N-R$ 个不相关文档重新计算 p_t 与 u_t。

其中第(4)步可以按如图 2-1 所示计算。

	相关文档数	不相关文档数	所有文档数
词项 t 出现的文档数	r	$\mathrm{df}_t - r$	df_t
词项 t 不出现的文档数	$R-r$	$(N-\mathrm{df}_t)-(R-r)$	$N-\mathrm{df}_t$
所有文档数	R	$N-R$	N

图 2-1 第(4)步计算方法

其中，$p_t = r/R$，$u_t = (\mathrm{df}_t - r)/(N-R)$，有时为了避免分母为 0，用平滑方法处理得到这两个值，不断迭代，直到得到用户满意的结果为止。可以看到，这种检索方法可能需要很多遍的计算，并且初始值怎么选取还有 R 怎么选取也是一个很有争议的问题，这也是这个模型的最大缺点。

2.3.4 非二值独立模型

Yu、Meng 和 Park 提出了非二值独立模型(non-binary independence model)，在词项权重计算中很自然地引入了词频和文档长度。一旦计算出词项权重，就可以使用向量空间模型计算内积来获得最终的相似度。

简单的词项权重计算方法基于词项是否在相关文档中出现来估计权重。现在使用在相关文档中出现 tf 次的词项来估计一篇文档相关的概率，而不是使用词项出现与否来估计相关概率。例如，一个包含 10 篇文档的文档集，其中文档 1 包含词项蓝色一次，而文档 2 包含词项蓝色 10 次。假设文档 1 和文档 2 都是相关的，且其他 8 篇文档是不相关的。使用简单的词项权重计算模型，可以计算 $P(\mathrm{Rel}|\mathrm{blue})=0.2$，因为蓝色在 10 篇文档中的两篇中相关。

使用非二值独立模型，可以为每个词频计算单独的概率。因此，计算蓝色出现一次的概率 $P(1|R)=0.1$，因为它在文档 1 中确实只出现了一次。蓝色出现 10 次的概率为 $P(10|R)=0.1$，因为它在 10 篇文档中的一篇中出现了 10 次。

为了引入文档长度，权重计算使用文档的大小进行归一化。因此，如果文档 1 包含 5 个词项，且文档 2 包含 10 个词项，那么“蓝色”在相关文档中出现 1 次的概率就相当于原来“蓝色”在相关文档中出现 0.5 次的概率。

统计同一个词项出现在相关文档和非相关文档中的概率，最终的权重为词项在相关文档中出现 tf 次与词项在非相关文档中出现 tf 次的比率。

较形式化的定义如下：

$$\lg \frac{P(d_i \mid R)}{P(d_i \mid N)} \tag{2-29}$$

这里 $P(d_i|R)$ 表示相关文档中第 i 个词项的出现频率为 d_i 的概率，$P(d_i|N)$ 表示非相关文档中第 i 个词项的出现频率为 d_i 的概率。

对于一个正常的文档集来说，要考虑很多的频率，特别是使用归一化文档长度后。为了缓解这个问题，可以对所有频率进行聚类。因此，所有频率为 0 的文档归为一类，但是对于正词频的文档，区间 $(0,f_1]$，$(f_1,f_2]$，…，$(f_n,\infty]$ 的选择是区间要包含合适的相等的词项数。为了计算权重，$P(d_i|R)$ 和 $P(d_i|N)$ 分别用 $P(d_i \in I_j|R)$ 和 $P(d_i \in I_j|N)$ 代替。I_j 表示第 j 个区间 $(f_{j-2},f_{j-1}]$。权重变为：

$$\lg\left(\frac{P(d_i \in I_j \mid R)}{P(d_i \in I_j \mid N)}\right) \tag{2-30}$$

2.4 基于语言建模的信息检索模型

语言模型是关于某种语言中所有句子或者其他语言单位的概率分布，也可以将它看作生成某种语言文本的统计模型。这里所说的语言可以是常见的自然语言，如中文、英文等，也可以是程序设计语言等其他逻辑语言。一般来说，语言模型的研究任务是：计算该语言中任意字符序列 $w=w_1w_2\cdots w_n$ 的概率，即 $p(w)$。

Ponte 和 Croft 最早将统计语言模型应用到信息检索。由于这个模型简单、容易实现、具有坚实的理论基础且能获得比传统的概率检索模型优越的性能，因而这个新的检索模型一经提出便受到了广泛的关注，近些年来不少学者在 Ponte 等工作的基础上提出了一些改进的方法或者模型。许多实验结果显示，基于统计语言模型的方法在检索性能上优于以前广泛采用的向量空间模型方法，目前语言模型是信息检索领域最流行同时也是效果最佳的模型之一，因此受到越来越多研究者的关注。

2.4.1 庞特模型

Ponte 和 Croft 最初在 1998 年发表的 SIGIR 论文中提出的语言模型检索方法现在通常被称为“查询似然模型”。这个模型的基本思想如下：假设用户有一个信息检索需求，此时用户的头脑中会构造出一个能够满足这个信息需求的理想文档，之后用户从这个理想文档中抽取出一定的词汇作为查询串，而用户所选择的查询能够将这个理想文档同文档集合中的其他文档区分开来，也就是说，可以将查询串看作由理想文档生成的能够表达这个理想文档的文本序列。由此可以看出，信息检索系统的任务实际被转换为判断文档

集合中每个文档与理想文档哪个更接近的问题。也就是说,需要计算:

$$\arg\max_{d} p(d \mid q) = \arg\max_{d} p(q \mid d) p(d) \tag{2-31}$$

其中,q 表示用户提交的查询,d 表示文档集合中的某个文档。$P(d)$表示文档 d 的先验概率,用以衡量文档的静态重要性(静态重要性是指其重要性仅与文档本身有关,而与文档和查询之间的相似性无关,即其重要性独立于用户查询)。

关于 $p(d)$的计算目前存在很多实用的算法,著名的有 Google 的 PageRank、IBM 的 HITS 等,这些算法都是基于链接分析的,它们将网页之间的超链接看作对网页本身重要性的投票,并做了如下两个假设。

(1) 若一个网页被越多其他网页链接,则该网页的重要性越大。

(2) 被越重要的网页所链接,则对应网页越重要。

基于上面两个假设,可以很容易采用迭代计算的方法估计出每一个网页的重要性。

在没有任何先验知识的情况下,一般都假设 $p(d)$为一常量,即所有的文档具有相同的重要性,即

$$p(d \mid q) = p(q \mid d) p(d) \propto p(q \mid d) \tag{2-32}$$

此时只需要计算出每篇文档的语言模型 $p(q|d)$,而这可以通过首先估计每篇文档中词汇的概率分布,然后再计算从这个概率分布中抽样得到查询串的概率得到。

在信息检索中,文档一般以"多伯努利模型"或者"多项式模型"表示。区别在于,在多伯努利模型下,文档被看作特征集合表示的二值向量;而在多项式模型下,文档被看作一个词序列。Ponte 和 Croft 在他们最初的模型中采用了"多变量伯努利"模型来近似估计 $p(q|d)$。他们将查询 q 表示为二值属性构成的向量,特征集合中的每个不同特征用向量中的一维来表示,若该特征在文档中出现,则将其对应的属性值置为 1,否则置为 0。值得注意的是,在伯努利模型下会忽略特征在文档中出现的次数信息。这个模型背后隐藏着如下两个假设。

(1) 二值假设:所有属性是二值的,如果一个特征出现在文档中,则代表该特征的属性值被置为 1;否则置为 0。

(2) 独立假设:文档中词汇之间是相互独立的,即特征空间呈正交关系,不考虑词汇之间的相互关联。

基于以上假设,查询串的生成概率 $p(q|d)$可以转换为两部分概率的乘积:一部分是文档产生查询中出现的词汇的概率;另一部分是文档产生查询中没出现的其他词汇的概率。

$$p(q \mid d) = V \prod_{w \in q} p(w \mid d) \prod_{w \notin q} (1.0 - p(w \mid d)) \tag{2-33}$$

其中,$p(w|d)$一般采用极大似然估计(Maximum Likelihood Estimation,MLE)的方法计算。对于没有出现的词汇,则采用文档集合的全局概率 $p(w|C)$来近似估计。

在上述模型中,很多统计信息,如词频信息、文档频率等成为语言模型检索方法中的有机组成部分,这是语言模型与传统检索模型的区别之处。在传统检索模型中,如概率检索的 BM 系列模型中,词频、文档频率等信息都是通过启发式规则的方式引入的。另外,在语言模型中不必显式进行文档长度归一化,实际上,这个过程已经隐含在语言模型的推

导过程中了，并最终转换到语言模型的分布也即模型参数中了。Ponte 和 Croft 的实验结果表明，尽管上述语言模型还只是很简单的模型，但是在检索效果方面已经可以与目前性能最好的概率检索模型（如 Okapi BM25）相当甚至更好。

2.4.2 零概率问题以及解决方法

在估计一个文档的语言模型时，由于可用的训练数据只有这个文档本身包含的信息，因此数据稀疏现象会异常突出。语言模型的训练过程本质上就是估计文档产生词汇表中任意词汇的概率 $\{P(w|d)|w\in V, V \text{ 为词汇表}\}$。事实上，由于每篇文档所包含的词汇数量很有限，词汇表中的大部分词汇不会在文档中出现，此时直接采用极大似然方法估计模型参数时，有：

$$P(w \mid d)=\begin{cases}\dfrac{c(w,d)}{|d|}, & w \in d \\ 0, & w \notin d\end{cases} \tag{2-34}$$

由式(2-33)和式(2-34)可知，只要查询串中有任何一个词汇在文档没有出现，$p(q|d)$ 的计算结果都为 0，即查询和文档不相关，这就是所谓的零概率问题。事实上，很多时候查询串中有很多词汇能与文档很好地匹配，只是个别查询词汇没有在文档中出现，很明显，此时查询与文档的相关性不应该为零。产生上述问题的主要原因在于估计模型时可用训练数据太少，它会低估低频词的出现概率，而相应地高估了高频词的概率。为了减轻上述问题的影响，研究人员提出了不同的数据平滑方法来对式(2-34)给出的经验估计值进行调整，使之不断逼近其真实值。

语言模型中平滑方法主要分为以下两类。

(1) 基于回退的平滑方法。

(2) 基于插值的平滑方法。

回退方法广泛应用于语音识别领域中，著名的有 Good-Turing 平滑、Katz 平滑、Jelinek-Mercer 平滑等；而插值平滑主要包括线性插值平滑、狄利克雷先验平滑、绝对折扣平滑等。根据 Zhai 等在 5 个 TREC 数据集（FBIS、FT、LA、TREC7&8 ad hoc 及 TREC8 Web）上的大量实验表明，在信息检索中，基于插值的平滑方法在大多数情况下优于基于回退的方法，因而在目前的基于语言模型的信息检索领域中，基于插值的平滑方法被广泛采用。

基于语言模型的信息检索模型为信息检索领域开辟了一个很有前景同时也具有相当挑战性的方向。与传统检索模型相比，语言模型检索方法具有下列优点。

(1) Okapi BM 系列概率检索模型通过启发式方式将词频、文档频率等信息加入到检索公式过程中，引入很多可调参数，在实际应用中需通过不断调节这些参数的值来改善检索效果。与之相比，语言模型具有更加坚实的概率、信息论基础，避免了传统概率模型中需要调节参数的问题，可直接利用统计语言模型来估计与检索有关的参数。

(2) 使用语言模型的另外一个好处是，可以通过对语言模型更准确的参数估计或者使用更加合理的语言模型来获得更好的检索性能，因而在如何改善检索系统性能方面有更加明确的指导方向。

(3) 语言模型方法可以很容易应用到其他任务中，如分布式信息检索、跨语言信息检索、专家查找、段落检索、查询性能预测等任务中。

(4) 较好的检索性能。已有的很多实验结果表明，简单的统计语言模型的检索性能与目前性能最好的概率检索模型的性能相当，有些情况下甚至优于概率检索模型。

2.4.3 语言模型检索框架

1. 查询似然模型

该模型下，将文档产生查询的概率看作文档与查询之间的一种相似性，这种假设很直观也很容易理解：若一个文档产生查询的概率越大，则表明文档与查询越相似。假设文档服从多项式分布且词汇间相互独立，则有：

$$\mathrm{sim}(q,d) \propto p(q \mid d) = \prod_{i=1}^{n} p(q_i \mid d) \tag{2-35}$$

其中，q_i 表示第 i 个查询词，n 是查询串的长度，$p(\cdot \mid d)$是文档语言模型。由式(2-35)可以看出，在查询似然模型下，核心问题为如何估计精确的文档语言模型。从 2.3.2 节的介绍可知，一般需通过引入集合语言模型 $p(\cdot \mid C)$来对极大似然估计进行平滑，以避免零概率问题。实际检索效果较好且被广泛采用的 Dirichlet 先验平滑方法如下：

$$p_{\mu}(w \mid d) = \frac{c(w,d) + \mu p(w \mid C)}{\sum_{w' \in V} c(w',d) + \mu} \tag{2-36}$$

其中，C 表示文本集，w 和 w'表示词集 V 中的词项，$\mu \in (0,1)$表示系数。

值得一提的是，Ponte 最早提出的语言模型方法就是 Query-likelihood 方法的一种。目前对查询似然方法的改进主要集中在以下两方面。

(1) 通过文档扩展的方法改进文档语言模型的估计。在这方面已经有很多研究者提出了不少可行的方法，其中具有代表性的方法有 Liu、Kudand 等提出的聚类语言模型和 Tao 等提出的基于 KNN 方法的文档扩展方法。二者的基本思想类似，认为已有方法之所以不能得到精确的文档模型，主要原因在于用于估计模型的文档本身包含的信息太少，假如可以“扩展”文档，使之包含更多的信息，那么就可以进一步改善模型。极端情况下，若文档无限大，那么即使采用最简单的极大似然估计方法，得到的模型也是最优的。现在需要解决的问题是如何对文档进行合理的“扩展”。在这个问题上，二者采用了不同的方法。Liu 等首先将整个文档集聚类，他们认为同一个聚类(cluster)中的文档具有更大的相似性，因而可以将文档所在的聚类看作对文档的扩展，用聚类信息来平滑文档语言模型，形式化表示如下：

$$p(w \mid d) = \lambda p_{\mathrm{ML}}(w \mid d) + (1-\lambda) p(w \mid \mathrm{cluster}_d) \tag{2-37}$$

其中，$p(\cdot \mid \mathrm{cluster}_d)$表示文档 d 所在聚类对应的聚类语言模型，p_{ML} 表示最大似然估计模型，$\lambda \in (0,1)$表示系数。

然而上述基于聚类的语言模型存在如下局限：若文档 d 刚好处在所在聚类的边缘，则文档 d 很可能与其他聚类中的文档更相似，此时若仍然用该文档所在的聚类来对它进行平滑，效果可能并不理想。正是基于上述考虑，Tao 等建议采用近邻方法获得文档 d

的K个距离最近的文档(即最相似),并将这K个文档看作文档d的扩展。其好处是采用K近邻方法时可以最大限度地保证d处在"扩展文档"的中心,避免文档d出现在"扩展文档"的边缘,从而克服聚类语言模型存在的不足。可以用图2-2形象地解释上述两种方法的异同。

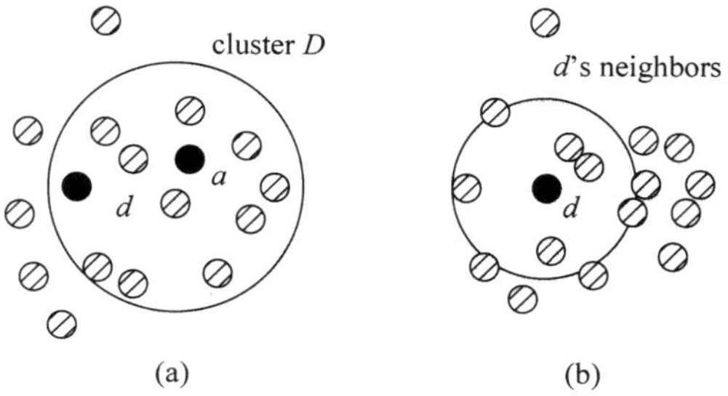

图 2-2 通过文档扩展平滑语言模型

从图2-2中可以看出,聚类语言模型(图2-2(a))在估计文档d的语言模型时,由于其处在聚类的边缘位置上,若采用聚类信息来平滑该文档模型,很可能会使得到的文档模型偏离文档d本身;而基于K近邻的方法(图2-2(b))则能很好地解决上述问题。

(2)削弱了查询似然方法中所做的词汇间独立性假设。一元语言模型假设查询词之间相互独立,而这样的假设在实际中并不成立。实际情况是,用户输入的查询词之间经常存在一定关系,即相互关联,如何利用这些依存关系成为目前改进语言模型的一个重要方面。广为人知的N-gram语言模型就是这方面的一个应用,它假设当前词汇出现的概率仅与它之前的N-1个词有关,即它只考虑了邻近的N-1个上下文,如Song等在文献中讨论的Bigram、Trigram等模型。在Bigram模型下,查询似然函数如下:

$$p(q \mid d) = p(q_1)\prod_{i=2}^{k} p(q_i \mid q_{i-1}, d) \tag{2-38}$$

N-gram模型仅能利用相邻词汇之间的相互关系,而无法处理远距离的依存关系,为此Gao等提出了依存语言模型,通过建立查询、文档所对应的句法树,从而解决远距离依存关系问题。近年来,Metzler等提出了马尔可夫随机域模型,在这个模型下,任意的特征组合可以很容易地结合到检索模型中,极大地改善了模型的灵活性和易用性。Lease和Bendersky等以马尔可夫随机域模型为基础,用机器学习方法对模型中查询词不同形式的独立性假设的重要性进行研究,将重要性量化为权重,提高了模型检索性能。

2. 风险最小化框架

Lafferty和Zhai利用贝叶斯决策理论提出了一个基于风险最小化理论的检索框架。在这个检索框架中,用户提交的查询q和文档d分别用统计语言模型来建模,用户需求偏好通过风险函数进行建模。这样信息检索过程可以转换为风险最小化问题。其基本思想如下:对于给定的查询q,存在一个查询模型,它表示用户真实的信息需求,而用户提交的查询q可以看作通过这个模型采样得到的;同理,对于文档d来说,存在一个潜在的文档模型θ_q,文档d也是通过该文档模型采样得到的。此时,文档与查询之间的相似度计算就可以转换成对应的查询模型与文档模型之间的相似性计算，而这很容易通过Kullback-Leibler距离来近似估计，其计算公式如下：

$$\mathrm{sim}(q,d) \propto \mathrm{KL}(q \parallel d) = \sum_{w \in V} p(w \mid d) \lg \frac{p(w \mid q)}{p(w \mid d)} \tag{2-39}$$

与查询似然等模型相比，风险最小化框架的优点如下。

(1) 这个模型不仅能够利用统计语言模型对文档进行建模，还可以利用统计语言模型对用户查询进行建模。这使得相关模型参数的自动获得成为可能，同时还可以通过参数估计方法来改善检索性能。这个框架和概率检索模型有一定的相似性，且很容易将现有的语言模型检索方法融入该框架，例如，前面提到的Query-Likelihood方法可以看作风险最小化框架的一种特殊情况，而该框架可以看作它的扩展或泛化。

(2) 克服了传统语言模型（如查询似然模型）不能充分利用用户偏好及反馈信息的不足，为此，Lafferty和Zhai提出采用马尔可夫链方法来估计扩展查询语言模型。在进一步工作中，Zhai等还提出了基于模型反馈的方法，形式化地将用户反馈（显式或者隐式）引入到语言模型检索框架中。在这种方法中，最终的查询模型 $\hat{\theta}_q$ 是通过原始的查询模型和反馈模型 $\hat{\theta}_F$ 插值得到的，形式化表示如下：

$$\hat{\theta}_{q'} = (1-\alpha)\hat{\theta}_q + \alpha\hat{\theta}_F \tag{2-40}$$

其中，$\hat{\theta}_q$ 表示根据用户的原始查询估计得到的查询模型，$\hat{\theta}_F$ 是根据反馈信息估计得到的反馈模型，α 是可调节参数，用于控制各个部分在最终的查询模型中所占的比重。$\hat{\theta}_q$ 的估计一般可以通过极大似然方法来实现。关于 $\hat{\theta}_F$ 的估计，Zhai等在文献中提出以下两种反馈模型。

(1) 产生式模型。

产生式模型假设反馈文档集合是由一个概率模型 $p(\cdot \mid \theta)$ 产生的，最简单的情况是 $p(\cdot \mid \theta)$ 服从一元语言模型分布，此时该模型产生反馈文档集合 F 的概率为：

$$p(F \mid \theta) = \prod_i \prod_w p(w \mid \theta)^{c(w,d_i)} \tag{2-41}$$

通常文档中不仅包含相关信息，还存在很多无用的“噪声”信息。为了将这些“噪声”信息从模型中分解出来从而得到更加精确的反馈模型，一般需要引入一个集合语言模型（即将整个文档集合看作一个大的文档并利用它估计的语言模型），此时反馈文档集 F 的Log-likelihood函数如下。

$$\lg p(F \mid \theta) = \sum_i \sum_w c(w,d_i) \lg((1-\lambda)p(w \mid \theta) + \lambda p(w \mid C)) \tag{2-42}$$

在固定 λ 的情况下，上述模型可以很容易通过期望最大化（Expectation Maximization，EM）算法求解，其更新公式如下。

$$t^{(n)}(w) = \frac{(1-\lambda)p_\lambda^{(n)}(w \mid \theta_F)}{(1-\lambda)p_\lambda^{(n)}(w \mid \theta_F) + \lambda p(w \mid C)} \tag{2-43}$$

$$p_{\lambda}^{(n+1)}(w \mid \theta_F) = \frac{\sum_{j=1}^{n} c(w, d_i) t^{(n)}(w)}{\sum_i \sum_{j=1}^{n} c(w, d_i) t^{(n)}(w_i)} \tag{2-44}$$

（2）差异最小化。

假设 $F=\{d_1, d_2, \cdots, d_n\}$ 是一组反馈文档，先定义查询模型 θ 与 F 之间的 KL 距离为：

$$D_e(\theta;\ F) = \frac{1}{|F|} \sum_{i=1}^{n} D(\theta \parallel \hat{\theta}_{d_i}) \tag{2-45}$$

式(2-45)表明，θ 与 F 之间的 KL 距离被定义为 θ 与 F 中所有文档 $\hat{\theta}_{d_i}$ 之间 KL 距离的平均值。

与产生式模型类似，在差异最小化方法下，同样需要从整个文档集中过滤出“背景噪声”信息，从而使得到的模型更加具有判别性。解决的办法类似，同样是通过引入集合语言模型来对“背景噪声”信息进行建模，使得获得的反馈模型能更集中在文档集的主题信息。引入集合语言模型后得到如下的目标函数。

$$D_e(\theta;\ F, C) = \frac{1}{|F|} \sum_{i=1}^{n} D(\theta \parallel \hat{\theta}_{d_i}) - \lambda D(\theta \parallel p(\cdot \mid C)) \tag{2-46}$$

其中，$\lambda \in [0,1)$ 是一个权重系数，用以调节两个部分所占的比重。与式(2-45)相比，式(2-46)只是额外引入了一个集合语言模型，其直观解释是希望得到的反馈模型 θ 距离 F 中各个文档 $\hat{\theta}_{d_i}$ 更近，而距离整个集合语言模型 $p(\cdot \mid C)$（这里集合语言模型用于建模背景噪声信息）更远。也就是说，需要找到一个反馈模型 θ 能使式(2-46)最小化，形式化表示如下：

$$\hat{\theta}_F = \mathrm{argmin}_{\theta} D_e(\theta;\ F, C) \tag{2-47}$$

上述最优化问题的解的形式如下：

$$p(w \mid \hat{\theta}_F) \propto \exp\left(\frac{1}{1-\lambda} \frac{1}{|F|} \sum_i \lg p(w \mid \theta_{d_i}) - \frac{\lambda}{1-\lambda} \lg p(w \mid C)\right) \tag{2-48}$$

在进一步的相关工作中，Zhai 和 Lafferty 提出了一个两阶段语言模型方法来探讨用户查询和文档集合对于检索参数设置的不同影响。在第一阶段，与查询无关的文档语言模型通过参数估计得到。在第二阶段，根据查询语言模型来计算查询的生成概率。这个查询语言模型是根据第一阶段获得的文档语言模型和背景语言模型获得的。这个方法和 Ponte 等最初提出的语言模型方法有相似的地方：都涉及文档语言模型的估计和查询生成概率的计算。不同之处在于，Ponte 提出的方法在计算查询生成概率的时候直接使用估计的文档语言模型，而两阶段方法则使用估计的查询语言模型来计算查询的生成概率。在两阶段方法中，一种两阶段数据平滑方法被提出来完全自动地设置相关的检索参数。实验数据表明，两阶段数据平滑方法在性能上要优于其他只考虑单阶段的数据平滑方法。近年来，基于两阶段语言模型的研究取得了一定成果，尤其在引入外部资源如社会标注等方面起着很大的作用，此方面的研究对利用语料集以外的外部资源改善搜索引擎的检索性能有着十分重要的意义。

3. 相关性语言模型

前面介绍的几种语言模型没有显式地对相关性进行建模，而是将文档产生查询的概率或查询模型与文档模型之间的距离看作对应的查询和文档之间的一种相关性。正是由于这个原因，传统语言模型方法很难利用用户的反馈信息：在 Query-likelihood 模型下，用户查询被看作文档语言模型的一个观察值或者采样，因而不能直接对用户反馈信息进行建模；而在风险最小化框架下，虽然可以通过基于模型的反馈方式将用户的反馈信息建模并引入到最终的查询模型中，但这个过程实现比较复杂。

与其他方法的思路不同，Lavrenko 和 Croft 等明确地对"相关性"进行建模并提出了一种无需训练数据来估计相关模型的新方法，因而称之为相关语言模型。从概念角度看，相关模型是对用户信息需求的一种描述或建模，换句话说，是对用户信息需求相关主题的描述。相关模型做了如下假设：给定一个文档集合与用户查询 $q=q_1q_2\cdots q_n$，存在一个未知的相关模型，它为相关文档中出现的词汇赋予一个概率值。这样相关文档 d 被看作从概率分布 $P(w|R)$ 中随机抽样得到的样本。同样地，用户查询也被看作根据这个分布随机抽样得到的一个样本，这个过程可以用图 2-3 描述。

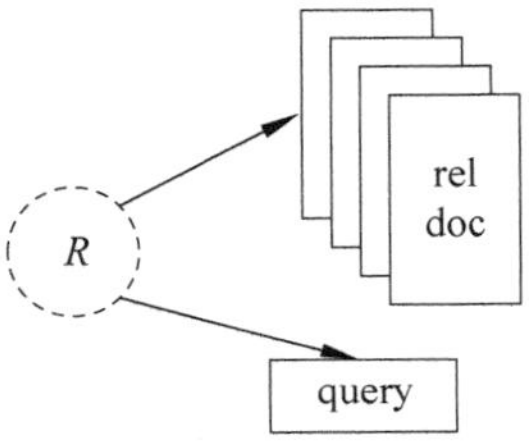

图 2-3 相关语言模型

对于相关语言模型来说，核心问题转化为如何估计分布 $p(w|R)$。$p(w|R)$可以理解为从相关文档中随机抽取一个词语且该词正好是 w 的概率值。如果知道哪些文档是相关文档，这个概率值的估计是很容易得到的。但是在典型的检索任务中，这些相关文档是很难获得的。受传统概率检索方法的启发，Lavrenko 和 Croft 等提出了一种合理的方法来近似估计 $p(w|R)$，他们使用以下联合概率来对这个值进行估计：

$$p(w \mid R) \approx p(w \mid q_1q_2\cdots q_k) = \frac{p(w, q_1q_2\cdots q_k)}{p(q_1q_2\cdots q_k)} = \frac{p(w, q_1q_2\cdots q_k)}{\sum_{w'} p(w', q_1q_2\cdots q_k)} \quad (2\text{-}49)$$

Lavrenko 提出两种方法来估计上述联合概率分布，这两种方法都假设存在一个概率分布集合，相关词汇就是从其中某个分布随机抽样得到的。不同之处在于推导过程中二者做了不同的独立性假设。

在方法一中，假设所有查询词和相关文档中的词汇是从同一个分布中随机抽样得到的，这样一旦从集合中选定某个分布后，这些词汇是相互独立的。如果假设中的模型均服从一元语言模型分布，并且相关文档集合中每个文档都对应一个这样的分布，此时可以得到：

$$P(w, q_1\cdots q_k) = \sum_{M_i \in M} p(M_i)p(w, q_1\cdots q_k \mid M_i) = \sum_{M_i \in M} p(M_i)p(w \mid M_i)\prod_{i=1}^{k} p(q_i \mid M_i) \quad (2\text{-}50)$$

其中，$p(M_i)$表示模型 M_i 的先验概率分布，在没有任何先验知识的情况下，可以假设 $P(M)$服从均匀分布，即 $p(M_i)$为一常量。$p(w|M_i)$是从 M_i 中随机抽取词汇而观察到词汇 w 的概率，也即分布 M_i 产生 w 的概率。在具体实现时，可采用与两阶段伪相关反

馈类似的方法，首先用原始查询串检索语料集获得初始检索结果，然后取检索的前几十个结果用于估计相关语言模型。对于选中的每个检索结果，分别用语言模型估计对应的文档模型，并共同构成候选分布集合 M，之后便可根据式(2-50)来计算文档与查询的联合概率分布，进而得到二者之间的相似性得分以实现检索结果的排序。

方法二假设：查询串 $q_1,\cdots,q_k$ 中各个词汇之间是相互独立的，但与词汇是相关的，此时联合概率分布可形式化表示如下：

$$P(w,q_1\cdots q_k)=p(w)\prod_{i=1}^{k}p(q_i\mid w) \tag{2-51}$$

其中，条件概率分布 $p(q_i|w)$ 可以通过对一元语言模型集合 M 进行如下计算得到：

$$p(q_i\mid w)=\sum_{M_i\in M}p(M_i\mid w)p(q_i\mid M_i) \tag{2-52}$$

这里又做了如下假设，即一旦选定一个分布 M_i 之后，查询词 q_i 和词汇 w 便相互独立。将式(2-52)带入式(2-51)可得：

$$P(w,q_1\cdots q_k)=p(w)\prod_{i=1}^{k}\sum_{M_i\in M}p(M_i\mid w)p(q_i\mid M_i) \tag{2-53}$$

其中，$p(M_i)$、$p(w|M_i)$ 的含义与式(2-50)中相同，$p(w)$ 表示词 w 出现的概率，具体实现过程与方法一类似，均可利用初次检索结果集来估计具体的参数。

上述两种方法的异同之处可用图 2-4 形象表示。

相关模型是一种将查询扩展技术融合到语言模型检索框架的比较自然的方法。以相关模型为基础的一些研究成果的实验结果表明，与简单语言模型方法相比，其检索性能得到了很大提升。后面会介绍该模型的一个扩展——跨语言相关模型，可将其应用到跨语言信息检索任务当中。

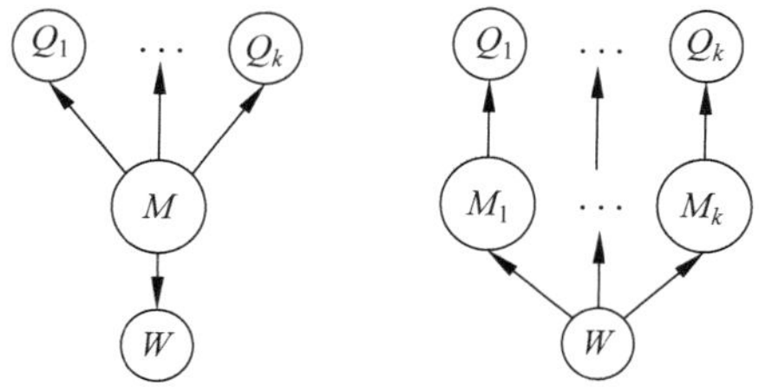

图 2-4 两种相关语言模型实现的对比

2.4.4 跨语言检索模型

1. 统计翻译模型

统计翻译模型将统计翻译方法引入到信息检索领域，它将信息检索过程看作一个从文档向查询串翻译的过程。在这种框架下，传统语言模型方法中查询串的生成过程被看作由文档中出现的词汇通过翻译模型向查询串中相关词汇的一个映射过程。

Berger 等最早将统计翻译模型引入到信息检索中，他们主要参考了机器翻译领域中的统计翻译模型，其形式化表示如下：

$$p(q \mid d)=\prod_{i=1}^{n} \sum_{w} t(q_i \mid w) p(w \mid d) \qquad (2\text{-}54)$$

其中，$p(w|d)$是文档语言模型，$t(q_i|w)$是词汇间的翻译概率。

统计翻译方法很容易将词汇间的同义词关系引入语言模型信息检索方法中，从而解决信息检索中存在的词不匹配现象。举个简单的例子：假如现在有一个文档，其中包含“电脑”但没有出现“计算机”，此时当用户输入查询串“计算机”进行检索时，由于文档中不包含查询词“计算机”且检索过程采用精确的字符串匹配，因而这个文档不会被检索出来，这就是检索过程中的词不匹配现象。但根据常识很容易判断，“计算机”和“电脑”其实是同义词，二者具有相同的语义信息，所以在用“计算机”进行检索时，包含“电脑”的文档同样也应该被检索出来。统计翻译模型因为引入了词汇间的映射关系而能很好地解决上述问题。对于上述例子，虽然文档中没有出现“计算机”，但由于“计算机”与“电脑”之间具有很高的翻译概率，即 p(计算机|电脑)的值很大，因而该文档也会获得较高的分值。实验表明，统计翻译模型对于检索系统的性能提高有一定帮助，尤其是在提高系统的召回率方面效果明显，其作用类似于传统信息检索模型中的查询扩展技术。Dang 等的研究工作表明，统计翻译模型可作为一种获取扩展词的重要手段，对于包括查询扩展在内的查询重构技术都具有十分重要的意义。

Berger 等在原始文献中并没有将该模型应用到跨语言检索中去，而只是在单语环境下测试了该模型的性能。事实上，该模型可以很容易被推广到跨语言检索中去。在跨语言框架下，模型的形式与单语环境下完全相同，唯一的区别在于：单语环境下，翻译概率$t(q_i|w)$中 w 和 q_i 是同一种语言中的词汇；而在跨语言情况下，w 和 q_i 分别属于不同的语言，从而导致二者模型训练的过程也不尽相同。在双语或多语环境下，训练翻译模型的过程中需要一个双语对齐的训练语料库，且模型性能的优劣与该训练集的质量和规模密切相关。在双语对齐语料存在的情况下，可以利用传统的机器翻译方法训练上述翻译概率，如著名的 IBM 模型系列(IBM Model 1～5)在难以获得高质量、大规模双语对齐语料集的情况下，可以利用已有的机器翻译系统，如 SYSTRAN，来自动生成双语对齐语料集，如 Xu 等便是利用机器翻译系统产生的对齐语料库来训练翻译模型。此外，还可以通过引入外部已有的资源库，如 Wikipedia、WordNet 等来进一步提高模型的性能，Roth 等就应用 Wikipedia 的链接文本来改善统计翻译语言模型的性能，取得了一定的效果。这方面的研究已经成为当前跨语言检索领域的一个热点。

然而该方法存在两个明显的缺点，其一是在训练统计翻译模型 $t(q_i|w)$时，需要大量的训练数据，而这在实际应用中很难获得。正是由于这个原因，在 Berger 等的实验中，他们通过人工合成的数据集来训练模型的参数。另一个原因是计算效率问题，该模型在计算文档评分的过程中涉及对整个词汇表展开并求累加和，因而运算效率较低，尤其是在词汇表规模非常庞大的情况下，运算量会很大，正是以上这些因素制约了统计翻译模型在跨信息检索中的广泛应用。

2. 跨语言相关模型

Lavrenko 在文献中提出的相关模型仅适用于单语检索环境，即用户查询和待检文档必须用同一种语言表示。为了能将该模型应用到双语环境甚至多语环境下，Lavrenko 在文献中对这个模型进行了扩展，提出了跨语言相关模型。在新的模型下，用户查询和待检文档可以用不同语言表示。在参考文献中，Lavrenko 提出了两种方法来对模型建模。

方法一中需要一个平行语料库(parallel corpus)，其中包含互译的文档对：$Col=\{\langle E,C\rangle | E$ 为英文文档，C 为与 E 互译的中文文档$\}$，然后对 Col 中的每个文档对 $\langle E,C\rangle$ 建立对应的语言模型 $\langle M_E,M_C\rangle$，其中，M_E 为英文文档 E 对应的文档语言模型，M_C 为中文文档 C 对应的文档语言模型。此时，词与查询串 $e_1\cdots e_k$ 之间的联合概率可以采用下式估计：

$$p(w,e_1\cdots e_k)=\sum_{\langle M_E,M_C\rangle\in M} p(\langle M_E,M_C\rangle)(p(w\mid M_C)\prod_{i=1}^{k}p(e_i\mid M_E)) \tag{2-55}$$

其中，$p(\langle M_E,M_C\rangle)$ 表示文档对 $\langle M_E,M_C\rangle$ 的先验概率，在没有任何先验知识的情况下可以假定其服从均匀分布。而 $p(w|M_C)$ 和 $p(e_i|M_E)$ 分别为中文文档及英文查询对应的语言模型，一般采用插值平滑方法估计：

$$p(w\mid M_d)=\lambda\frac{c(w,d)}{|d|}+(1-\lambda)p(w\mid c) \tag{2-56}$$

方法二借助于一个包含翻译概率的双语词典，其形式与文献中用隐马尔可夫模型推导出来的双语概率检索模型相似，检索公式如下：

$$p(e_i\mid M_c)=(1-\lambda)p(e_i)+\lambda\sum_{v}p(e_i\mid v)p_{ml}(v\mid M_C) \tag{2-57}$$

其中，$p(e_i|v)$ 是统计词典的翻译概率，$p(v|M_c)$ 表示 v 在文档 C 中出现的次数除以 C 的长度，$p(e_i)$ 是在大型语料库上计算的 e_i 的背景概率。

Lavrenko 等的实验结果表明，跨语言相关模型的检索性能优于 Xu 等的概率翻译模型，目前该方法已经包含在 Indri 检索工具当中。

习题

1. 简述向量空间检索模型。
2. 简述二值模型和非二值模型的区别。
3. 什么是庞特模型?
4. 为什么会出现零概率问题？如何解决该问题?
5. 查询语句 Q 包含 11 个词语($t_1,t_2,\cdots,t_{11}$)，共有 3 篇文档被搜索出来，其各自权重如表 2-1 所示，分别计算 3 篇文档与查询语句的相似性。

表 2-1　权重

	t_1	t_2	t_3	t_4	t_5	t_6	t_7	t_8	t_9	t_{10}	t_{11}
D_1	0	0	0.477	0	0.477	0.176	0	0	0	0.176	0
D_2	0	0.176	0	0.477	0	0	0	0	0.954	0	0.176
D_3	0	0.176	0	0	0	0.176	0	0	0	0.176	0.176
Q	0	0	0	0	0	0.176	0	0	0.477	0	0.176

6. 给定一个查询语句和三篇文档：

Q："gold silver truck"

D_1："Shipment of gold damaged in a fire"

D_2："Delivery of silver arrived in a silver truck"

D_3："Shipment of gold arrived in a truck"

请计算查询语句 Q 与每篇文档的相似度。

第 3 章

信息检索的评价

3.1 信息检索的评价指标

信息检索的效果是指利用检索系统(或检索工具)开展信息检索服务时所产生的有效成果,它直接反映了信息检索系统的性能和信息检索服务的质量。对信息检索效果进行评价,找出影响检索效果的各种因素,可以为改善信息检索系统性能提供明确的参考依据,从而进一步满足用户的检索需求。

3.1.1 查全率

查全率(Recall Ratio)和查准率(Precision Ratio)是美国学者佩里(J. W. Perry)和肯特(A. Kent)在 20 世纪 50 年代最先提出的。查全率也称为检全率、召回率,查准率也称为检准率、精确率。作为信息检索效果评价的两个重要指标,不仅可以用来评价每次检索的全面性和准确性,也是在信息检索系统评价中衡量系统检索性能的重要方面。

在信息检索系统中,每进行一次检索,就把系统中所有的文献分为检出文献和未检出文献两个部分(如图 3-1 所示)。其中一部分是检出文献,指的是与检索策略相匹配并被检索出来的文献,用户根据自己的判断把它分成相关文献(a,合理的命中)和非相关文献(b,误检);另一部分是未检出文献,指的是未能与检索策略相匹配的文献,也可以把它分成相关文献(c,漏检)和非相关文献(d,合理的排除)。

可以看到,$a+b$ 表示检出的全部文献数量,相对整个系统(尤其在 Internet 环境下)规模来说是很小的;$c+d$ 表示未检出的文献数量,数量则非常大;$a+c$ 表示与检索相关的全部文献;$b+d$ 表示与检索不相关的全部文献;$a+b+c+d$ 则表示检索系统中的所有文献。

	相关文献	非相关文献
检出文献	a	b
未检出文献	c	d

图 3-1 检索中的系统文献

查全率 R 为从检索系统中检出的与检索策略相关文献数占系统中相关文献信息总数的百分比。即

R(查全率)=检出的相关文献数/系统中相关文献总数$=a/(a+c)\times100\%$

查全率反映了信息检索的全面性。

例如,在一次检索中,共检出文献 100 篇,经过分析判定,其中与检索相关的文献为 80 篇,其余的 20 篇为误检文献,假如检索系统中还有 80 篇相关文献,由于各种原因而未被检出(漏检),那么按照上述公式,本次检索的查全率就等于 $80/(80+80)\times100\%$,即 50%。

理论上来讲,利用上述公式,对每一次信息检索,都可计算出其查全率,对检索效率做出定量化的评价。但在实际量化的操作中却有着难以克服的困难,因为实际运行的检索系统中根本不可能浏览所有的文献信息,未被检出的相关文献信息数量和文献总量等都很难统计。

3.1.2 查准率

1. 查准率

查准率 P 为从检索系统中检出的相关文献数占检出文献信息总数的百分比。即

P(查准率)=检出的相关文献数/检出的文献总数$=a/(a+\mathrm{b})\times100\%$

上式中,当进行检索时,与检索策略相匹配并被检索出来的文献,用户根据自己的判断把它分成相关文献(a,合理的命中)和非相关文献(b,误检)。查准率反映检索的准确性。

例如,在一次检索中,共检出文献 100 篇,经过分析判定,其中与检索相关的文献为 80 篇,其余的 20 篇为误检文献,那么按照上述公式,本次检索的查准率 P 就等于$(80/100)\times100\%$,即 80%。

2. 替代方法

除了信息检索的查全率和查准率以外,两位美国研究人员 H. Vernon Leighton 和 Jaideep Srivastava 提出了一种计算查准率的替代方法,即“相关性范畴”概念和“前 X 命中记录查准率”。下面对这两种方法进行简要的介绍。

1) 相关性范畴

相关性范畴是按照检索结果同用户需求的相关程度,把检索结果分别归入如下 4 个范畴。

(1) 范畴 0:重复链接,死链接和不相关链接。

（2）范畴 1：技术上相关的链接。

（3）范畴 2：潜在有用的链接。

（4）范畴 3：十分有用的链接。

2）前 X 命中记录查准率

一旦相关判断进行完毕，接下来的工作就是决定对检索工具的检索性能进行评价的具体计量指标。为了解决这个问题，Leighton 和 Srivastava 提出了前 X 命中记录查准率 $P(X)$，用来反映检索工具在前 X 个检索结果中向用户提供相关信息的能力。

这个解决办法的最大优点就是它的可操作性。评价实验者可以根据人力、物力上的实际情况来选择 X 的具体数值。理论上，X 越大，$P(X)$ 就越接近真实查准率，但这也意味着评价实验成本的增加。实验结果的精确程度和实验成本也是一种互相制约的关系。当然，在条件允许的情况下，X 应该尽可能大。

一种比较合理的情况是把 X 值定为 20，因为许多检索工具都会以 10 为单位输出检索结果，前 20 个检索结果就是检索结果的前两页。而检索用户对前两页的检索结果一般都会认真浏览。这样要计算的查准率就是 $P(20)$。在计算 $P(20)$ 时，要对处在不同位置的检索结果进行加权处理。因为检索工具都有某种排序算法，排在前面的检索结果在理论上应具有较大的相关系数，并且检索者一般都从头开始检验检索结果。因此，排在前面的检索结果应该被赋予高权值。

与真实查准率一样，$P(20)$ 也是一个比值，取值范围为 0～1。对 $P(20)$ 的计算，Leighton 和 Srivastava 的做法如下。

（1）先根据对命中记录进行相关检验的结果，给每个检索结果赋予相关系数 0 或 1。判断为相关的检索结果赋值为 1，不相关的结果赋值为 0。在评价时，相关标准可以根据评价的需要来确定。例如，只要求满足基本的检索要求，范畴 1、2、3 都可以被认为是相关的结果。而要求最为满足检索要求时，就只有范畴 3 是相关的了。

（2）把检索结果分为 3 组：1～3、4～10、11～20，然后在计算时分别赋予不同的权值。一般设第一组权值为 20，第二组权值为 17，第三组权值为 10。

（3）计算 $P(20)$ 的分子，把每组的检索结果乘以各自的权值相加。

例如，某个检索工具对某个检索课题返回的检索结果中，第一组有 2 条相关记录，第二组有 5 条相关记录，第三组有 8 条相关记录，那么，它的 $P(20)$ 的分子就是：$2\times20+5\times17+8\times10=205$。

（4）计算 $P(20)$ 的分母。如果返回的检索结果超过 20 条，那么分母就是所有的 20 条记录都相关时的权值之和，即 $3\times20+7\times17+10\times10=279$。如果返回的检索结果不超过 20 条，分母就需要进行一定的调整，以使计算结果更接近真实查准率。

在检索结果少于 20 时如果不对分母进行调整，会出现检索命中记录越少，$P(20)$ 值越高的现象。如果检索命中记录数为 0，分母就是 0，那么 $P(20)$ 就会是无穷大。因此对 $P(20)$ 分母的计算做如下调整：当检索输出结果少于 20 时，用 279 减去不够 20 的检索结果数量乘以 10。

例如，某次检索返回 15 条命中记录，其 $P(20)$ 的分母应该是 $279-5\times10=229$。如果返回命中记录数为 0，其 $P(20)$ 的分母为 $279-20\times10=79$。

综上所述,最后的计算公式为

$$P(20)=(R_{(1\sim3)}\times20+R_{(4\sim10)}\times17+R_{(11\sim20)}\times10)/(279-(20-N)\times10)$$

其中,R 代表各条命中记录的相关系数,N 为命中记录数(当命中记录数大于 20 时,$N=20$)。

这样,如果某一检索返回超过 20 条记录,其中前 15 条是相关记录,则 $P(20)=229/279$;如果命中记录数是 15,并且全部都是相关记录,则 $P(20)=229/229$;如果只返回一条记录且相关,$P(20)=20/89$;如果命中记录数是 0,$P(20)=0/79$。

Leighton 等人研究的替代方法很好地解决了网络环境下查准率难以确定所有相关信息数量的局限性。但上面的公式也存在一些问题,已有一些发表的成果对一些问题进行了改进。

3.1.3 查准率与查全率的关系

利用查准率和查全率指标,可以对每一次检索进行检索效率的评价,为检索的改进调整提供依据。利用这两个量化指标,也可以对信息检索系统的性能水平进行评价。

要评价信息检索系统的性能水平,就必须在一个检索系统中进行多次检索。每进行一次检索,计算其查准率和查全率,并以此作为坐标值,在平面坐标图上标示出来。通过大量的检索,就可以得到检索系统的性能曲线,如图 3-2 所示。

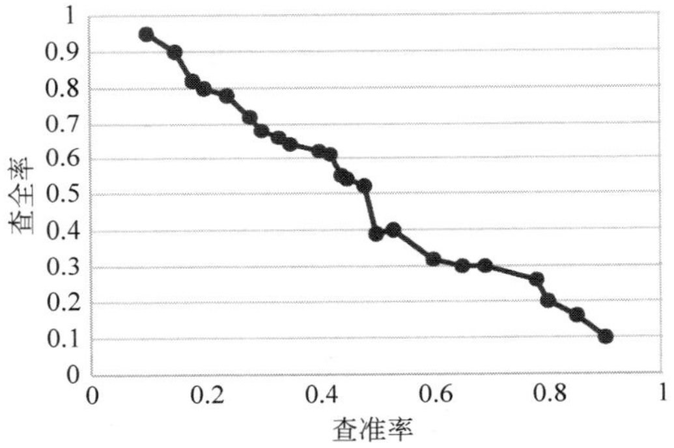

图 3-2　信息检索系统的性能曲线

大量的检索评价实验表明,查准率与查全率之间存在着特定的关系:在一个信息检索系统中,当查准率和查全率达到一定程度以后,两者就会呈现出非线性的反变关系。换句话说,在查准率不断提高的同时,查全率会持续下降;反之,在查全率不断提高的同时,查准率也会持续下降。一些专家认为,查全率大致在 60%～70%,查准率在 40%～50%时,查全率和查准率处于最佳比例关系,一旦查全率超过了 70%,要想提高查全率,就必须以牺牲查准率为前提条件。

查全率和查准率与文献的存储和信息检索是直接相关的,也就是说,与系统的收录范围、索引语言、标引工作和检索工作等有着非常密切的关系。要想做到查全,势必要对检索范围和限制逐步放宽,则结果是会把很多不相关的文献也带进来,影响了查准率。要使查全率和查准率都同时提高,并不是很容易。强调一方面,忽视另一方面,也是不妥的。因此,要根据具体信息检索需要,合理调节查全率和查准率,以保证检索效果。

值得注意的是,只有当查准率和查全率达到一定程度,两者之间才会呈现出这样的反变关系。如果查准率和查全率都很低,那么两者完全可以同时得到提高。查准率与查全率之间的这种反变关系,对于信息检索的实践具有极为重要的指导意义。

查准率和查全率是信息检索效率评价的量化指标,在检索系统的评价中也具有举足轻重的作用。其突出的好处在于,检索效率评价是一种结果评价,使检索评价变得简明、直观而易行。而其局限主要表现在以下两方面。

第一,它能够评价一次检索或一个系统的性能水平,却不能指出是什么原因产生了这样的检索效率。例如,两次检索或两个系统的查准率可能完全相同,但是其原因通常却不会完全相同。这样,就只能为检索的调整提供改进的方向,却不能指明需要改进的具体因素及措施。

第二,它以相关性为基础,具有相关性本身所固有的局限。例如,没有考虑文献的重要性程度等。

需要注意的是,信息检索的效率与信息检索系统的效率之间存在着密切的关联,但是也有着显著的区别。对于每一次检索而言,其检索效率的高低,不仅要依赖于检索系统的性能水平,而且还要取决于本次检索的具体措施和手段。

如果一个信息检索系统的查准、查全性能水平较低,那么在这样的系统中所进行的信息检索,一般而言查准率和查全率都会比较低;但是,倘若一次检索的措施和手段相当理想,也可能达到较高的检索效率。反之,如果一个信息检索系统具有较高的性能水平,那么在这样的系统中所进行的信息检索,通常就容易实现较高的查全率和查全率;但是,倘若一次检索的措施和手段都相当差,就会得到较低的检索效率。例如,对于传统的联机检索系统和现代的搜索引擎,在查准、查全的性能水平上前者要比后者高得多。但这并不意味每一次检索的结果必定如此。在利用联机系统进行检索时,如果选词不合理,措施和手段不当,就不可能达到系统的性能水平。同样,在利用搜索引擎进行检索时,如果检索的措施和手段相当理想,完全可以超越系统的平均性能水平。

3.1.4 漏检率和误检率

检索系统每进行一次检索,就把系统中所有的文献分为检出文献和未检出文献两个部分。前面已述,其中一部分是检出文献,指的是与检索策略相匹配并被检索出来的文献,用户根据自己的判断把它分成相关文献(a,合理的命中)和非相关文献(b,误检);另一部分是未检出文献,指的是未能与检索策略相匹配的文献,也可以把它分成相关文献(c,漏检)和非相关文献(d,合理的排除)。

1. 信息检索的漏检率

漏检率(omission ratio)是查全率的补充指标,它们是一对互逆的指标,查全率高则漏检率就低,或反之。

$$
\begin{aligned}
O(\text{漏检率}) &= \text{未检出的相关文献数} / \text{系统中相关文献总数} \\
&= c/(a+c) \times 100\% \\
&= 1 - R(\text{查全率})
\end{aligned}
$$

2. 信息检索的误检率

误检率(noise ratio 或 fallout ratio)是查准率的补充指标,它们是一对互逆的指标,查准率高则误检率就低,或反之。

$$
\begin{aligned}
N(\text{误检率}) &= \text{检出的不相关文献数} / \text{检出的文献总数} \\
&= b/(a+b) \times 100\% \\
&= 1 - P(\text{查准率})
\end{aligned}
$$

3.1.5 响应时间

响应时间是从用户输入检索表达式开始查询到检出结果所需要的时间。显然,它也是检索中的一个重要指标。响应时间与多方面因素有关,不同的检索系统其响应时间的影响因素也各不相同。手工检索响应时间以人为因素较多,一般会比较长;单机检索系统的响应时间主要由系统的处理速度决定;网络环境下,响应时间则不仅取决于检索工具本身的响应速度,还在相当大的程度上取决于用户使用的通信设备和网络的拥挤程度等外部因素。

同一种检索系统在不同时间使用同一个检索表达式来检索同一课题,其响应时间可能有所不同。因此,在计算响应时间时,应该在相同的时间,在相同的软硬件环境下,对同一个检索课题的响应情况进行量化评价。另外,还要考虑系统是否具有记忆搜索结果加速调用的功能,方便用户使用常见词检索。

除了查全率、查准率和响应时间外,信息检索评价的指标一般还有收录范围、检索费用、信息的可用性、输出形式等。联机检索系统的评价指标体系如图 3-3 所示。

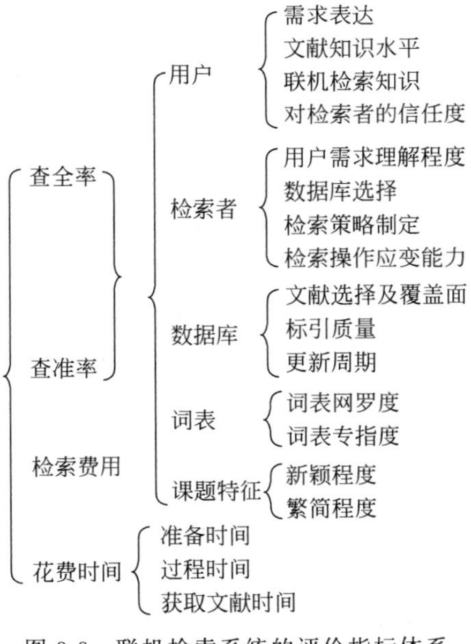

图 3-3 联机检索系统的评价指标体系

3.2 信息检索系统的评价

采用常规的方式来度量 ad hoc IR 系统的效果，需要一个测试集，它由以下三部分构成。

（1）一个文档集。

（2）一组用于测试的信息需求集合，信息需求可以表示成查询。

（3）一组相关性判定结果，对每个查询-文档对而言，通常会赋予一个二值判断结果——要么相关，要么不相关。

常规的 IR 系统评价方法主要是围绕相关和不相关文档的概念来展开。对于每个用户信息需求，将测试集中的每篇文档的相关性判定看成一个二类分类问题进行处理，并给出判定结果：相关或不相关。这些判定结果称为相关性判定的黄金标准或绝对真理。测试集中的文档及信息需求的数目必须要合理：由于在不同的文档集和信息需求上的结果差异较大，所以需要在相对较大的测试集合上对不同信息需求的结果求平均。经验发现 50 条信息需求基本足够(同时 50 也是满足需要的最小值)。

需要指出的是，相关性判定是基于信息需求而不是基于查询来进行的，例如，可能有这样一个信息需求：在降低心脏病发作的风险方面，饮用红葡萄酒是否比饮用白葡萄酒更有效(原文是 whether drinking red wine is more effective at reducing your risk of heart attack than drinking white wine)。该需求可能会表达成查询 wine AND red AND white AND heart AND attack AND effective。一篇满足信息需求的文档是相关的，但这并不是因为它碰巧都包含查询中的这些词。由于信息需求往往并不显式表达，上述区别在实际上常常被误解。尽管如此，信息需求却始终存在。如果用户向 Web 搜索引擎输入“python”，那么他们可能想知道可以买宠物蛇的地方，或者想查找与编程语言 Python 相关的信息。对于单个词构成的查询，系统很难知道其背后的真实需求。当然，对于用户而言，他肯定有自己的信息需求，并且能够基于该需求判断返回结果的相关性。要评价一个系统，需要对信息需求进行显式的表达，以便利用它对返回文档进行相关性判定。迄今为止，我们对相关性都进行了简化处理，把相关性考虑为一个只具有如下尺度的概念：一些文档高度相关而其他却不太相关。也就是说，到现在为止，我们仅对相关性给出一个二值判定结果。应该说，这种简化具有一定的合理性。

许多系统都包含多个权重参数，改变这些参数能够调优系统的性能。通过调优参数而在测试集上获得最佳性能并报告该结果是不可取的。这是因为这种调节能在特定的查询集上获得最佳参数，而这些参数在随机给定的查询集上并不一定能够取得最佳性能，因此，上述做法实际上夸大了系统的期望性能。正确的做法是，给定一个或者多个开发测试集，在这个开发测试集上调节参数直至最佳性能，然后测试者再将这些参数应用到最后的测试集上，最后在该测试集上得到的结果性能才是真实性能的无偏估计结果。

习题

1. 查准率和查全率的定义分别是什么？它们之间有怎样的联系？

2. 什么是漏检率和误检率？

3. 响应时间的定义是什么？

4. 如何对一个信息检索系统进行评价？

5. 两个查询 q1、q2 的标准答案数目分别为 100 个和 50 个，某系统对 q1 检索出 80 个结果，其中正确数目为 40；系统对 q2 检索出 30 个结果，其中正确数目为 24。请计算每个系统的查准率和查全率。

第 4 章

文本分类技术

4.1 概述

4.1.1 基本概念

文本分类(Text Categorization 或 Text Classification,TC)是指根据文档的内容或属性,将大量的文本归到一个或多个类别的过程。这里所指的文本可以是媒体新闻、科技报告、电子邮件、技术专利、网页、书籍或其中的一部分。文本分类问题关注的文本种类,最常见的是文本所涉及的主题或话题(如体育、政治、经济、艺术等),也可以是文本的文体风格(如流派等),或文本与其他事物(如垃圾邮件等)之间的联系(相关或不相关)。

文本自动分类是在给定的分类体系下,根据文本的内容自动地确定文本关联的类别。从数学角度来看,文本分类是一个映射的过程,它将未标明类别的文本映射到已有的类别中,该映射可以是一一映射,也可以是一对多的映射,因为通常一篇文本可以同多个类别相关联。用数学关系表示如下:

$$f: A \rightarrow B$$

其中,A 为待分类的文本集合,B 为分类体系中的类别集合。

文本分类的映射规则是系统根据已经掌握的每类若干样本的数据信息,总结出分类的规律性而建立的判别公式和判别规则。然后在遇到新文本时,根据总结出的判别规则,确定文本相关的类别。因此,文本自动分类是一个有指导的学习过程。它根据一个已经被标注的训练信息样本集合,找到信息属性和信息类别之间的关系模型,然后利用这种学习得到的关系模型对新的信息样本进行类别判断。文本分类的关键问题是如何构造一个分类函数或分类模型(也称为分类器),并利用此分类模型将未知文本映射到给定的类别空间。

4.1.2 文本自动分类的两种类型

文本自动分类的方法分为两类：基于规则的分类方法和基于统计的分类方法。基于规则的分类方法多应用于某一具体领域，需要该领域的知识、规则库作为支撑。但是，对知识、规则的制定、更新、维护以及自我学习等方面存在种种问题，这些因素使其应用面比较窄。在基于统计的分类方法中，依据某种统计后得到的客观规律，或者采用某种统计学中的定律来完成分类器的建立工作。这种方法中的训练过程多为训练集上的某种统计和计算过程，得到某些可以代表文本与类别之间关系的数据模型。在分类时分类器给出的通常为某种概率结果，如朴素贝叶斯模型、向量空间模型、K 近邻方法等。基于统计的分类方法理论基础不是很强，在对逻辑依赖性较强的复杂文档进行分类，或者对于分类范畴比较模糊的类别进行分类时，效果往往不太理想。但由于系统实现简单，对大多数实际文本分类速度较快，准确度在一定的条件约束下比较高，而且系统成本比较低，因此被大多数文本分类系统所采用。

4.1.3 文本分类模式

在实际应用中，分类模式可以根据实际情况分为单类别问题，即属于或是不属于问题；也可以分为多类别问题，即属于多种可能中的哪一种。当然，多类问题最终还是可以看成多个单类别问题的组合来解决。

对于单类别分类和多类别分类，在不同的背景需求下，分类的具体任务也各不相同。在单类别分类中，是多个文本对应一个类别的关系，分类未知文本时通常会采取阈值的方法。在分类器的框架建立好之后，训练的过程就是根据训练样本来调整阈值的过程。分类时根据阈值判断，满足条件则判为 1，否则判为 0。单类别分类相对简单。在多类别分类中，是多个文本与多个类别的对应关系，而且通常一个文本只能属于一个类别。在多类别分类中，分类时通常会采用投票法。即分类器会将文本 d 放在所有的类别上完成一次分类过程，得到某种结果。这些结果通常代表了文本 d 属于某个类别的可能性，可以是文本 d 属于某类别的概率，或者是文本 d 与某类别的相似程度等。然后再由分类器从中完成抉择。多文本分类更为复杂，此时文本分类的任务是建立起适用于多类别的分类器。

4.1.4 文本分类过程

一般来讲，文本分类过程需要解决以下五方面问题。

1. 获取训练样本集

训练样本选择是否合适对文本分类器的性能有较大影响。训练样本集应该能够广泛地代表分类系统所要处理的客观存在的各种文本信息类中的样本。一般地，训练样本集应是公认的经人工分类的语料库。国外文本分类研究都使用共同的测试样本库，这样就可以比较不同分类方法和系统的性能。

2. 建立文本表示模型

即选用什么样的语言要素(或者说文本特征)和用什么样的数学形式组织这些语言要素来表征文本信息,这是文本分类中的一个重要问题。

3. 文本特征选择

语言是一个开放的系统。作为语言的一种书面物化或者电子化的文本信息也是开放的。它的大小、结构、包含的语言元素和信息都是开放的,因此它的特征也是无限制的。文本分类系统应该选择尽可能少而准确且与文本主题概念密切相关的文本特征进行分类。选择什么样的文本特征由具体的度量准则确定。

4. 选择分类方法

也就是用什么方法建立从文本特征到文本类别的映射关系,这是文本分类的核心问题。

5. 性能评估模型

即如何评估分类方法和系统的性能或者说分类结果。真正反映文本分类内在特征的性能评估模型可以作为改进和完善分类系统的目标函数。在文本分类中,到底使用什么评价参数取决于具体的分类问题。单类别分类问题和多类别分类问题所使用的评估参数是不一样的。常用的评估参数有查全率和查准率,这是来源于信息检索中的两个术语。

因此,一个文本分类过程通常包括如下几个主要阶段。

(1) 文本预处理。

(2) 文本表示。

(3) 文本特征选择。

(4) 文本分类器设计。

(5) 文本分类的性能评估。

文本分类的系统模型分为两部分,如图 4-1 所示,一部分是训练过程,另一部分是分类过程。训练部分所得到的结果供分类部分应用,而分类部分的结果反馈给训练部分,改进训练方法。

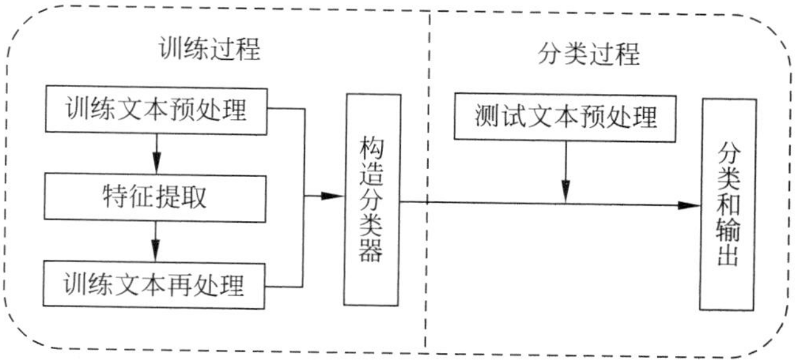

图 4-1　文本分类系统模型

训练的目的是训练分类器使其可用于分类，首先要建立特征集，基本流程为：预处理→特征提取→特征集建立。之后则是训练分类器，基本流程为：预处理→依据特征集取得文本的特征表示→训练分类器。分类则是分类器依据训练结果对待分类文本进行分类并给出类别标识的过程，基本流程为：预处理待分类文本→依据特征集取得文本的特征表示→分类器分类→给出分类结果。

4.2 文本预处理

4.2.1 分词技术

文本预处理的关键过程的第一步是分词，即把输入给计算机的文本数据源插入分隔符的过程。对文本数据进行分词的原因在于对文本处理过程中需要选择一定特征来代表原文本，而通常会选取字、词组等作为文本的特征选项，但是一般如果用来作为文本特征选项，那么就会造成代表文本的空间向量维数过大，不利于计算和后续处理；如果选取词组作为特征选项，那么同样会导致一种情况的发生，因为词组在文档中存在较少，结果就是特征向量空间过度稀疏，无法很好地计算文本间的相似性，也无法将两个不同的文本有效区分开来，所以字以及词组无法作为特征选项而代表文本。作为文本的最优特征选项，它是表征文本最好的选择。为了提取文本中的特征词项，就必须对文本进行分词，按一定规则将连续的文本内容分解并组合成词，进而方便对文本进行下一步处理。除短语划分存在差不多的复杂度外，中文和英文还是有很大的区别，例如，英文存在天然的空格符可以作为分隔符，而对于中文来说并没有这样的特点，中文只有段、句作为简单的分解，所以中文分词(Chinese words segmentation)总体来说比英文分词难度及复杂度更高。此外，中文中的词和短语之间的界限也比较模糊，主要由于人们的认知水平不同，对相同内容有着不同的理解，从这个层面上来说，中文分词的难度更高。

目前主流的分词方法大致有三大类：使用字符串匹配的方式来对文本进行分词，基于理解的分词方法以及基于统计的分词方法。其中，使用字符串匹配的方法的具体思路是：分词过程中，选取某定长的字符串作为最大字符串，将它与词典中的词条相匹配，若无法匹配，则删除一个字符后继续与词典词条进行匹配，直到找到与之匹配的词条。基于理解的分词方法的思路是：将语句及语义信息融入分词过程中，并依据相关的语义以及语句信息对词进行词性标注。基于统计的分词方法主要利用了字符串在语料库中出现的频率信息，并以此来决定某个字符串能否构成一个词。本书所用的分词工具是中国科学院自主研发的ICTCLAS系统，该系统不仅能够进行有效分词，而且能够对分词结果中的词集进行相关词性标注。

4.2.2 停用词去除

停用词即一些表征文本效果较差、词语蕴含意义不大的词，这些词大致可以分为两类：一是词性比较弱，如一些语气助词、介词以及连接词，这些词其本身没有很大意义，对文本特征贡献较小；二是一些常用的词语，这些词会在大多数文档中出现，对区分文档的作用不大。对于这两类词在文本预处理过程中应该予以去除。停用词的去除在文本预处理阶段意义重大，将这些使用频率较高、对区分文档的作用不大的词剔除对降低特征词空间维数及抑制数据噪声具有关键作用。

对于英文停用词来讲，已经有一些较为成熟的停用词表可以用来去除其中的停用词，其中比较全面的主要有智能停用词表(SMART stop word list)和 Brown corpus 停用词表。但是，对于中文来讲，中文词汇具有数量较大以及词汇存在一词多义和歧义性的特点，这些问题导致了目前还没有一个较为完备的中文停用词库，这就使得人工构造停用词库成为必要，也是中文去除停用词的一种方法，主要根据数据源所属类别，然后构建这一类别领域的停用词库，然后运用到文本去除停用词过程中。而基于统计方法的停用词库构造方法，其主要思想是利用词频分析来构建停用词库，在对文本分词后通过计算和分析各词的使用频率来筛选停用词，最终构建停用词库。

4.2.3 文本特征选择方法

文本数据一般是非结构化的，而通过特征词来表示文本可能会导致特征空间维度过高，通常情况下达到万维以上，这样不仅会导致特征稀疏，也会导致计算复杂。虽然一般经过文本预处理(分词处理、去除停用词以及合并同义词等)过程后，文本特征词会有一个数量骤降表现，但是筛选过后特征词集的规模依然是非常庞大的，这些高维特征向量会增加机器学习的工作量，而且可能会存在一些维数更低但和这些高维特征向量等价的特征向量。所以说，在对文本聚类进行一系列后续处理前，选择合适的特征词集是非常有必要的。

特征选择一般是通过相关的特征评估函数对特征全集中的每个特征打分，以选取合适的特征组合成特征空间。一般情况下有两种方法来构建特征子集：一是通过相关的特征评估函数给每个特征打分后，对所有特征进行排序，选取排名前若干位的特征项作为特征子集的元素；其二是在评估特征全集之后，设定一个阈值，当评估函数给予特征项的分数高于这个特征项时，则将其视为特征子集的一个元素。目前主要的特征选取的评估函数主要有以下几种。

1. 文档频数评估函数

文档频数的具体定义为：

$$\text{DF(Document Frequency)} = \text{出现某个词条的文本数量} / \text{文档总数} \tag{4-1}$$

文档频数评估函数是各类评估函数中最为简单的，其不仅可以作为评估函数，而且经常用于作为评价其他评估函数效果的工具。文档频数的主要思想是：计算某个词条出现在文档中的频率，其一，去除一些频率过高、对区分文档类别效果不明显的词条；其二，去除一些频率过低、意义不大、无法很好表现文档特征的词条。现有的一些研究学者通常把文档频数设定两个阈值以达到去除以上两类词条。文档评估函数的计算复杂度和时间复杂度也是各类评估函数中最低的，其计算耗时和文档集规模呈近线性关系，所以它比较适合大规模的语料计算和统计。文档频数也有不少缺点，例如，有些频率低的词条，其可能在某个类别是非常有意义的，但是它却有可能被过滤了。

2. 信息增益评估函数

$$\mathrm{IG(Tord)}=P(T)P(C_i \mid T)\lg\frac{P(C_i \mid T)}{P(C_i)}+P(\overline{T})\sum_i P(C_i \mid \overline{T})\lg\frac{P(C_i \mid \overline{T})}{P(C_i)} \tag{4-2}$$

其中，$P(T)$表示词条T在整个文档集中出现的概率；$P(C_i|T)$表示词条T出现在某篇文档中，而这篇文档又属于C_i的概率；$P(C_i)$表示文档集中某个文档类别C_i出现的概率；$P(\overline{T})$表示词条T不出现在文档集中的概率；$P(C_i|\overline{T})$表示词条T不出现在文档类别C_i的概率。

信息增益是一种性能较好的无监督类型的特征选择方法，其具体定义为：在文本分类过程中，为文档集类别提供信息，通过提供信息增益的多少来选择词条。其缺点在于，在做特征评估时，该方法将词条不出现的情况对文本分类的贡献力度纳入了考虑范围之内。我们知道，一般情况下文本的特征维数是巨大的，同时一些词的不出现往往比其出现更具有用处，而且尽可能地减少词条的数量将会给计算带来更多益处。

3. 期望交叉熵评估函数

$$\mathrm{ECE}(T)=P(T)\sum_i P(C_i \mid T)\lg\frac{P(C_i \mid T)}{P(C_i)} \tag{4-3}$$

其中，$P(T)$表示词条出现在文档集中的概率，而$P(C_i|T)$表示词条出现在某篇文档中，而该文档从属于文档类别的概率。期望交叉熵方法并没有将文档不出现的概率考虑到概率规则当中，这一点和信息增益不同。

期望交叉熵方法主要是考察词条和文本类别的关联程度，例如，当$P(C_i|T)$值比较大时，则说明词条T和类C_i联系密切，这样一来，如果$P(C_i)$值偏小，那么该词条通过交叉熵方法得到的值就比较大，这个词条被选中作为特征词的概率就越大。

4. 互信息评估函数

$$\mathrm{MI}(T)=\sum_i P(C_i)\lg\frac{P(T \mid C_i)}{P(T)} \tag{4-4}$$

其中，$P(C_i)$是文本类别C_i出现的概率，而$P(T|C_i)$表示类别出现时，词条T属于文本类C_i的概率，$P(T)$是词条T出现在文档集中的概率。互信息函数评估方法考究的是词条和文本类别的关系，词条的互信息值越大，则其被选为该类别的特征词的表征效果就越好。

5. 卡方统计评估函数

$$\mathrm{Chi}(T)=\sum_i P(C_i)\lg\frac{N(AD-BC)^2}{(A+B)(C+D)(A+C)(B+D)} \tag{4-5}$$

其中，A表示词条T出现在类C_i中的概率；B表示把类C_i除外，词条T在各个文档类别中出现的概率；C表示除词条T外，文档集中其他词条在类C_i中出现的概率；D表示除词条外，文档集中的其他词条在文档集各个类(不包括C_i)中出现的概率。

卡方统计值在统计学中是非参数检验的一个统计量，主要用于非参数统计分析过程中，检验数据之间的关联性。假如卡方统计值在一定范围(通常情况下是小于0.05)下较大，那么说明这两个变量是显著相关的。这种思路运用在特征选取过程中就是衡量词条与文本的显著关系，即词条和某类的关联程度、其他类的关联程度以及本词条与其他词条和该类的关系。由公式可以看出，当词条和类关系为互相独立时，那么$(AD-BC)^2$结果为0，也即二者没有显著关联关系；如果$(AD-BC)^2<0$，则可以将类与词条的关系归为负相关；当$(AD-BC)^2>0$，可以将类与词条看成正相关，在某种设定条件下可以将该词条设为特征词。

6. 文本证据权评估函数

$$\mathrm{TW}(T)=P_{\mathrm{r}}(T)\sum_{i}P(T_i)\left|\lg\frac{P(C_i\mid T)(1-P(C_i))}{P(C_i)(1-p(C_i\mid T))}\right| \tag{4-6}$$

其中，$P_{\mathrm{r}}(T)$表示词条T在文本集中出现的频数；$P(C_i|T)$表示类别出现时，词条T属于文本类C_i的概率；文本证据权评估方法主要考察了词条出现概率以及该词条出现在某特定文档中的概率之间的联系。如果$P(C_i|T)$的值较大以及$P(C_i)$的值比较小，那么说明词条T对类C的影响比较大，得到该词条的TW值也比较大，其作为特征词条也就比较合适。通常情况下，与其他各类特征评估方法相比，文本证据权的特征选择精度以及质量都比较好。

7. 单词贡献度评估函数

$$\mathrm{TC}(T)=\sum_{i,j\cap i\neq j}f(T,d_i)\times f(T,d_j) \tag{4-7}$$

其中，$f(T,d_i)$表示词条T在文档d_i中的权重；$f(T,d_j)$表示词条T在文档d_j中的权重。单词贡献度主要是考察词条对整个文档集相似度的有效性，是对其在各相似文档中出现的频率的叠加，其值对特征次选择具有一定参考性。一般情况下，计算词条T在各文档中出现的频率不足以说明其具有区分度及代表性，通常可以计算该词条的逆文档率TDF来调节单词权值，一方面可以去除一些频率较高的但对文本集分类没有意义的词条；另一方面也可以去除一些文档中出现频率过低的词条。这种方法可以使得单词权值有效性加强。

8. 单词权评估函数

$$\mathrm{TS}(T)=P(T\in d_i\mid T\in d_j),\quad d_i,d_j\in D\cap\mathrm{sim}(d_i,d_j)>\alpha \tag{4-8}$$

单词权评估方法的主要思想是：计算一个词条T在两个具有相关性文档间(d_i,d_j)出现的概率，也即该词条出现在一篇文档d_i的条件下，在另一篇与该文档d_j相关的文档中出现的概率。当文档在具有相关性的文档中出现概率较大，而在不相关的文档中出现概率较小，那么它对表征这类文档具有很大意义，这个方法在文本聚类和分类技术中十分重要。

单词权方法的思路：首先计算文档间的相似度，并设定好一个阈值α(判定文档是否相关)，当文档间的相似度大于 a，则计算词条 T 在这两篇文档间的单词权值。单词权方法在一定程度上利用了文档间的相似性这一条件，但由此带来的计算复杂度也是陡升的。

特征提取在一定程度上减轻了文本空间的维度灾难(第 5 章中将具体讲解)，在文本挖掘中应用意义深远重大。表 4-1 对经典的特征选择算法进行了对比分析。

表 4-1 特征选择算法对比分析

特征选择算法	主要原理	优　点	缺　点
词频-逆文本频率	某词条在一篇文章中出现的频率越高，且文档集中包含该词条的文档数较少，则该词条的特征权重较大	原理简单，直观高效，具有普适性。适合在单篇文档中提取特征	没有考虑特征在类内、类间的分布情况
期望交叉熵	用来衡量某个特征对训练集整体的重要性。其值表示：出现某特定词的条件下类别的概率分布与类别本身的概率分布的距离	不考虑特征项缺失的情况，降低稀有特征的干扰，提高分类效率	缺少对类间集中度、类内分散度的度量
互信息	一种信息度量方法，表示一个随机变量中包含的关于另一个随机变量的信息量	适用于局部信息(单一类别)和全局信息的特征选择	低频词的互信息较大，容易引起过学习；忽略了文本量对词条在每个类别中出现概率的影响
信息增益	概率分布差异，具有非对称性。通过计算不同情况下的条件概率，选择信息增益较大的词构成特征空间	综合考虑了特征项出现与缺失的情况	只适用于全局信息的特征选择，计算量大
卡方统计	通过观察实际值与理论值的偏差来确定理论的正确与否，是一个归一化的统计量	适用于局部和全局信息的特征选择，忽略词频的影响	计算开销大，过于注重一篇文档中某个特征的出现与否，对低频词的统计结果有所偏袒

4.2.4 文本表示方法

文本表示在文本挖掘过程中是一个非常重要的步骤，通常情况下文本数据都是一些非结构化的数据，即使一些比较规整的文本数据也勉强是半结构化的数据，计算机对这些数据是无法识别和读取的，所以文本表示的目的就是将文本数据通过一定方法转换成计算机能够识别和计算的信息，以便对文本进行比如文本相似度和聚类分析。目前，文本表示方法主要有如下几种。

1. 向量空间模型

所有的文本数据在能够被计算机识别、分析及分类之前，必须将这些数据进行转换，即一种能够有效代表文本特征的紧凑、利于计算的形式。目前，比较成熟和著名的文档权重方法是向量空间模型(Vector Space Model，VSM)，向量空间模型又称为“词袋”法。向量空间模型在文本挖掘中应用时，通常会和 TFIDF 方法联合使用。TFIDF 方法表示一个词条与一篇文档的相关性或权重，例如一个词条在某篇文档出现的频数，同时分析该词在其他文档中出现的文档频数，一般情况下，一个具有很好类别区分效果的词条在和它相关的文档中出现频数较多，而在无关文档中出现频数较少。

在向量空间模型中一篇文档 d_i 是由一序列词条（$t_1, t_2, t_3, \cdots, t_n$）组成的，其中，$t_j$ 是在文档 d_i 中出现的词条，而 n 是文档 d_i 的各类词条中能够有效表征该文本文档的特征词。使用向量空间模型方法时，词条 t_i 一般都会有一个权重值 W_i，通常情况下这个权重主要由 TFIDF 计算得到，即通过该词条在文档集中的词频 TF，以及它的逆文档率 IDF 计算得到。

$$W(t_j, d_i) = \frac{\mathrm{TF}(t_j, d_i)\lg\left(\frac{N}{\mathrm{DF}(t_j)} + 0.01\right)}{\sqrt{\sum_{t_j \in d_i}\left[\mathrm{TF}(t_j, d_i)\lg\left(\frac{N}{\mathrm{DF}(t_j)} + 0.01\right)\right]^2}} \tag{4-9}$$

其中，$W(t_j, d_i)$ 表示文档集中第 i 篇文档 d_i 中的第 j 个词条 t_j 的 TFIDF 权重值，$\mathrm{TF}(t_j, d_i)$ 表示文档集中第 i 篇文档 d_i 中的第 j 个词条 t_j 在文档 d_i 中的出现频率，$N/\mathrm{DF}(t_j)$ 即 $\mathrm{IDF}(t_j)$ 表示词条除文档 d_j 之外，在文档集其他文档中出现的频率（文档数）。公式中加入 0.01 是防止出现 1 而导致分母为 0 的特殊情况。

所以文档 d_i 就可以用一个 n 维的特征向量表示：

$$\boldsymbol{v}_1 = (w_1, w_2, w_3, \cdots, w_n) \tag{4-10}$$

其中，w_i 表示构成特征向量的特征词的 TFIDF 值，通常情况下是计算各个词条的 TFIDF 值后对其进行排序，取 TFIDF 值大小前 n 位的词条作为特征词。

2. 基于概率的模型

基于概率的模型是马龙在 20 世纪 60 年代提出的，模型主要使用于信息检索中，其主要通过词条与词条、词条与文档之间的关联性来进行同标信息检索。

在文档集中，每一篇文档都看成是一个向量 $\boldsymbol{x} = (x_1, x_2, x_3, \cdots, x_n)$，其中，$x_i$ 的取值可以是 1 或者 0；0 表示文档特征向量中的第 i 个特征词不存在，而 1 则表示文档向量中第 i 个特征词存在。通常该模型中有这样一项规则，就是任何一个文档都可以被分配相关文档集或者是非相关文档集来进行指定的特殊查询。这个规则具体如下：当一篇文档和文档集的相关性概率大于这篇文档和文档集的不相关概率，那么这篇文档就可以归入到这个文档集中，公式定义如下：

$$P(\mathrm{Relevance} \mid x) > P(\mathrm{None} - \mathrm{Relevance} \mid x) \tag{4-11}$$

其中，$P(\mathrm{Relevance} \mid x)$ 表示文档和文档集的相关性概率，而 $P(\mathrm{None\text{-}Relevance} \mid x)$ 表示文档和文档集不相关的概率。

一些研究者对以上公式做出了相关改进，主要是在其中加入了贝叶斯方法，这样一来新函数还可以作为一个权重函数 $G(x)$：

$$G(x) = \lg P(x \mid \mathrm{Relevance}) - \lg P(x \mid \mathrm{None} - \mathrm{Relevance}) \tag{4-12}$$

这样一来，不仅可以知道某篇文档是否能归入某个文档集，而且可以通过比较 $G(x)$

的值的大小对文档进行排序。通常情况下，直接计算 $P(x|\text{Relevance})$ 的值非常难，一般主要是将文档特征向量的每一个特征词在概率论学中视为相互独立，这样就可以通过计算文档特征词与文档集（需要查询文档类别）的相关性，然后作积，最后得到某篇文档和待查询内容的相关性。同样道理，可以使用文档特征向量中的特征词与待查询内容的不相关性，从而得到文档与待查询内容的不相关性，最终得到概率权值，具体公式如下。

$$P(x \mid \text{Relevance}) = P(x_1 \mid \text{Relevance}) P(x_2 \mid \text{Relevance}) \cdots P(x_n \mid \text{Relevance}) \tag{4-13}$$

3. 布尔模型

布尔模型是由 Salton 等在 1983 年提出来的，是主要结合了逻辑学和集合论的一种模型。该模型主要在信息检索领域应用较广，旨在通过考察目标文档是否含有某个特征词来分析是否对该文档进行标记，即通过对文档特征向量中是否含有特征词进行标注 1（含有该特征词）或者 0（不含有该特征词）。

最早的布尔模型当然也存在一定局限，首先，构建一个查询公式对用户来讲是非常困难的；其次，布尔模型不支持对输出结果进行排序，这样就导致了用户对结果的重要性不清楚；再次，检索文件的规模对用户来讲是十分难控制的；最后，早期的布尔模型并没有对相关的特征词进行加权，即使是文档和查询条件都没有通过加权方法进行添加权重。

在布尔模型的一些改进方法中，通常将文档 D 视为由一些特征词 $t_1, t_2, t_3, \cdots, t_n$ 构成的，n 是大于 1 的整数。对于 D 中的每个 t_i 特征词都有一个权重值 $|t_i|_D$，其中，$0 \leqslant |t_i|_D \leqslant 1, i=1,2,\cdots,n$，$|t_i|_D$ 就是衡量文档 D 中的每个词的权重。如果一个查询中定义了特征词 $t_1, t_2, t_3, \cdots, t_k (1 \leqslant k \leqslant \infty)$ 序列，同时每个特征词都有一个权重值 $|t_i|_D$，每次任务都是在给定的查询特征词序列中进行。当然也可以不赋给查询特征序列，即 $t_i =$ 常数，$i=1,2,\cdots,k$。在布尔方法中，用符号 AND(P)和 OR(P)来指明 P 的值，并利用 P 值来计算文档和查询条件的相似性。具体公式如下：

$$Q_{\text{AND}}(P,K) = t_1|t_1|\text{AND}(P)t_2|t_2|\text{AND}(P)t_3|t_3|\cdots\text{AND}(P)t_k|t_k| \tag{4-14}$$

$$Q_{\text{OR}}(P,K) = t_1|t_1|\text{OR}(P)t_2|t_2|\text{OR}(P)t_3|t_3|\cdots\text{OR}(P)t_k|t_k| \tag{4-15}$$

布尔方法中主要限制因素是公式右边的特征项 t_i 以及其对应的权重值 $|t_i|$。之后 Salton 等引入向量范数，通过给指定的文档 D 和查询条件 $Q_{\text{AND}}(P,K)$ 和 $Q_{\text{OR}}(P,K)(1 \leqslant P \leqslant \infty)$，定义一系列拓展的布尔相似方法来制定模型的规模。具体定义如下：

$$\text{sim}(D, Q_{\text{OR}}(P,K)) = \left[\frac{t_1^P |t_1|_D^P + t_2^P |t_2|_D^P + \cdots + t_k^P |t_k|_D^P}{t_1^P + t_2^P + \cdots + t_k^P}\right]^{\frac{1}{P}} \tag{4-16}$$

$$\text{sim}(D, Q_{\text{AND}}(P,K)) = 1 - \left[\frac{t_1^P |t_1|_D^P + t_2^P |t_2|_D^P + \cdots + t_k^P |t_k|_D^P}{t_1^P + t_2^P + \cdots + t_k^P}\right]^{\frac{1}{P}} \tag{4-17}$$

此外，当 $P > \infty$ 时，定义：

$$\text{sim}(D, Q_{\text{OR}}(\infty,K)) = \frac{\max\{t_1|t_1|_D, t_2|t_2|_D, \cdots, t_k|t_k|_D\}}{\max\{t_1, t_2, \cdots, t_k\}} \tag{4-18}$$

$$\mathrm{sim}(D,Q_{\mathrm{AND}}(\infty,K))=1-\frac{\max\{t_1(1-|t_1|_D),\cdots,t_k(1-|t_k|_D)\}}{\max\{t_1,t_2,\cdots,t_k\}} \quad (4\text{-}19)$$

通过公式(4-17)和公式(4-18)就确保了模型方法在 $P\in(1,\infty)$都有效。

4.3 相似度度量方法

文本挖掘中通常需要用到文本聚类分析过程,而对文本进行文本聚类之前必须对文本采用一定的计算方法来度量文本间的相似度。通常情况下,不同文本表示模型所运用的相似度度量方法是不尽相同的,文本相似度度量方法主要有如下几类:基于向量空间模型(VSN)的文本相似度度量方法、基于词语的文本相似度度量方法,以及基于本体的文本相似度度量方法等。

1. 基于向量空间模型的文本相似度度量方法

通常情况下,基于向量空间模型(VSM)的文本相似度度量方法依赖于构成文本的特征向量,其主要是通过一些数学方法来计算两个数据对象的距离,并依靠计算的距离结果来定义对象的相似程度,通常计算两个数据对象的距离的度量方法有:欧几里得距离度量方法、余弦相似性度量方法、对偶相似性度量方法、杰卡德系数度量方法、戴斯系数度量方法、布雷克蒂斯距离度量方法、闵可夫斯基距离度量方法等。

1) 欧几里得距离度量方法

通常情况下,在基于向量空间模型的相似度量方法下,文档集 D 中的每篇文档可以表示成一个文档向量(即文档的特征向量)$\boldsymbol{d}_1=(t_1,t_2,\cdots,t_n)$,$t_i$ 是文档集中的特征词,其中,$i=1,2,3,\cdots,n$,那么文档之间的欧几里得距离的定义如下:

$$d(\boldsymbol{d}_1,\boldsymbol{d}_2)_{\mathrm{ED}}=\sqrt{(\boldsymbol{d}_1-\boldsymbol{d}_2)^2} \quad (4\text{-}20)$$

其中,$\boldsymbol{d}_1$ 和 $\boldsymbol{d}_2$ 代表文档集 D 中两篇文档的文档向量,$d(\boldsymbol{d}_1,\boldsymbol{d}_2)_{\mathrm{ED}}$ 表示这两篇文档的欧几里得距离(Euclidean Distance,欧氏距离)。

2) 闵可夫斯基距离

闵可夫斯基距离是欧氏距离的一种拓展,也是对各种距离度量方法的一个概括性的总结,具体定义如下:

$$d(\boldsymbol{d}_1,\boldsymbol{d}_2)_{\mathrm{MD}}=(|\boldsymbol{d}_1-\boldsymbol{d}_2|^k)^{\frac{1}{k}} \quad (4\text{-}21)$$

其中,k 是一个变量,由式(4-21)可以看出,当 $k=2$ 时,式(4-21)就是欧几里得方法,由此可见,欧几里得方法就是闵可夫斯基距离方法的一种特殊形式。

3) 切比雪夫距离

切比雪夫距离其实就是闵可夫斯基距离的一个特例,在闵可夫斯基距离当中,当 k 值趋于无穷时,便是切比雪夫距离,具体公式如下:

$$d(\boldsymbol{d}_1,\boldsymbol{d}_2)_{\mathrm{QB}}=\lim_{k\to\infty}(|\boldsymbol{d}_1-\boldsymbol{d}_2|^k)^{\frac{1}{k}}=\max_k|\boldsymbol{d}_1-\boldsymbol{d}_2| \quad (4\text{-}22)$$

其中,k 的取值为当两个文档向量差值最大时的数值,此时的距离也即文档 d_1 和 d_2 的相似度。

4）余弦相似性度量方法

数据挖掘过程中，对数据建立向量空间模型后，很多情况下都会使用余弦相似度度量作为两个元数据对象的向量的相似性，以得到原数据的相似度。

余弦相似度是计算两个归一化的向量，归一化的形式通常是欧几里得距离。一般情况下，余弦相似度的取值范围为 0～1。对两个向量 $\boldsymbol{v}_1$ 和 $\boldsymbol{v}_2$ 之间的余弦相似度定义如下：

$$\cos(\boldsymbol{v}_1, \boldsymbol{v}_2) = \frac{\boldsymbol{v}_1 \boldsymbol{v}_2}{\|\boldsymbol{v}_1\| \|\boldsymbol{v}_2\|} \tag{4-23}$$

对于两个文档向量 $\boldsymbol{d}_1$ 和 $\boldsymbol{d}_2$ 之间的余弦相似性定义如下：

$$\text{sim}(\boldsymbol{d}_1, \boldsymbol{d}_2)_{\cos} = \frac{\boldsymbol{d}_1 \cdot \boldsymbol{d}_2}{\sqrt{\boldsymbol{d}_1 \cdot \boldsymbol{d}_1} \sqrt{\boldsymbol{d}_2 \cdot \boldsymbol{d}_2}} \tag{4-24}$$

5）对偶相似性度量方法

对偶相似性度量方法的原理主要是计算两个由文本特征构成的空间向量的相似性，以此度量两个文本的相似度，具体的公式如下：

$$d(\boldsymbol{d}_1, \boldsymbol{d}_2)_{\text{PA}} = \frac{\boldsymbol{d}_{1m} \cdot \boldsymbol{d}_{2m}}{\sqrt{\boldsymbol{d}_{1m} \cdot \boldsymbol{d}_{1m}} \sqrt{\boldsymbol{d}_{2m} \cdot \boldsymbol{d}_{2m}}} \tag{4-25}$$

其中，$d(\boldsymbol{d}_1, \boldsymbol{d}_2)_{\text{PA}}$ 表示两篇文档的对偶相似度，$\boldsymbol{d}_1$ 和 $\boldsymbol{d}_2$ 为文档集 D 中的两篇文档，m 是两篇文档中特征权重和最大的特征词构成的特征集合中所含元素的数量，所以 $\boldsymbol{d}_{1m}$ 是文档 $\boldsymbol{d}_i\,(i=1,2)$ 的特征集合子集。

6）杰卡德系数度量方法

杰卡德系数在计算两篇文档的相似性时，主要运用的方法是文档间相同的特征集合（特征交集）以及两篇文档间特征的全集（特征并集）的商值，所以说杰卡德系数一般只能粗略计算两个数据对象是否相似，而无法精确衡量二者的相似程度。具体公式如下：

$$\text{jac}(x, y) = \frac{x \cap y}{x \cup y} \tag{4-26}$$

两个文档向量的杰卡德系数如下：

$$d(\boldsymbol{d}_1, \boldsymbol{d}_2)_{\text{JC}} = \frac{\boldsymbol{d}_1 \cdot \boldsymbol{d}_2}{\boldsymbol{d}_1 \cdot \boldsymbol{d}_1 + \boldsymbol{d}_2 \cdot \boldsymbol{d}_2 - \boldsymbol{d}_1 \cdot \boldsymbol{d}_1} \tag{4-27}$$

而戴斯系数和杰卡德系数十分相似，具体如下：

$$d(\boldsymbol{d}_1, \boldsymbol{d}_2)_{\text{DC}} = \frac{2\boldsymbol{d}_1 \cdot \boldsymbol{d}_2}{\boldsymbol{d}_1 \cdot \boldsymbol{d}_1 + \boldsymbol{d}_2 \cdot \boldsymbol{d}_2} \tag{4-28}$$

2. 基于语义的相似度计算方法

传统的文本相似度计算方法（主要有余弦相似度、欧几里得距离等）可被用来计算两篇文档的相似性。但是，这些基于距离的方法只能计算文档中共同出现的词语，而无法计算词语间的相似性，所以说在一定程度上，基于距离的相似度计算方法在计算文档间的相似性时并不是十分精准。尤其是对于中文，中文的词语歧义性以及一词多义性是其主要特点，也是文本相似度量中的难点。为了克服距离度量的缺点，各种方法都已经被提出，例如，LSA 由迪尔维斯特等在 1990 年提出，LSA 的核心是使用基于数学映射的奇异值

(SVD)方法的最小二乘法，其旨在将文档集合矩阵分解成子矩阵：$\boldsymbol{D}=\boldsymbol{U}\sum\boldsymbol{V}^{\mathrm{T}}$。其中，$\boldsymbol{U}$是包含文档的全部概念集，是一个奇异对角矩阵；$\boldsymbol{V}^{\mathrm{T}}$是一个正交矩阵，对应每个概念的强度。使用这种方法还可以降低向量维数，去除概念奇异值，重建一个和原矩阵近似的数据矩阵，然后便对新矩阵运用余弦相似度等计算方法进行度量，而不是简单地对向量空间模型中的矩阵直接计算。

此外，还有一些其他基于语义的方法，例如，张亮等人提出了一种基于语义树的中文词语相似度计算方法；李荣等人提出了一种基于概念的相似度度量方法，该方法通过概念候选集来解决概念相似度计算量大的缺点，同时使用父概念以及兄概念等思路来度量词语间的相似度。

4.4　常用分类算法分析

从宏观上划分，文本分类的方法包括三类：无监督、半监督、有监督的文本分类。无监督的文本分类无须带类别标记的训练数据。在实践中，通过文本聚类、种子词匹配、潜在主题挖掘等方法减少分类任务对标记数据的依赖。

半监督的文本分类算法只需少量带有标记的数据。通过学习少量标记数据和大量无标签数据的潜在特征，建立分类模型，并对新数据做出预测。

有监督的机器学习方法需要大量带有标签的训练数据。通常情况下，其分类准确率高于无监督和半监督方法。然而，标注数据的价值不断提高，有监督的文本分类方法高度依赖人为标记的结果，耗时费力。当前，广泛使用的传统分类模型有：朴素贝叶斯、K最近邻、支持向量机、决策树等。对各种模型的特点进行比较分析，如表4-2所示。

表4-2　各分类模型的分析

分类算法	主要原理	优　点	缺　点
朴素贝叶斯	基于特征条件独立假设与贝叶斯定理，通过先验概率和数据决定后验概率	原理简单，分类性能稳定，参数估计少，对缺失数据不敏感，适合增量式训练	由于假设的先验模型导致预测效果不佳，属性较多或者属性之间关联性较强时，分类效果差
K最近邻	依据特征空间中最邻近的一个或多个样本的类别来判断待分样本的类别	训练代价低，易处理类域交叉或重叠较多的样本集，适用于样本容量较大的文本集合	时空复杂度高，样本容量较小或数据集偏斜时容易误分，K值选择影响分类性能
支持向量机	通过学习，寻找间隔最大化的超平面对样本进行分割	高维稀疏、小样本数据集处理效果好，可解决非线性问题	训练速度慢，超平面的确定依赖少量实例，对数据缺失敏感，核函数的选择缺乏统一标准

续表

分类算法	主要原理	优点	缺点
决策树	在已知各种情况发生概率的基础上，将样本所有特征的判断级联起来，通过一系列规则对数据进行分类	易于理解和解释，适用于数值型和标称型数据，计算复杂度不高，能够根据分类规则推出相应的逻辑表达式并通过静态测试对模型进行测评	处理连续型、时序型、缺失数据较为困难，存在过拟合以及忽略属性之间关联性的问题
Rocchio 算法	使用训练语料为每个类构造一个原型向量（质心向量），通过计算待分类文档（向量化表示）与原型向量的相似度，划分类别	算法简单极易实现，训练和分类效果高，容易被理解	受样本分布影响，原型向量可能落于所属类域之外

目前存在各种文本分类算法，如 Rocchio 算法、朴素贝叶斯（NB）方法、K 近邻算法（KNN）、决策树方法、支持向量机（SVM）方法等。根据以前的文本分类算法评价实验，以 Rocchio、NB、KNN 和 SVM 特点最为突出，本节主要对这四种方法进行了分析、比较。

4.4.1 Rocchio 算法

Rocchio 算法是基于向量空间模型和最小距离的方法[3,4]，最早由 Hull 根据信息检索中用于计算“询问”与文档之间关联程度的 Rocchio 公式改造而来。Rocchio 分类器非常简单和直观，作为基准分类器及其组合分类器中的成员，它在文本分类领域得到了广泛应用。

Rocchio 方法原理很简单：将文本表示为向量空间中的高维向量，按照训练集中正例的向量赋予正权值，反例的向量赋予负权值，相加平均以计算每一类别的中心。对于属于测试集的文本，计算它到每一个类别中心的相似度，将此文本归类于与其相似度最大的类别。由其计算过程可见，如果对那些类间距离比较大而类内距离比较小的类别分布情况，Rocchio 算法能达到较好的分类精度，而对于那些达不到这种“良好分布”的类别分布情况，Rocchio 算法效果比较差。但由于其计算简单、迅速，所以这种方法经常被用于对分类时间要求较高的应用之中，并成为和其他分类方法比较的标准。Rocchio 算法有很多不同的表现形式，最常见的是中心向量法，中心向量法可以被认为是它的特例，以下介绍中心向量法的实现步骤以及评价过程。

首先是建立类别特征向量，或叫作类中心向量，文档类中心定义为该类所有文档向量的平均向量。对于第 C_j 类，其类中心向量 Center_j 的计算公式为：

$$\text{Center}_j = \frac{1}{N_j}\sum_{i=1}^{N_j}\text{Doc}_{ij} \tag{4-29}$$

其中，N_j 是第 C_j 类中文本的数目，而 Doc_{ij} 是类别为 C_j 的第 i 个文本向量。分类的时候，对待分类的文本先生成文本向量 Doc_x，然后计算该向量与各类型中心向量的相似度，最后将该文本分到与其最相似的类别中去。设类别标签为 Label_x，按照下式计算：

$$\text{Label}_x = \text{argsmaxSim}(\text{Center}_j, \text{Doc}_x) \tag{4-30}$$

向量的相似度度量方法通常采用余弦相似度，即两个向量的点积除以两个向量长度的乘积。

$$\text{Sim}(\boldsymbol{S}_i, \boldsymbol{S}_j) = \frac{\boldsymbol{S}_i \cdot \boldsymbol{S}_j}{\|\boldsymbol{S}_i\| \times \|\boldsymbol{S}_j\|} \tag{4-31}$$

总体来看，Rocchio 算法分类机制简单，在训练和分类阶段的计算量相对较小，运行速度尤其是分类速度较快。尽管计算量小，Rocchio 算法在一些文献中被证明取得了相对较高的分类精度。

4.4.2 贝叶斯分类器

在很多应用中，属性集和类变量之间的关系是不确定的。换句话说，尽管测试记录的属性集和某些训练样例相同，但是也不能正确地预测它的类标号。这种情况产生的原因可能是噪声，或者出现了某些影响分类的因素却没有包含在分析中。例如，考虑根据一个人的饮食和锻炼的频率来预测他是否有患心脏病的危险。尽管大多数饮食健康、经常锻炼身体的人患心脏病的概率较小，但仍有人由于遗传、过量抽烟、酗酒等其他原因而患病。确定一个人的饮食是否健康、体育锻炼是否充分也是需要论证的课题，这反过来也会给分类器的学习过程带来不确定性。

本书将介绍一种对属性集和类变量的概率关系建模的方法。首先介绍贝叶斯定理，它是一种把类的先验知识和从数据中收集的新证据相结合的统计原理，然后解释贝叶斯定理在分类问题中的应用，接下来描述贝叶斯分类器的两种实现：朴素贝叶斯和贝叶斯信念网络。

1. 贝叶斯定理

假设 X，Y 是一对随机变量，它们的联合概率 $p(X=x, Y=y)$ 是指 X 取值 x 且 Y 取值 y 的概率，条件概率是指一随机变量在另一随机变量取值已知的情况下取某一特定值的概率。例如，条件概率 $p(Y=y \mid X=x)$ 是指在变量 X 取值 x 的情况下，变量 Y 取值 y 的概率。X 和 Y 的联合概率和条件概率满足如下关系：

$$p(X, Y) = p(Y \mid X)p(X) = p(X \mid Y)p(Y) \tag{4-32}$$

调整公式(4-32)最后两个表达式得到公式(4-33)，称为贝叶斯定理：

$$p(Y \mid X) = \frac{p(X \mid Y)p(Y)}{p(X)} \tag{4-33}$$

贝叶斯定理可以用来解决预测问题。譬如，考虑两队之间的足球比赛：队 0 和队 1。假设 65% 的比赛队 0 胜出，剩余的比赛队 1 获胜。队 0 获胜的比赛中只有 30% 是在队 1 的主场，而队 1 取胜的比赛中 75% 是主场获胜。如果下一场比赛在队 1 的主场进行，哪一支球队最有可能胜出呢？

用随机变量 X 代表东道主，随机变量 Y 代表比赛的胜利者。X 和 Y 可在集合 $\{0,1\}$ 中取值。那么问题中给出的信息可总结如下。

队 0 取胜的概率是 $p(Y=0)=0.65$。

队 1 取胜的概率是 $p(Y=1)=1-p(Y=0)=0.35$。

队 1 取胜时作为东道主的概率是 $p(X=1|Y=1)=0.75$。

队 0 取胜时队 1 作为东道主的概率是 $p(X=1|Y=0)=0.3$。

我们的目的是计算 $p(Y=1|X=1)$，即队 1 在主场获胜的概率，并与 $p(Y=0|X=1)$ 比较。应用贝叶斯定理得到：

$$
\begin{aligned}
p(Y=1 \mid X=1) &= \frac{p(X=1 \mid Y=1)p(Y=1)}{p(X=1)} \\
&= \frac{p(X=1 \mid Y=1)p(Y=1)}{p(X=1,Y=1)+p(X=1,Y=0)} \\
&= \frac{p(X=1 \mid Y=1)p(Y=1)}{p(X=1 \mid Y=1)p(Y=1)+p(X=1 \mid Y=0)p(Y=0)} \\
&= \frac{0.75\times 0.35}{0.75\times 0.35+0.3\times 0.65} \\
&= 0.5738
\end{aligned}
$$

进一步，$p(Y=0|X=1)=0.4253$，$p(Y=1|X=1)=0.5738$，所以队 1 更有机会赢得下一场比赛。

2. 贝叶斯定理在分类中的应用

在描述贝叶斯定理怎样应用于分类之前，先从统计学的角度对分类问题加以形式化。设 X 表示属性集，Y 表示类变量。如果类变量和属性之间的关系不确定，那么可以把 X 和 Y 看作随机变量，用 $p(Y|X)$ 以概率的方式捕捉二者之间的关系。这个条件概率又称为 Y 的后验概率，与之相对地，$p(Y)$ 称为 Y 的先验概率。

在训练阶段，要根据从训练数据中收集的信息，对 X 和 Y 的每一种组合学习后验概率 $p(Y|X)$。通过找出使后验概率 $p(Y'|X')$ 最大的类 Y' 可以对测试记录 X' 进行分类。为解释这种方法，考虑任务：预测一个贷款者是否会拖欠还款。表 4-3 中的训练集有如下属性：有房、婚姻状况和年收入。拖欠还款的贷款者属于类 Yes，还清贷款的贷款者属于类 No。

假设给定一测试记录有如下属性集：$X=$(有房$=$否，婚姻状况$=$已婚，年收入$=$\$120k)。要分类该记录，需要利用训练数据中的可用信息计算后验概率 $p(\text{Yes}|X)$ 和 $p(\text{No}|X)$。如果 $p(\text{Yes}|X)>p(\text{No}|X)$，那么记录分类为 Yes，反之分类为 No。

表 4-3 预测贷款拖欠问题的训练集

Tid	有　　房	婚姻状况	年收入/千元	拖欠贷款
1	是	单身	125	否
2	否	已婚	100	否
3	否	单身	70	否
4	是	已婚	120	否
5	否	离异	95	是
6	否	已婚	60	否

续表

Tid	有　房	婚姻状况	年收入/千元	拖欠贷款
7	是	离异	220	否
8	否	单身	85	是
9	否	已婚	75	否
10	否	单身	90	是

准确估计类标号和属性值的每一种可能组合的后验概率非常困难，因为即便属性数目不是很大，仍然需要很大的训练集。此时，贝叶斯定理很有用，因为它允许我们用先验概率 $p(Y)$、类条件概率 $p(X|Y)$和证据 $p(X)$来表示后验概率：

$$p(Y \mid X)=\frac{p(X \mid Y)p(Y)}{p(X)} \tag{4-34}$$

在比较不同 Y 值的后验概率时，分母 $p(X)$总是常数，因此可以忽略。先验概率 $p(Y)$可以通过计算训练集中属于每个类的训练记录所占的比例很容易地估计。对类条件概率 $p(X|Y)$的估计，介绍两种贝叶斯分类方法的实现：朴素贝叶斯分类器和贝叶斯信念网络。

3. 朴素贝叶斯分类器

给定类标号 y，朴素贝叶斯分类器在估计类条件概率时假设属性之间条件独立。条件独立假设可形式化地表示如下：

$$p(X \mid Y=y)=\prod_{i=1}^{d} p(X_i \mid Y=y) \tag{4-35}$$

其中，每个属性集 $X=\{X_1,X_2,\cdots,X_d\}$包含 d 个属性。

1）条件独立性

在深入研究朴素贝叶斯分类法如何工作的细节之前，先介绍条件独立概念。设 X,Y 和 Z 表示三个随机变量的集合。给定 Z，X 条件独立于 Y，则下面的条件成立。

$$p(X \mid Y,Z)=p(X \mid Z) \tag{4-36}$$

条件独立的一个例子是一个人的手臂长短和他的阅读能力之间的关系。你可能会发现手臂较长的人阅读能力也较强。这种关系可以用另一个因素解释，那就是年龄。小孩子的手臂往往比较短，也不具备成人的阅读能力。如果年龄一定，则观察到的手臂长度和阅读能力之间的关系就消失了。因此可以得出结论，在年龄一定时，手臂长度和阅读能力二者条件独立。

X 和 Y 之间的条件独立也可以写成如下公式：

$$\begin{aligned}p(X,Y \mid Z)&=\frac{p(X,Y,Z)}{p(Z)}\\&=\frac{p(X,Y,Z)}{p(Y,Z)}\times\frac{p(Y,Z)}{p(Z)}\\&=p(X \mid Y,Z)\times p(Y \mid Z)\\&=p(X \mid Z)\times p(Y \mid Z)\end{aligned} \tag{4-37}$$

2）朴素贝叶斯分类器工作原理

有了条件独立假设，就不必计算 X 的每一个组合的类条件概率，只需对给定的 Y，计算每一个 X_i 的条件概率。后一种方法更实用，因为它不需要很大的训练集就能获得较好的概率估计。

分类测试记录时，朴素贝叶斯分类器对每个类 Y 计算后验概率：

$$p(Y \mid X)=\frac{p(Y)\prod_{i=1}^{d}p(X_i \mid Y)}{p(X)} \tag{4-38}$$

由于对所有的 Y，$p(X)$是固定的，因此只要找出使分子 $p(Y)\prod_{i=1}^{d}p(X_i \mid Y)$ 最大的类就足够了。在接下来两部分，描述几种估计分类属性和连续属性的条件概率 $p(X_i \mid Y)$的方法。

3）估计分类属性的条件概率

对分类属性 X_i，根据类 y 中属性值等于 X_i 的训练实例的比例来估计条件概率 $p(X_i=x_i|Y=y)$。在表 4-3 给出的训练集中，还清贷款的 7 个人中 3 个人有房，因此，条件概率 p(有房=是|No)等于 3/7。同理，拖欠还款的人中单身的条件概率 p(婚姻状况=单身|Yes)等于 2/3。

4）估计连续属性的条件概率

朴素贝叶斯分类法使用两种方法估计连续属性的类条件概率。

（1）可以把每一个连续的属性离散化，然后用相应的离散区间替换连续属性值。这种方法把连续属性转换成序数属性。通过计算类 y 的训练记录中落入 X_i 对应区间的比例来估计条件概率 $p(X_i=x_i|Y=y)$。估计误差由离散策略和离散区间的数目决定。如果离散区间的数目太大，则会因为每一个区间中训练记录太少而不能对 $p(X_i|Y)$做出可靠的估计。相反，如果区间数目太小，有些区间就会含有来自不同类的记录，因此失去了正确的决策边界。

（2）可以假设连续变量服从某种概率分布，然后使用训练数据估计分布的参数。高斯分布通常被用来标识连续属性的类条件概率分布。该分布有两个参数：均值 μ 和 σ^2。对每个类 y_j，属性 X_i 的类条件概率等于：

$$p(X_i=x_i \mid Y=y_j)=\frac{1}{\sqrt{2\pi}\sigma_{ij}}\mathrm{e}^{-\frac{(x_i-\mu_{ij})^2}{2\sigma_{ij}^2}} \tag{4-39}$$

参数 μ_{ij} 可以用类 y_j 的所有训练记录关于 X_i 的样本均值($\bar{x}$)来估计。同理，参数 σ^2 可以用这些训练记录的样本方差(s^2)来估计。例如，表 4-3 中年收入这一属性，该属性关于类 No 的样本均值和方差如下：

$$\bar{x}=\frac{125+100+70+\cdots+75}{7}=100$$

$$s^2=\frac{(125-110)^2+(100-110)^2+\cdots+(75-110)^2}{7(6)}=2975$$

$$s=\sqrt{2975}\approx 54.54$$

给定一测试记录，应征税的收入等于120k美元，其类条件概率计算如下：

$$p(\text{收入}=\$120\text{k}\mid \text{No})=\frac{1}{\sqrt{2\pi}(54.54)}e^{-\frac{(120-110)^2}{2\times 2975}}=0.0072$$

注意，前面对类条件概率的解释有一定的误导性。式(4-39)的右边对应于一个概率密度函数 $f(X_i\ \bullet, \mu_{ij}, \sigma_{ij})$。因为该函数是连续的，所以随机变量 X_i 取某一特定值的概率为0。取而代之，应该计算 X_i 落在区间 $x_i \sim x_i+\varepsilon$ 的条件概率，其中 ε 是一个很小的常数：

$$\begin{aligned} p(x_i \leqslant X_i \leqslant x_i+\varepsilon \mid Y=y_i) &= \int_{x_i}^{x_i+\varepsilon} f(X_i\ \bullet, \mu_{ij}, \sigma_{ij})\mathrm{d}X_i \\ &\approx f(X_i\ \bullet, \mu_{ij}, \sigma_{ij})\times\varepsilon \end{aligned} \tag{4-40}$$

由于 ε 是每个类的一个常量乘法因子，在对后验概率 $p(Y|X)$ 进行规范化的时候就抵消掉了。因此，仍可使用式(4-39)来估计类条件概率 $p(X_i|Y)$。

5）朴素贝叶斯分类器举例

考虑表4-3中的数据集。可以计算每个分类属性的类条件概率，同时利用前面介绍的方法计算连续属性的样本均值和方差。这些概率汇总如下。

$p(\text{有房}=\text{是}|\text{No})=3/7$

$p(\text{有房}=\text{否}|\text{No})=4/7$

$p(\text{有房}=\text{是}|\text{Yes})=0$

$p(\text{有房}=\text{否}|\text{Yes})=1$

$p(\text{婚姻状况}=\text{单身}|\text{No})=2/7$

$p(\text{婚姻状况}=\text{离婚}|\text{No})=1/7$

$p(\text{婚姻状况}=\text{已婚}|\text{No})=4/7$

$p(\text{婚姻状况}=\text{单身}|\text{Yes})=2/3$

$p(\text{婚姻状况}=\text{离婚}|\text{Yes})=1/3$

$p(\text{婚姻状况}=\text{已婚}|\text{Yes})=0$

年收入：

如果类=No：样本均值=110，样本方差=2975

如果类=Yes：样本均值=90，样本方差=25

为了预测测试记录 X=(有房=否，婚姻状况=已婚，年收入=\$120k)的类标号，需要计算后验概率 $p(\text{No}|X)$ 和 $p(\text{Yes}|X)$。回想一下前面的讨论，这些后验概率可以通过计算先验概率 $p(Y)$ 和类条件概率 $\prod_i p(X_i \mid Y)$ 的乘积来估计，对应式(4-40)右端的分子。

每个类的先验概率可以通过计算属于该类的训练记录所占的比例来估计。因为有3个记录属于类Yes，7个记录属于类No，所以 $p(\text{Yes})=0.3$，$p(\text{No})=0.7$。使用上述概率汇总信息，类条件概率计算如下。

$$p(\text{No}\mid X)=p(\text{有房}=\text{否}\mid \text{No})\times p(\text{婚姻状况}=\text{已婚}\mid \text{No})\times p(\text{年收入}=\$120\text{k}\mid \text{No})$$

$=4/7\times4/7\times0.0072=0.0024$

$p(\text{Yes}\mid X)=p(\text{有房}=\text{否}\mid \text{Yes})\times p(\text{婚姻状况}=\text{已婚}\mid \text{Yes})\times p(\text{年收入}=\$120\text{k}\mid \text{Yes})$

$=1\times0\times1.2\times10^{-9}=0$

放到一起可得到类 No 的后验概率 $p(\text{No}|X)=\alpha\times7/10\times0.0024=0.0016\alpha$，其中，$\alpha=1/p(X)$是常量。同理，可以得到类 Yes 的后验概率等于 0，因为它的类条件概率等于 0。因为 $p(\text{No}|X)>p(\text{Yes}|X)$，所以记录分类为 No。

6）朴素贝叶斯分类器的特征

朴素贝叶斯分类器具有以下特点。

(1) 面对孤立的噪声点，朴素贝叶斯分类器是健壮的。因为在从数据中估计条件概率时，这些点被平均。通过在建模和分类时忽略样例，朴素贝叶斯分类器也可以处理属性值遗漏问题。

(2) 面对无关属性，该分类器是健壮的。如果 X_i 是无关属性，那么 $p(X_i|Y)$几乎变成均匀分布。X_i 的类条件概率不会对总的后验概率的计算产生影响。

(3) 相关属性可能会降低朴素贝叶斯分类器的性能，因为对这些属性，条件独立的假设已不成立。

4.4.3 贝叶斯信念网络

朴素贝叶斯分类器的条件独立假设太严格，特别是对那些属性之间有一定相关性的分类问题。本节介绍一种更灵活的类条件概率 $p(X|Y)$的建模方法。该方法不要求给定类的所有属性都条件独立，而是允许指定哪些属性条件独立。先讨论怎样表示和建立该概率模型，接着说明如何使用模型推理。

1. 模型表示

贝叶斯信念网络(Bayesian Belief Networks，BBN)，简称贝叶斯网络，用图形表示一组随机变量之间的概率关系。贝叶斯网络有以下两个主要成分。

(1) 一个有向无环图，表示变量之间的依赖关系。

(2) 一个概率表，把各结点和它的直接父结点关联起来。

考虑三个随机变量 A、B 和 C，其中，A 和 B 相互独立，并且都直接影响第三个变量 C。三个变量之间的关系可以用图 4-2(a)中的有向无环图概括。图中每一个结点表示一个变量，每条弧表示两个变量之间的依赖关系。如果从 X 到 Y 有一条有向弧，则 X 是 Y 的父母，Y 是 X 的子女。另外，如果网络中存在一条从 X 到 Z 的有向路径，则 X 是 Z 的祖先，而 Z 是 X 的后代。例如，在图 4-2(b)中，A 是 D 的后代，D 是 B 的祖先，而且 B 和 D 都不是 A 的后代结点。贝叶斯网络的一个重要性质表述如下。

条件独立：贝叶斯网络中的一个结点，如果它的父母结点已知，则它条件独立于它的所有非后代结点。

图 4-2(b)中，给定 C，A 条件独立于 B 和 D，因为 B 和 D 都是 A 的非后代结点。朴素贝叶斯分类器中的条件独立假设也可以用贝叶斯网络来表示，如图 4-2(c)所示，其中 y 是目标类，$\{X_1,X_2,\cdots,X_d\}$是属性集。

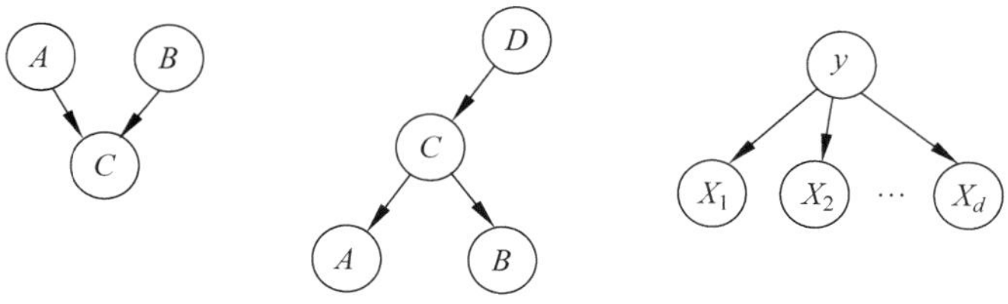

(a) (b) (c)

图 4-2 使用有向无环图表示概率关系

除了网络拓扑结构要求的条件独立性外，每个结点还关联一个概率表。

(1) 如果结点 X 没有父母结点，则表中只包括先验概率 $p(X)$。

(2) 如果结点 X 只有一个父母结点 Y，则表中包含条件概率 $p(X|Y)$。

(3) 如果结点 X 有多个父母结点 $\{Y_1, Y_2, \cdots, Y_k\}$，则表中包含条件概率 $p(X| Y_1, Y_2, \cdots, Y_k)$。

图 4-3 是贝叶斯网络的一个例子，对心脏病或心口痛患者建模。假设图中每个变量都是二值的。心脏病结点(HD)的父母结点对应于影响该疾病的危险因素，例如，锻炼(E)和饮食(D)等。心脏病结点的子结点对应于该病的症状，如胸痛(CP)和高血压(BP)等。如图 4-3 所示，心口痛(Hb)可能源于不健康的饮食，同时又可能导致胸痛。

影响疾病的危险因素对应的结点只包含先验概率，而心脏病、心口痛以及它们的相应症状所对应的结点都包含条件概率。为了节省空间，图中省略了一些概率。注意 $p(X=\bar{x}|Y)=1-p(X=x|Y)$，其中，$\bar{x}$ 和 x 是相反的结果。因此，省略的概率可以很容易求得。例如，条件概率：

$$
\begin{aligned}
& p(\text{心脏病}=\text{No} \mid \text{锻炼}=\text{No}, \text{饮食}=\text{健康}) \\
&= 1 - p(\text{心脏病}=\text{Yes} \mid \text{锻炼}=\text{No}, \text{饮食}=\text{健康}) \\
&= 1 - 0.55 = 0.45
\end{aligned}
$$

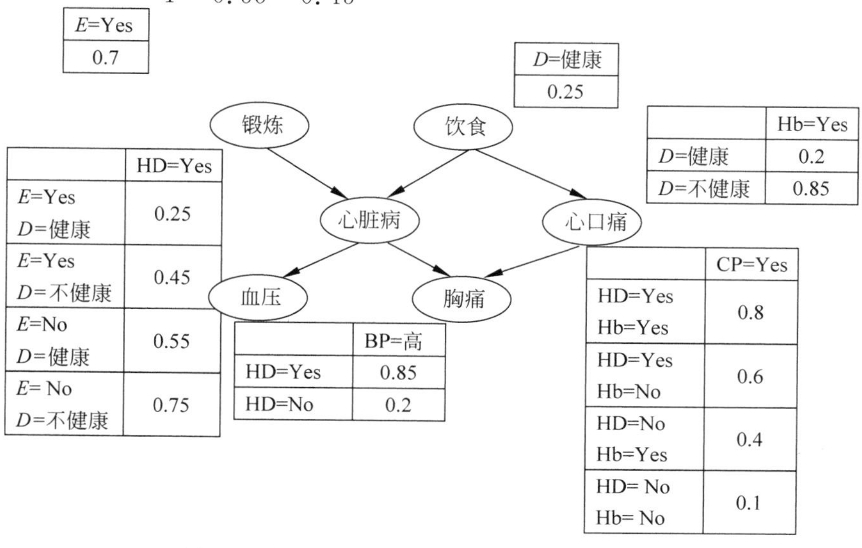

E=Yes
0.7

D=健康
0.25

	Hb=Yes
D=健康	0.2
D=不健康	0.85

	HD=Yes
E=Yes D=健康	0.25
E=Yes D=不健康	0.45
E=No D=健康	0.55
E= No D=不健康	0.75

	BP=高
HD=Yes	0.85
HD=No	0.2

	CP=Yes
HD=Yes Hb=Yes	0.8
HD=Yes Hb=No	0.6
HD=No Hb=Yes	0.4
HD= No Hb= No	0.1

图 4-3 发现心脏病和心口痛病人的贝叶斯网络

2. 建立模型

贝叶斯网络的建模包括两个步骤：创建网络结构，估计每一个结点的概率表中的概率值。网络拓扑结构可以通过对主管的领域专家知识编码获得。算法 4-1 给出了归纳贝叶斯网络拓扑结构的一个系统的过程。

算法 4-1：贝叶斯网络拓扑结构的生成算法

1：设 $T=(X_1,X_2,\cdots,X_d)$表示变量的全序

2：for $j=1$ to d do

3：　　令 $X_{T(j)}$ 表示 T 中第 j 个次序最高的变量

4：　　令 $\pi(X_{T(j)})=\{X_{T(1)},X_{T(2)},\cdots,X_{T(j-1)}\}$表示排在 $X_{T(j)}$ 前面的变量的集合

5：　　从 $\pi(X_{T(j)})$中去掉对 X_j 没有影响的变量(使用先验知识)

6：　　在 $X_{T(j)}$ 和 $\pi(X_{T(j)})$中剩余的变量之间画弧

7：end for

考虑图 4-3 中的变量。执行步骤 1 后，设变量次序为$(E,D,\mathrm{HD},\mathrm{Hb},\mathrm{CP},\mathrm{BP})$。从变量 D 开始，经过步骤 2 到步骤 7，得到如下条件概率。

(1) $p(D|E)$化简为 $p(D)$。

(2) $p(\mathrm{HD}|E,D)$不能化简。

(3) $p(\mathrm{Hb}|\mathrm{HD},E,D)$化简为 $p(\mathrm{Hb}|D)$。

(4) $p(\mathrm{CP}|\mathrm{Hb},\mathrm{HD},E,D)$化简为 $p(\mathrm{CP}|\mathrm{Hb},\mathrm{HD})$。

(5) $p(\mathrm{BP}|\mathrm{CP},\mathrm{Hb},\mathrm{HD},E,D)$化简为 $p(\mathrm{BP}|\mathrm{HD})$。

基于以上条件概率，创建结点之间的弧(E,HD)，(D,HD)，(D,Hb)，$(\mathrm{HD},\mathrm{CP})$，$(\mathrm{Hb},\mathrm{CP})$和$(\mathrm{HD},\mathrm{BP})$，这些弧构成了如图 4-3 所示的网络结构。

贝叶斯网络拓扑结构生成算法保证生成的拓扑结构不包含环，这一点很容易证明。如果存在环，那么至少有一条弧从低序结点指向高序结点，并且至少存在另一条弧从高序结点指向低序结点。该算法不允许从低序结点到高序结点的弧存在，因此拓扑结构中不存在环。

然而，如果对变量采用不同的排序方案，得到的网络拓扑结构可能会有变化。某些拓扑结构可能质量很差，因为它在不同的结点对之间产生了很多条弧。从理论上讲，可能需要检查所有 $d!$ 种可能的排序才能确定最佳的拓扑结构，这是一项计算开销很大的任务。替代的方法是把变量分为原因变量和结果变量，然后从各原因变量向其对应的结果变量画弧。这种方法简化了贝叶斯网络结构的建立。

一旦找到了合适的拓扑结构，可以确定与各结点关联的概率表。对这些概率的估计比较容易，与朴素贝叶斯分类器中所用的方法类似。

3. 使用 BBN 推理举例

假设对使用图 4-3 中的 BBN 来诊断一个人是否患有心脏病。下面阐述在不同情况下如何做出诊断。

1）没有先验信息

在没有任何先验信息的情况下，可以通过计算先验概率 $p(\mathrm{HD=Yes})$ 和 $p(\mathrm{HD=No})$ 来确定一个人是否可能患心脏病。为了表述方便，设 $\alpha\in\{\mathrm{Yes,No}\}$ 表示锻炼的两个值，$\beta\in\{$健康，不健康$\}$ 表示饮食的两个值。

$$
\begin{aligned}
p(\mathrm{HD=Yes}) &= \sum_{\alpha}\sum_{\beta} p(\mathrm{HD=Yes}\mid E=\alpha,D=\beta)\,p(E=\alpha,D=\beta)\\
&= \sum_{\alpha}\sum_{\beta} p(\mathrm{HD=Yes}\mid E=\alpha,D=\beta)\,p(E=\alpha)\,p(D=\beta)\\
&= 0.25\times0.7\times0.25+0.45\times0.7\times0.75+0.55\times0.3\times\\
&\quad\ 0.25+0.75\times0.3\times0.75\\
&= 0.49
\end{aligned}
$$

因为 $p(\mathrm{HD=No})=1-p(\mathrm{HD=Yes})=0.51$，所以，此人不得心脏病的机率略大。

2）高血压

如果一个人有高血压，可以通过比较后验概率 $p(\mathrm{HD=Yes}\mid\mathrm{BP}=\text{高})$ 和 $p(\mathrm{HD=No}\mid\mathrm{BP}=\text{高})$ 来诊断他是否患有心脏病。为此，先计算 $p(\mathrm{BP}=\text{高})$：

$$
\begin{aligned}
p(\mathrm{BP}=\text{高}) &= \sum_{\gamma} p(\mathrm{BP}=\text{高}\mid \mathrm{HD}=\gamma)\,p(\mathrm{HD}=\gamma)\\
&= 0.85\times0.49+0.2\times0.51\\
&= 0.5185
\end{aligned}
$$

其中，$\gamma\in\{\mathrm{Yes,No}\}$。因此，此人患心脏病的后验概率是：

$$
\begin{aligned}
p(\mathrm{HD=Yes}\mid \mathrm{BP}=\text{高}) &= \frac{p(\mathrm{BP}=\text{高}\mid\mathrm{HD=Yes})\,p(\mathrm{HD=Yes})}{p(\mathrm{BP}=\text{高})}\\
&= \frac{0.85\times0.49}{0.5185}\\
&\approx 0.8033
\end{aligned}
$$

同理，$p(\mathrm{HD=No}\mid\mathrm{BP}=\text{高})=1-0.8033=0.1967$。因此，当一个人有高血压时，他患有心脏病的概率将增大。

3）高血压、饮食健康、经常锻炼身体

假设得知此人经常锻炼身体并且饮食健康。这些新信息会对诊断造成怎样的影响？加上这些新信息，此人患心脏病的后验概率为：

$$
\begin{aligned}
& p(\mathrm{HD=Yes}\mid \mathrm{BP}=\text{高},D=\text{健康},E=\mathrm{Yes})\\
&= \left[\frac{p(\mathrm{BP}=\text{高}\mid\mathrm{HD=Yes},D=\text{健康},E=\mathrm{Yes})}{p(\mathrm{BP}=\text{高}\mid D=\text{健康},E=\mathrm{Yes})}\right]\times p(\mathrm{HD=Yes}\mid D=\text{健康},E=\mathrm{Yes})\\
&= \frac{p(\mathrm{BP}=\text{高}\mid\mathrm{HD=Yes})\,p(\mathrm{HD=Yes}\mid D=\text{健康},E=\mathrm{Yes})}{\sum_{\gamma} p(\mathrm{BP}=\text{高}\mid\mathrm{HD}=\gamma)\,p(\mathrm{HD}=\gamma\mid D=\text{健康},E=\mathrm{Yes})}\\
&= \frac{0.85\times0.25}{0.85\times0.25+0.2\times0.75}\\
&\approx 0.5862
\end{aligned}
$$

而此人不患心脏病的概率是：

$$p(\mathrm{HD}=\mathrm{No}\mid \mathrm{BP}=\text{高}, D=\text{健康}, E=\mathrm{Yes})=1-0.5862=0.4138$$

因此模型表明健康的饮食和有规律的体育锻炼可以降低患心脏病的危险。

4. BBN 的特点

BBN 模型的一般特点如下。

(1) BBN 提供了一种图形模型来捕获特定领域的先验知识的方法。网络还可以用来对变量间的因果依赖关系进行编码。

(2) 构造网络可能既费时又费力。然而，一旦网络结构确定下来，添加新变量就十分容易。

(3) 贝叶斯网络很适合处理不完整的数据。对有属性遗漏的实例可以通过对该属性的所有可能取值的概率求和或求积分来加以处理。

(4) 因为数据和先验知识以概率的方式结合起来，所以该方法对模型的过分拟合问题具有鲁棒性。

4.4.4 K 近邻算法

最邻近法(Nearest Neighbor，NN)是在模式识别中广泛使用的分类方法，是模式识别非参数法中最重要的方法之一[7]。K 近邻算法(KNN)是最邻近法的一个推广。当 K 的值取 1 时就是最邻近法。近邻算法的基本思想：给定一篇待识别文本，首先生成它的特征向量后会搜索所有的训练集，通过比较向量相似度，可以从中找出 K 个最接近的近邻，然后将未知文本分到这个近邻中最普遍的类别中去。相似度可以通过欧氏距离或向量间夹角来度量。

在近邻分类器中，一个重要的参数是 K 值的选择，K 值选择过小，不能充分体现待分类文本的特点，而如果 K 值选择过大，则一些和待分类文本实际上并不相似的文本也被包含进来，造成噪声增加而导致分类效果的降低。根据经验一般取 $K=45$。

利用 K 近邻分类器进行分类，文本向量 $\boldsymbol{x}$ 属于类别 C_j 的权值 $\omega(C_j\mid\boldsymbol{x})$ 由式(4-41)计算，权值越高，认为文本向量属于类别 C_j 的概率越高：

$$\omega(C_j\mid\boldsymbol{x})=\sum_{i=l}^{k}S(\boldsymbol{x},\boldsymbol{x}_i)P(C_j\mid\boldsymbol{x}_i) \tag{4-41}$$

其中，$S(\boldsymbol{x},\boldsymbol{x}_l)$是向量之间的余弦相似度，$\boldsymbol{x}_l\cdots\boldsymbol{x}_i\cdots\boldsymbol{x}_K$ 是训练集中和 $\boldsymbol{x}$ 余弦相似度最大的 K 个文本向量，而 $P(C_j\mid\boldsymbol{x}_i)$当 $\boldsymbol{x}_i$ 属于类别 C_j 时为 1，否则为 0。

K 近邻分类器在已分类文本中检索与待识别的文本最相似的文本，从而获得被测文本的类别。此算法有分类机制简单的优点，但存在的问题是，需要将所有样本存入计算机中，每次决策都要计算待识别样本与全部训练样本之间的距离来进行比较，因此计算新文档时存储量和计算量都较大。

在文本中，权值越高，被认为距离越近，被判定为一类的概率越高，距离的度量一般有如下几种，在判断两个实例相似性时，一般选择欧式距离，还有切比雪夫距离、余弦相似度等。当然，不管选用哪种距离度量方法，都符合距离越近就越相似，属于这一类的可能性越大的规律。

下面列举一个例子(摘自参考文献[22])。

海伦一直使用在线约会网站寻找合适自己的约会对象。尽管约会网站会推荐人选,但她没有从中找到喜欢的人。经过一番总结,她发现曾经交往过三种类型的人:①不喜欢的人(以下简称 1);②魅力一般的人(以下简称 2);③极具魅力的人(以下简称 3)。

尽管发现了上述规律,但海伦依然无法将约会网站推荐的匹配对象归入恰当的分类,她觉得可以在周一到周五约会那些魅力一般的人,而周末则更喜欢与那些极具魅力的人为伴。海伦希望我们的分类软件可以更好地帮助她将匹配对象划分到确切的分类中。此外,海伦还收集了一些约会网站未曾记录的数据信息,她认为这些数据更有助于匹配对象的归类。海伦搜集数据时记录了一个人的三个特征:每年获得飞行常客里程数,玩视频游戏所消耗的时间百分比,每周消费的冰淇淋量。如表 4-4 所示,前三类依次是三个特征,第四类是分类(1:不喜欢的人;2:魅力一般的人;3:极具魅力的人),每一行代表一个人。

表 4-4 海伦收集的数据信息

序号	每年获得的飞行常客里程数/km	玩视频游戏所耗费的时间百分比/(%)	每周消费的冰淇淋量/L	类别
1	40 920	8.3269	0.9539	3
2	14 488	7.1535	1.6739	2
3	26 052	1.4419	0.8051	1
4	75 136	13.1474	0.4290	1
5	15 669	0.0000	1.2502	2
6	72 993	10.1474	1.0330	1
7	35 948	6.8308	1.2132	3
8	42 666	13.2764	0.5439	3
9	67 497	8.6316	0.7493	1
10	35 483	12.2732	1.5081	3
11	50 242	3.7235	0.8319	1
12	63 275	8.3859	4.6695	1
13	5569	4.8754	0.7287	2
14	51 052	4.6800	0.6252	1

海伦即使收集到了这些数据,也没有很好的利用方法,此时 K 近邻算法可以发挥作用,将以上 14 组数据作为训练集,进行有监督学习,通过训练获得模型。

对训练集做如下操作。

(1) 计算训练集中各点与当前点之间的距离(这里可以采用最经典的欧式距离)。

(2) 按照距离递增次序对各点排序。

(3) 选取与当前点距离最小的 K 个点。

(4) 确定前 K 个点所在类别的出现频率。

(5) 返回前 K 个点出现频率最高的类别,即为分类结果。

近邻算法的目的就是找到新数据的前 K 个邻居,然后根据邻居的分类来确定该数据的分类。

首先要解决的问题就是什么是邻居？当然就是“距离”近的了。不同人的距离怎么确定？这个有点抽象,不过我们有每个人的三个特征数据,每个人可以使用这三个特征数据来代替这个人——三维点。例如,样本的第一个人就可以用(36 788,12.4582,0.6492)来代替,并且他的分类是 3,那么此时的距离就是点的距离:

例如,A 点(x_1,x_2,x_3),B 点(y_1,y_2,y_3),这两个点的距离就是$(x_1-y_1)^2+(x_2-y_2)^2+(x_3-y_3)^2$ 的平方根。求出新数据与样本中每个点的距离,然后进行从小到大排序,前 K 位的就是 K 近邻,然后看看这 K 位近邻中占得最多的分类是什么,也就获得了最终的答案。但是,仔细观察数据,有一列代表的特征数值远远大于其他两项,这样在求距离的公式中就占很大的比重,致使两点的距离很大程度上取决于这个特征,这当然是不公平的,我们需要三个特征平均地决定距离,所以要对数据进行处理,希望处理之后既不影响相对大小又可以保证公平。

这里的方法就是数值归一化处理,通过这种方法可以把每一列的取值范围划到 0～1,处理公式如下,

$$\text{newvalue}=(\text{oldvalue}-\min)/(\max-\min) \tag{4-42}$$

例如,经过归一化处理后,第一个样本第一个数值为 0.5082。那么经过处理,第一个样本可以表示为(0.5082,0.6272,0.1238),类别为 3；以此类推……

海伦还收集了如表 4-5 所示的十组数据,作为测试集。

表 4-5　测试集

序号	每年获得的飞行常客里程数/km	玩视频游戏所耗费的时间百分比/(%)	每周消费的冰淇淋量/L	类别
1	36 788	12.4582	0.6496	3
2	19 739	2.8167	1.6862	2
3	28 782	6.5938	0.1838	1
4	22 620	5.2978	0.6383	2
5	37 708	2.9915	0.8383	2
6	6487	3.5403	0.8225	2
7	28 488	10.5285	1.3048	3
8	15 669	0.0000	1.2502	2
9	69 673	14.2391	0.2613	1
10	61 364	7.5167	1.2691	1

例如,测试样本 1 的数值经过归一化后得到(0.4796,0.8749,0.3100),经过计算,与训练集中第三类的距离之和最小,所以归到第三类,与真实回答相符。

4.4.5　支持向量机

支持向量机(Support Vector Machine,SVM)的核心内容是 20 世纪 90 年代 Vapnik 等提出的,它建立在统计学理论和结构风险最小原理的基础上,是一种新的机器学习方

法，兼顾了训练误差和泛化能力，能较好地解决小样本、非线性、高维数和局部极小点等实际问题，广泛应用于分类、模式识别、函数逼近和时间序列预测等方面。

SVM 的基本思想是通过非线性变换将输入空间映射到高维特征空间，在高维空间中求得一个经验风险为 0、具有最大间隔的最优超平面，从而正确区分输入空间的两类样本。最优分类面如图 4-4 所示，图中实心点和空心点分别代表两类训练样本，H 为分类线，H_1 和 H_2 与分类线平行，分别为过两类样本中距分类线最近的点。H_1 与 H_2 间的距离 d 称作分类间隔，线上的样本为支持向量。

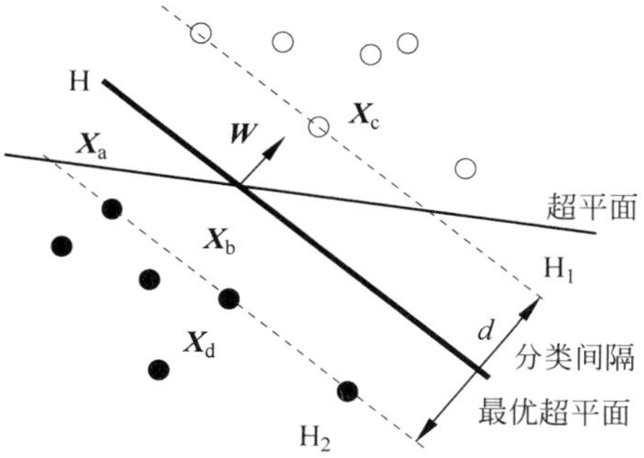

图 4-4　线性可分情况下的超平面

给定 n 个线性可分的训练样本。样本表示为 $\{X_i, y_i\}(i=1,2,\cdots,n)$，$y_i \in \{-1,1\}$。这里考虑简单的二分类问题，则如图 4-4 所示的线性分类的最优超平面表示为：

$$\boldsymbol{W} \cdot \boldsymbol{X} + b = 0 \tag{4-43}$$

式中，$\boldsymbol{W}$ 和 b 是超平面的参数，$\boldsymbol{W} \cdot \boldsymbol{X}$ 表示向量 $\boldsymbol{W}$ 和 $\boldsymbol{X}$ 的内积。

对于最优超平面的两个点 $\boldsymbol{X}_a$ 和 $\boldsymbol{X}_b$，满足式(4-43)，则：

$$\boldsymbol{W} \cdot \boldsymbol{X}_a + b = 0, \quad \boldsymbol{W} \cdot \boldsymbol{X}_b + b = 0$$

两个方程相减得到：

$$\boldsymbol{W} \cdot (\boldsymbol{X}_b - \boldsymbol{X}_a) = 0$$

其中，$\boldsymbol{X}_b - \boldsymbol{X}_a$ 是一个平行于最优超平面的向量，它的方向从 $\boldsymbol{X}_a$ 到 $\boldsymbol{X}_b$。由于点积结果为 0，因此系数向量 $\boldsymbol{W}$ 的方向与最优超平面垂直。

可以证明，最优超平面上的点 $\boldsymbol{X}_t$ 类标号定义为 $y_t = 1$，满足：

$$\boldsymbol{W} \cdot \boldsymbol{X}_t + b = \mu > 0 \tag{4-44}$$

而最优超平面下的点 $\boldsymbol{X}_u$ 类标号定义为 $y_b = -1$，满足：

$$\boldsymbol{W} \cdot \boldsymbol{X}_u + b = \psi < 0 \tag{4-45}$$

调整决策边界参数 $\boldsymbol{W}$ 和 b，两个平行的超平面分别表示为：

$$H_1: \boldsymbol{W} \cdot \boldsymbol{X} + b = 1 \tag{4-46}$$

$$H_2: \boldsymbol{W} \cdot \boldsymbol{X} + b = -1 \tag{4-47}$$

设 $\boldsymbol{X}_c$ 和 $\boldsymbol{X}_d$ 分别是超平面 H_1 和 H_2 上的点，得到：

$$\boldsymbol{W}(\boldsymbol{X}_c - \boldsymbol{X}_d) = 2$$

$$\|\boldsymbol{W}\| \times d = 2 \tag{4-48}$$

$$d = \frac{2}{\|\boldsymbol{W}\|}$$

式中，$\|\boldsymbol{W}\|$ 表示向量 $\boldsymbol{W}$ 的长度。

支持向量机的训练是为了从 n 个训练数据中估计参数 $\boldsymbol{W}$ 和 b，即

$$y_i = 1, \quad \boldsymbol{W} \cdot \boldsymbol{X}_i + b \geqslant 1 \tag{4-49}$$

$$y_i = -1, \quad \boldsymbol{W} \cdot \boldsymbol{X}_i + b \leqslant -1 \tag{4-50}$$

即 $y_i(\boldsymbol{W}\cdot\boldsymbol{X}_i+b)\geqslant 1, i=1,2,\cdots,n$。

这样支持向量机的训练就转换为以下被约束的优化问题：

$$\min f(\boldsymbol{W})=\frac{\|\boldsymbol{W}\|^2}{2} \tag{4-51}$$

$$y_i(\boldsymbol{W}\cdot\boldsymbol{X}_i+b)\geqslant 1,\quad i=1,2,\cdots,n \tag{4-52}$$

由于目标函数是二次的，而约束在参数 $\boldsymbol{W}$ 和 b 上是线性的，这个凸优化问题可以通过标准的拉格朗日乘子方法求解。该优化问题的拉格朗日方程为：

$$L(\boldsymbol{W},b,\lambda_i)=\frac{1}{2}\|\boldsymbol{W}\|^2-\sum_{i=1}^{n}\lambda_i[y_i(\boldsymbol{W}\cdot\boldsymbol{X}_i+b)-1] \tag{4-53}$$

令 $L(\boldsymbol{W},b,\lambda_i)$关于 $\boldsymbol{W}$、b 的梯度为 0，则有：

$$\boldsymbol{W}=\sum_{i=1}^{n}\lambda_i y_i\boldsymbol{X}_i,\quad \sum_{i=1}^{n}\lambda_i y_i=0 \tag{4-54}$$

将拉格朗日方程转换为对偶问题，得到该优化问题的对偶公式：

$$L_D(\lambda_i)=\sum_{i=1}^{n}\lambda_i-\frac{1}{2}\sum_{i,j}\lambda_i\lambda_j y_i y_j\boldsymbol{X}_i\cdot\boldsymbol{X}_j \tag{4-55}$$

利用数值计算方法求解式(4-55)，得到一组 λ_i。通过式(4-54)求得 $\boldsymbol{W}$ 和 b 的解，则最优超平面可以表示成：

$$\left(\sum_{i=1}^{n}\lambda_i y_i\boldsymbol{X}_i\cdot\boldsymbol{X}\right)+b=0 \tag{4-56}$$

表 4-6 给出一组二维数据集，它包含 8 个训练实例。使用二次规划方法，求解式(4-56)给出的优化问题，得到每一个训练实例的拉格朗日乘子 λ_i(表中最后一列)。

表 4-6　二维数据集

$\boldsymbol{X}_1$	$\boldsymbol{X}_2$	y	拉格朗日乘子
0.3858	0.4687	1	65.5261
0.4871	0.6110	−1	65.5261
0.9218	0.4103	−1	0
0.7382	0.8936	−1	0
0.1763	0.0579	1	0
0.4057	0.3529	1	0
0.9355	0.8132	−1	0
0.2146	0.0099	1	0

令 $\boldsymbol{W}=(\boldsymbol{W}_1,\boldsymbol{W}_2)$，$b$ 为最优超平面的参数。使用式(4-55)得到：

$$\boldsymbol{W}_1=\sum_{i=1}^{n}\lambda_i y_i\boldsymbol{X}_{i1},=65.5261\times 1\times 0.3858+65.5261\times(-1)\times 0.4871=-6.64$$

$$\boldsymbol{W}_2=\sum_{i=1}^{n}\lambda_i y_i\boldsymbol{X}_{i2},=65.5261\times 1\times 0.4687+65.5261\times(-1)\times 0.6110=-9.32$$

则：

$$b^{(1)}=1-\boldsymbol{W}\cdot\boldsymbol{X}_1=1-(-6.64)\times(0.3858)-(-9.32)\times(0.4687)=7.9300$$

$b^{(2)}=1-\boldsymbol{W}\cdot\boldsymbol{X}_2=-1-(-6.64)\times(0.4871)-(-9.32)\times(0.6110)=7.9289$
对 $b^{(1)}$、$b^{(2)}$ 取平均，得到 $b=7.93$。对应于这些参数的最优超平面如图 4-5 所示。

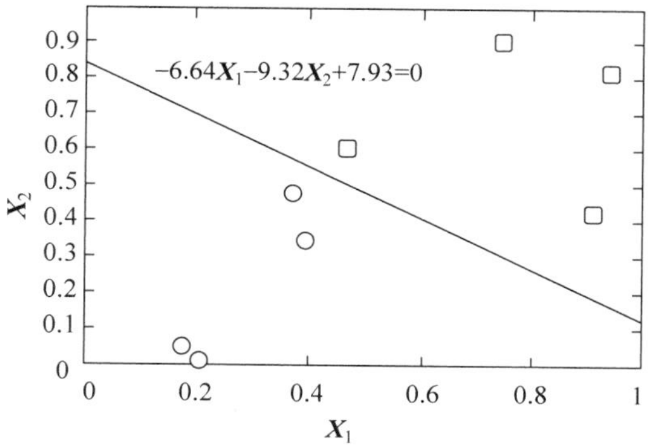

图 4-5　线性可分数据集的最优超平面

则样本实例 z 按如下公式分类：

$$f(z)=\text{sign}(\boldsymbol{W}\cdot z+b)=\text{sign}\left(\sum_{i=1}^{n}\lambda_i y_i \boldsymbol{X}_i\cdot z+b\right)$$

如果 $f(z)=1$，待测实例被分为正类，否则为负类。

4.5　分类性能评价

文本分类的流程如图 4-6 所示。属性选择、分类训练和测试评估构成一个循环，根据测试结果，调整属性选择和分类训练的参数，使得分类器具有更佳的分类效果。从该图可以看出，文本分类需要解决如下 5 个问题。

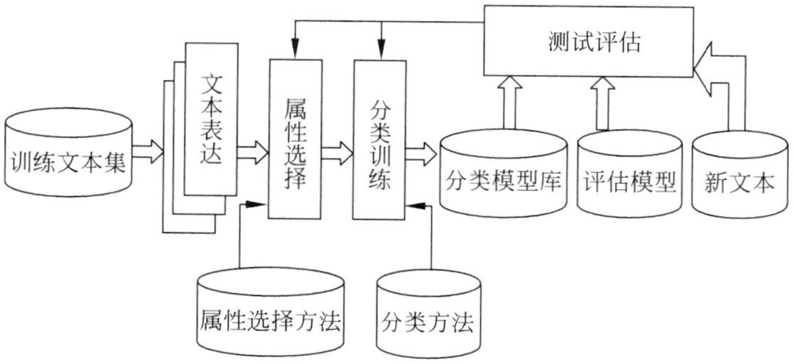

图 4-6　文本分类流程图

1. 获取训练文本集

训练文本集选择是否合适对文本分类器的性能有较大影响。训练文本集应该能够广泛代表分类系统所要处理的各个类别中的文本。一般地，训练文本集应该是公认的经人工分类的语料库。

2. 属性选择

语言是一个开放的系统，作为语言的一种书面物化或者电子化的文本也是开放的，其大小、结构以及包含的语言信息也都是开放的。目前的文本分类方法和系统都采用词和词组作为表征文本语义的属性，因此属性的数量很大。文本分类系统应该选择尽可能少、准确并且与文本主题密切相关的属性进行文本分类。

3. 建立文本表示模型

即选用怎样的形式组织属性来表征文本的问题。目前的文本表示模型主要有布尔模型和向量空间模型。

4. 选择分类方法

即选择用什么方法建立属性到文本类别的映射关系，这是文本分类的核心问题。

5. 确定性能评估指标

目前使用比较多的分类性能评估指标为精确度、召回率和 F-测量值，下面进行详细介绍。

对文本分类结果主要从三方面评价：有效性、计算复杂度和描述的简洁度。有效性衡量的是一个分类器正确分类的能力：计算复杂度包括时间复杂度和空间复杂度，如果按照分类的步骤来分，计算复杂度又可以分为训练计算复杂度和分类计算复杂度。算法描述的简洁度很容易理解，当然越简洁越好。三个方面之中，有效性最为重要，因为不管分类器的速度有多快、占用的空间有多少、算法有多容易理解，如果它不能正确分类的话，这个分类器就是没有用的。因此对分类的评价主要指的是有效性的评价。

4.5.1 精确度和召回率

精确度 P_j 衡量的是所有被分类器分到类别 C_j 的文本中正确文本的比率；召回率 R_j 衡量的是所有实际属于类别 C_j 的文本被分类器分到该类别中的比率。用公式表示如下：

$$P_j = \frac{\mathrm{TP}_j}{\mathrm{TP}_j + \mathrm{FP}_j} \tag{4-57}$$

$$R_j = \frac{\mathrm{TP}_j}{\mathrm{TP}_j + \mathrm{FN}_j} \tag{4-58}$$

其中，TP_j 指的是被分类器正确分到类别 C_j 的文本数；FP_j 指的是实际不属于类别 C_j 却被分类器错误地分到类别 C_j 的文本数；FN_j 指的是实际属于类别 C_j 但分类器没有将其正确分到类别 C_j 的文本数。

4.5.2 F-测量

精确度和召回率是两个相互矛盾的衡量指标，一般情况下，精确度会随着召回率的升高而降低，两者不可兼得，所以很多情况下需要将它们综合在一起考虑。最常用的综合方法就是 F-测量，定义如下：

$$F_{\beta}(P,R)=\frac{(\beta^2+1)PR}{\beta^2 P+R} \tag{4-59}$$

其中，β 是一个调整参数，用于以不同权重综合精确度和召回率。当 $\beta=1$ 时，表示精确度和召回率被平等地对待，此时 F-测量又被称为 F_1，定义如下：

$$F_1(P,R)=\frac{2PR}{P+R} \tag{4-60}$$

4.5.3 分类方法的综合评价

上面提到的精确度、召回率及 F_1 方法都是针对单个类别的分类情况而言的，当需要评价某个分类方法时，还需要将所有类别的结果综合起来得到平均结果。综合的方法有两种：宏平均和微平均。宏平均在计算时，是先依据式(4-61)和式(4-62)求得每一个类别的精确度和召回率，然后将它们平均得到最终的值。宏平均对应的精确度、召回率和 F_1 的计算公式如下，其中，$|C|$ 为类别数。

$$\text{Macro\_P}=\frac{\sum_{j=1}^{|C|}P_j}{|C|} \tag{4-61}$$

$$\text{Macro\_R}=\frac{\sum_{j=1}^{|C|}R_j}{|C|} \tag{4-62}$$

$$\text{Macro\_F}_1=\frac{2\times\text{Macro\_P}\times\text{Macro\_R}}{\text{Macro\_P}+\text{Macro\_R}} \tag{4-63}$$

微平均在计算时，首先将所有类别中对应的 TP_j、FP_j 和 FN_j 分别相加，然后计算出微平均的精度、召回率和 F_1 的值，计算公式如下，其中，$|C|$ 为类别数。

$$\text{Micro\_P}=\frac{\sum_{j=1}^{|C|}\text{TP}_j}{\sum_{j=1}^{|C|}\text{TP}_j+\sum_{j=1}^{|C|}\text{FP}_j} \tag{4-64}$$

$$\text{Micro\_R}=\frac{\sum_{j=1}^{|C|}\text{TP}_j}{\sum_{j=1}^{|C|}\text{TP}_j+\sum_{j=1}^{|C|}\text{FN}_j} \tag{4-65}$$

$$\text{Micro\_F}_1=\frac{2\times\text{Micro\_P}\times\text{Micro\_R}}{\text{Micro\_P}+\text{Micro\_R}} \tag{4-66}$$

由上面的计算公式可以看出，宏平均对所有类别的结果平等对待，不管类别的大小，所以任何一个类的变动都可能对宏平均造成较大的影响。相对而言，微平均更看重大类别的分类结果。因此，两个方法所得到的结果可能会有很大的差别，特别是当各类的结果有很大差异的时候。

4.6 基于向量空间模型的文本分类方法

4.6.1 文本分类系统的结构框架

从上面的分析中，可以看出文本分类过程就是一个建立从文本属性到文本类别空间的映射过程，它主要分为训练过程和分类过程两个阶段。文本分类系统的结构框架如图 4-7 所示。

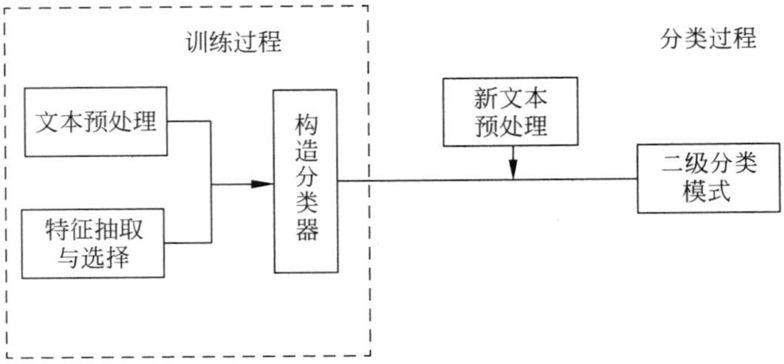

图 4-7 文本分类系统结构框架

一个好的文本分类方法能够和特征抽取方法相得益彰，取得满意的分类效果。基于向量空间模型的文本分类方法有贝叶斯算法、KNN 算法和神经网络算法等。在向量空间模型中，文本和类别都被表示为空间中的一个点向量，文本向量和类别向量之间就存在空间上的距离远近，而这种距离就可以采用向量间夹角的余弦来度量，定义如下。

$$\mathrm{SC}(d,c)=\sum_{i=1}^{n}(w_{d_i}\times w_{c_i})/\left[\left(\sum_{i=1}^{n}w_{d_i}^2\right)\times\left(\sum_{i=1}^{n}w_{c_i}^2\right)\right]^{\frac{1}{2}}$$

其中，$\boldsymbol{d}=(\boldsymbol{d}_1,\boldsymbol{d}_2,\cdots,\boldsymbol{d}_n)$为文本 d 的特征向量，$\boldsymbol{c}=(\boldsymbol{c}_1,\boldsymbol{c}_2,\cdots,\boldsymbol{c}_n)$为文本类别向量，即用两个向量之间的夹角的余弦来表示文本与类别之间的相关度，夹角越小，距离越近，相关度越大，反之相关度越小。计算出文本与所有类别的相关度后，将其归入相关度最大的类别中。归一化处理后的海伦相亲实例训练集数据如表 4-7 所示。

表 4-7 归一化处理后的海伦相亲实例训练集数据

序号	每年获得的飞行常客里程数/km	玩视频游戏所耗费的时间百分比/(%)	每周消费的冰淇淋量/L	类别
1	0.5289	0.5443	0.2043	3
2	0.1873	0.4676	0.3585	2
3	0.3367	0.0942	0.1724	1
4	0.9711	0.8594	0.0919	1
5	0.2025	0	0.2677	2
6	0.9434	0.6633	0.2212	1
7	0.4646	0.4465	0.2598	3

续表

序号	每年获得的飞行常客里程数/km	玩视频游戏所耗费的时间百分比/(%)	每周消费的冰淇淋量/L	类别
8	0.5514	0.8678	0.1165	3
9	0.8724	0.5642	0.1604	1
10	0.4586	0.8022	0.3229	3
11	0.6494	0.2434	0.1782	1
12	0.8179	0.5481	1	1
13	0.0719	0.3187	0.1561	2
14	0.6598	0.3059	0.1339	1
15	1	1	0.0709	1

采用"余弦相似度法"，$\boldsymbol{d}_1$ 表示测试集的第一个特征向量为(0.4796,0.8749,0.3100)，所有训练集中属于 $\boldsymbol{c}_1$ 类的特征向量为：

(0.3367,0.0942,0.1724)，(0.9711,0.8594,0.0919)，(0.9434,0.6633,0.2212)，
(0.8724,0.5642,0.1604)，(0.6494,0.2434,0.1782)，(0.8179,0.5481,1)，
(0.6598,0.3059,0.1339)，(1,1,0.0709)。

$$
\begin{aligned}
\mathrm{SC}(\boldsymbol{d}_1,\boldsymbol{c}_1) &= \sum_{i=1}^{n}(w_{\boldsymbol{d}_i}\times w_{\boldsymbol{c}_i})/\left[\left(\sum_{i=1}^{n}w_{\boldsymbol{d}_i}^2\right)\times\left(\sum_{i=1}^{n}w_{\boldsymbol{c}_i}^2\right)\right]^{\frac{1}{2}}\\
&=0.73+0.9175+0.8977+0.8756+0.7748+0.8060+0.8097+0.9304\\
&=6.7417
\end{aligned}
$$

所有训练集中属于 $\boldsymbol{c}_2$ 类的特征向量为：

(0.1873,0.4676,0.3585)，(0.2025,0,0.2677)，(0.0719,0.3187,0.1561)

$$
\begin{aligned}
\mathrm{SC}(\boldsymbol{d}_1,\boldsymbol{c}_2) &= \sum_{i=1}^{n}(w_{\boldsymbol{d}_i}\times w_{\boldsymbol{c}_i})/\left[\left(\sum_{i=1}^{n}w_{\boldsymbol{d}_i}^2\right)\times\left(\sum_{i=1}^{n}w_{\boldsymbol{c}_i}^2\right)\right]^{\frac{1}{2}}\\
&=0.9444+0.5136+0.9561=2.4141
\end{aligned}
$$

同理得到：

$$\mathrm{SC}(\boldsymbol{d}_1,\boldsymbol{c}_3)=0.9660+0.9561+0.9803+0.9992=4.8366$$

可以此为权重做处理。

若各类权重相等，则 $\boldsymbol{d}_1$ 与各特征向量相似度按从大到小依次是 0.9982，0.9803，0.9660，0.9561，0.9561，…取前五个，第三类占大多数，则把测试集第一个归为第三类，与真实回答相符。

4.6.2 改进的文本特征抽取算法

特征抽取算法的优劣直接影响到文本分类的效果，特征项选择依赖于频度、分散度和集中度等多项测试指标。频度是最常用的特征选择测试指标，该方法认为在某一类文本中出现次数越多的特征项越能代表这类文本，因此选择在同一类文本中出现频度最高的若干特征项作为该类文本的类别特征。集中度指标认为，一个有标引价值的特征项，应该集中出现在某一类文本中，而不是均匀地分布在各类文本中。分散度指标认为，在某类文

本中均匀出现的特征项对该类文本应具有较高的标引价值，若只集中出现在该类的个别文本中，而在该类别的其他文本中很少出现，则该词的标引价值相对就要小多了。

显然对于某一特征项，其频度越高、分散度越大、集中度越强，则对文本分类越有用，即分辨度越强。从互信息法特征评价公式中可以看出，该公式是从频度指标的角度出发，计算每个特征项在每个类别中的出现频度与它在整个文本集中的出现频度的比率，作为该特征项对每个类别分类依据的贡献。这种方法忽略了特征项的分散度和集中度测试指标，从而造成特征“过度拟合”的问题。

一种改进的特征抽取(Feature Extraction，FE)算法，是在互信息的特征抽取方法的基础上，给出分散度和集中度测试指标的修正，公式如下：

$$\begin{aligned}\mathrm{FE}(W,C_j) &= \log_2(P(W \mid C_j)/P(W)) \times \exp(N_j/N) \\ &= \log_2(P(W,C_j)/(P(W) \times P(C_j))) \times \exp(N_j/N))\end{aligned}$$

其中，N_j 为训练语料中特征项 W 出现在类别 C_j 中的文本数，N 是训练语料中特征项 W 出现的文本数，$P(W,C_j)$是训练语料中特征项 W 出现在类别 C_j 中的频率，$P(W)$是训练语料中特征项 W 出现的频率。这样抽取出的特征能很好地体现频度、分散度和集中度测试指标，使其在这些指标中达到整体最优。

下面以决策树经典例题“是否可以户外运动”为例具体说明上述特征抽取方法，数据如表 4-8 所示。

表 4-8 户外运动信息系统表

序号	温度	风力	湿度	降水量	雷电	是否适合运动
1	高	小	高	小	无	Y
2	高	小	正常	大	无	N
3	高	小	正常	无	无	Y
4	高	无	高	无	有	N
5	高	大	高	无	无	N
6	高	无	高	无	无	Y
7	适中	无	高	小	无	Y
8	低	无	正常	小	无	Y
9	低	大	正常	大	有	N
10	低	小	正常	无	无	Y

当然，这里只有两类：适合运动和不适合运动，用 C_1 表示适合运动，C_2 表示不适合运动，W_1 表示温度，W_2 表示风力，W_3 表示湿度，W_4 表示降水量，W_5 表示雷电，而其中“高”“低”“大”“小”“有”“无”等表示有无或者程度。

$P(W_1)=1, P(W_2)=0.6, P(W_3)=1, P(W_4)=0.5, P(W_5)=0.2, P(C_1)=0.6, P(C_2)=0.4$。

$P(W_1,C_1)=0.6, P(W_1,C_2)=0.4$；$P(W_2,C_1)=0.3, P(W_2,C_2)=0.3$；

$P(W_3,C_1)=0.6, P(W_3,C_2)=0.4$；$P(W_4,C_1)=0.3, P(W_4,C_2)=0.2$；

$P(W_5,C_1)=0.0, P(W_5,C_2)=0.2$。

例如如下计算：

$$FE(W_1,C_j)=\log_2(P(W_1,C_j)/(P(W_1)\times P(C_j))\times \exp(N_j/N))=0 \quad (j\ 取\ 1,2)$$

$$FE(W_2,C_1)=\log_2(P(W_2,C_1)/(P(W_2)\times P(C_1))\times \exp(N_1/N))$$
$$=-0.2688\cdot 1.6487=-0.4432$$

$$FE(W_2,C_2)=\log_2(P(W_2,C_2)/(P(W_2)\times P(C_2))\times \exp(N_2/N))$$
$$=0.3219\cdot 1.6487=0.5307$$

…

以此类推得到各个特征与类别的相关性，越大越可被抽取作为分类特征。

在文本分类时，我们知道不同位置的文本对表达文本内容的能力不同。将文本划分为标题区域、摘要区域和正文区域等，那么出现在标题区域中的特征项比出现在摘要、正文区域的文本更能表达文本内容，摘要比正文更能表达文本内容，这样统计得到的每个区域的 tf_{ij} 后，再乘以一个反映其重要程度的比例系数来加以修正和调整，则特征项 tf_j 在文本 d_i 中出现的频率 $tf_j=a\times tf_{ij1}+\beta\times tf_{ij2}+\gamma\times tf_{iff3}$。

以如下实验为例，通过网络爬虫爬取中新网的 IT、财经、教育、娱乐 5 个类目的新闻各 1000 篇，每一篇分为文本集、摘要集、主题集，训练集用来训练模型的数据集，测试集则是在模型构建结束后用来测试模型性能的数据集。测试集和训练集共同作为数据集，前 800 篇作为训练集，后 200 篇作为测试集。

首先将上述新闻文本转换为由带有权重的关键词构成的向量，也就是文本处理领域常用的向量空间模型，包括如下三个步骤。

1. 中文分词

建立词典、同义词表和停用词表，对新闻的标题和正文进行分词，结果示例如表 4-9 所示。

表 4-9　部分标题分词结果示例

序号	原始标题	分词结果				
1	网购魅族遇发货拖延症，官网拖延发货为加价	网购	魅族	症	官网	
2	农业电商站到风口 千亿市场待起飞	农业	电商	风口	市场	
3	电商冲击持续发酵，17 年老店百老汇做电子卖场	电商	冲击波	店	电子	
4	北京电商消费纠纷同比增五成 多家知名电商卖假货	北京	电商	消费	纠纷	假货
5	某电商泄露用户信息致上百人被骗巨款	电商	泄露	用户	信息	人
6	新消法实施一年 网购后悔权仍难落地	消法	网购	权		
7	亚马逊出售仿品冒充天然水晶 职业打假人获赔	亚马逊	水晶	职业	打假	人
8	网络预售陷阱 以销定产被指转嫁风险	网络	预售	陷阱	风险	
9	网购平板电脑现系统故障 京东同意退货不愿三倍赔偿	网购	平板	电脑	系统	故障
10	茵曼或打响淘品牌上市第一枪 淘品牌或迎集体上市潮	茵曼	品牌	上市	枪	品牌

2. 设置词权重并合并关键词

对于新闻来讲，标题是一篇新闻的眼睛，是决定读者是否阅读一条新闻的重要依据。很明显，标题中的词语非常重要，因此需要对标题中的词语和正文中的词语设置不同的权重。根据经验，将标题中的词语权重设为 1.0，将正文中词语的权重设为 0.1，这样的设置方法不一定合理，但是可以通过多次更改权重、多次修改，寻找一个较优的分配方式。

在对词语设置不同的权重后，需要合并来自标题和来自正文的关键词，合并的方法是同一关键词的各个权重相加，例如，关键词“手机”在标题中出现两次，在正文中出现了 10 次，如果仅用词频来表示权重的话，那么最终它的权重就是 2×1.0+10×0.1=3.0。

3. 选择关键词，构成文本向量

根据有关研究，30%的关键词就足以有效地代表文本，在文本关键词很多的情况下，采用这样的方法可以有效地降低向量维数。另外，选择关键词即可选择上述抽取特征向量。如表 4-10 所示为部分样本新闻向量化结果。

表 4-10 部分样本新闻向量化结果

序号		关键词及其权重								
1	关键词	网购	消费者	官网	魅族	消委会	症	宝	网站	案例
	权重	1.6	1.4	1.4	1.4	1.1	1	0.8	0.7	0.6
2	关键词	电商	农业	市场	风口	农产品	李世忠	猕猴桃	阿里	雅安
	权重	2.9	2.1	1.4	1.1	0.7	0.7	0.7	0.4	0.4
3	关键词	脑	店	电商	电子	北京	冲击波	记者	商报	门店
	权重	2.5	1.7	1.2	1.2	1	1	0.7	0.6	0.4
4	关键词	电商	消费者	假货	同比	消费	纠纷	北京	节	消协
	权重	3.1	1.3	1.2	1.1	1.1	1.1	1	0.7	0.7
5	关键词	信	京东	用户	息	泄漏	人	电商	问题	巨款
	权重	2.3	2	2	1.9	1.7	1.4	1.3	1	1
6	关键词	消法	消费者	网购	权	赔偿	电视机	经营者	先生	质量
	权重	1.7	1.4	1.2	1	0.9	0.7	0.6	0.6	0.6
7	关键词	水晶	亚马逊	职业	打假	人	刘艳清	公司	品	世纪
	权重	1.9	1.6	1.4	1.4	1.4	1.1	1	1	0.9
8	关键词	预售	网络	消费者	风险	陷阱	产品	商家	消费	方面
	权重	3	2.1	1.6	1.3	1.3	1.3	1	1	1

后面进行类别特征提取时，可以应用前面的分类算法，如贝叶斯算法和 KNN 算法等，进行分类。

4.6.3 二级分类模式

类中心分类法简单直观，但如果类别界限不明显时，该方法性能不高。KNN 算法的基本思路是：在给定新文本后，选定在训练集中与该新文本距离最近（最相似）的 K 篇文本，根据这 K 篇文本所属的类别判定新文本所属的类别。距离判别一般也采用向量间夹角的余弦来度量，具体定义见式(4-24)。如果有多个文本同属于一个类，则该类的权重为这些相似度之和。在新文本的 K 个邻居中，依次计算每类的权重，计算公式如下：

$$p(\boldsymbol{d},C_j)=\sum_{\boldsymbol{d}_i\in K}\mathrm{SC}(\boldsymbol{d},\boldsymbol{d}_i)y(\boldsymbol{d}_i,C_j) \tag{4-67}$$

其中，$\boldsymbol{d}$ 为新文本的特征向量，$SC(\boldsymbol{d},\boldsymbol{d}_i)$ 为相似度计算公式，而 $y(\boldsymbol{d}_i,C_j)$ 为类别属性函数，即如果 $\boldsymbol{d}_i$ 属于类 C_j，那么函数值为 1，否则为 0。最后比较类的权重并进行排序，将文本分到权重最大的那个类别中。这里 K 值的确定目前没有很好的方法，一般采用先定一个初始值，然后根据实验测试的结果调整 K 值的方法。在本系统中结合这两种分类方法，形成了二级分类模式，详细算法如下。

(1) 对待分类文本进行预处理，包括分词、滤除停用词和文本向量化处理。

(2) 采用类中心分类法对新文本进行粗分类，依次计算该文本与各类别的相似度。

(3) 若相似度结果排序的前几位相差较大，则将其归入相似度值最高的类别中。

(4) 若类别相似度值很接近，满足一定的范围条件时，则在这几个相近类别的训练集中采用 KNN 算法来进行细分类。

下面还是应用 4.4.4 节中海伦相亲的案例来说明。

第一类的类中心是(0.7813，0.5348，0.2536)，第二类的类中心为(0.1539，0.2621，0.2608)，第三类的类中心为(0.500，0.6652，0.2259)，测试集第一个特征向量(0.4796，0.8749，0.3100)与三类的相似度依次是 0.8996，0.9176，0.9899，与第三类的相似度明显高于前两类，因此可以归到第三类，与真实回答相符。

若把第三类去掉，则第一类和第二类用类中心分类法无法区分，则采用 KNN。由前面得知除去第三类后，剩下的相似度排序依次为 0.9561，0.9444，0.9304，0.9175，0.8977，…若取前三个，则第二类占多数，可将之归为第二类。

4.7　基于语言模型的文本分类

4.7.1　概述

向量空间模型的一个基本假设是：特征项之间是互相独立的。假设以词为特征项，也就是说，把文档看成词的集合，忽略了任何词序上的相关信息，这样在一定程度上影响了分类准确率。但是，在几乎所有的应用中，词的相对顺序是非常有意义的，一个词的含义往往由它的邻近词来解释。因此，词序是在文档相关性中一个很重要的证据，但是在向量空间模型里并没有组合这样的特征表示。

4.7.2　Bigram 模型

统计语言模型是关于某种语言所有语句或者其他语言单位的分布概率。也可以将统计语言模型看作生成某种语言文本的统计模型。在大多数统计语言模型的应用比如语音识别、信息检索等研究中，一个句子的概率常常被分解为若干 N-gram 概率的乘积，也就是 n 元语言模型，它根据前面相邻的 $n-1$ 个词出现的顺序预测第 n 个词出现的概率，常取 $n=0,1,2$，分别称为一元语言模型(Unigram)、二元语言模型(Bigram)、三元语言模型(Trigram)。

一般地，假设一个词序列 W 由 n 个词构成 $W=(w_1,w_2,\cdots,w_n)$，则用统计语言模型可以对 W 在任意文本中出现的概率给出预测，则 W 出现的概率为：

$$p(W)=p(w_n \mid w_1w_2\cdots w_{n-1})p(w_{n-1} \mid w_1w_2\cdots w_n)\times\cdots p(w_3 \mid w_1w_2)p(w_1) \tag{4-68}$$

实际上，$p(W)$ 的计算量是非常巨大的，尤其当 n 取值较大时。在实际应用中，为简化计算，往往只考虑一个或两个历史信息，形成二元语言模型或三元语言模型。表面上看，n 取值越大，计算出来的概率准确性越高。但是，这种准确性的提高是以计算量的级数上升为代价的，同时，高阶模型的数据稀疏问题也比低阶模型的要严重得多，从而会降低估计值的可靠性，这会对分类的性能起到负面的影响。若近似认为任意一个词的出现只与它的前面一个词有关，则得到 Bigram，即

$$p(W) \approx p(w_1) \prod_{i=2,\cdots,n} p(w_i \mid w_{i-1}) \tag{4-69}$$

该模型不考虑文字的意义，只是将相邻的两个字符串组合起来作为一个词。实现步骤如下：首先读入一个文本 T，按照 Bigram 算法读入相邻的字符串，记录其内容和出现的位置信息，将其放入集合 S 中。在此过程中发现已有的词语，则将其次数加 1；若发现字符串中的特殊符号等，则跳过。

为具体说明上面模型的应用，考虑字符串“中国证监会”，按照 Bigram 算法可切分为：“中国”“国证”“证监”“监会”4 个词语。若是复杂一些的文本，需要在这里设置阈值考虑是否将其放入集合 S 中，根据经验这个阈值可设置为 2。

4.7.3 特征提取

首先采用中国科学院计算所汉语分词系统 ICTCLAS 对文本初始化处理形成初始特征集 $W=(w_1,w_2,\cdots,w_n)$，$w_1,w_2,\cdots,w_n$ 是文本集 T 的初始特征项，然后用 χ^2 统计法对该特征集进行选择。设有 m 个类别，记作 $C=(c_1,c_2,\cdots,c_m)$，则对每个特征项 w_i，通过以下两个公式求出其 χ^2 统计值。

对于文档类别 c_j 和 w_i 特征，其 χ^2 统计值的计算公式如下：

$$\mathrm{Chi}(w_i,c_i)=\frac{N\left[p(w_i,c_j)\times p(\overline{w_i},\overline{c_j})-p(\overline{w_i},c_j)\times p(w_i,\overline{c_j})\right]^2}{p(w_i)\times p(c_j)\times p(\overline{w_i})\times p(\overline{c_j})} \tag{4-70}$$

每个特征的 χ^2 统计值为：

$$\mathrm{Chi}(w_i)=\sum_{i=1}^{m}\mathrm{Chi}(w_i,c_j) \tag{4-71}$$

其中，N 为训练集的文本数，$p(\overline{w}_i,\overline{c}_j)$ 为训练集中不出现特征 w_i 并且不属于类型 c_j 的文本数除以 N，$p(w_i,\overline{c}_j)$ 为训练集中出现特征 w_i 并且不属于类型 c_j 的文本数除以 N，$p(\overline{w}_i,c_j)$ 为训练集中不出现特征 w_i 并且属于类型 c_j 的文本数除以 N，它度量了特征 w_i 和类型 c_j 之间的相关程度。Chi 值越大，表示 w_i 和 c_j 越相关，w_i 越属于 c_j。通过计算得到每个特征的 χ^2 统计值，再选取一个适当的阈值，保留 χ^2 统计值大于该阈值的特征作为文本的特征项，从而达到降维的目的。

例如，现在有 N 篇文档，其中有 M 篇是关于体育的，我们想考察一个词“篮球”(w)与“体育”(c)类别之间的相关程度(当然任谁都能看出来两者很相关，但是要是让计算机看出来，就需要从数学的角度来计算)。这里有四个观察值可以使用：包含“篮球”且属于“体育”类别的文档数，命名为 A；包含“篮球”但不属于“体育”类别的文档数，命名为 B；

不包含“篮球”但却属于“体育”类别的文档数，命名为 C；既不包含“篮球”也不属于“体育”类别的文档数，命名为 D。

用表格表示，则如表 4-11 所示。

表 4-11 四个观察值

特征选择	属于“体育”，c	不属于“体育”，$\bar{c}$	总计
包含“篮球”，w	$A(N_{w,c})$	$B(N_{w,\bar{c}})$	$A+B(N_w)$
不包含“篮球”，$\bar{w}$	$C(N_{\bar{w},c})$	$D(N_{\bar{w},\bar{c}})$	$C+D(N_{\bar{w}})$
总数	$A+C(N_c)$	$B+D(N_{\bar{c}})$	N

其中，$A+B+C+D=N$，$A+C$ 表示“属于体育类的文章数量”，因此，它等于 M，同时，$B+D$ 等于 $N-M$。将表中数据代入公式(4-70)，则有：

$$p(w,c)=\frac{N_{w,c}}{N},p(\bar{w},c)=\frac{N_{\bar{w},c}}{N},p(w,\bar{c})=\frac{N_{w,\bar{c}}}{N},p(\bar{w},\bar{c})=\frac{N_{\bar{w},\bar{c}}}{N}$$

$$p(w)=\frac{N_w}{N},p(\bar{w})=\frac{N_{\bar{w}}}{N},p(c)=\frac{N_c}{N},p(\bar{c})=\frac{N_{\bar{c}}}{N}$$

$$\begin{aligned}\text{Chi}(w,c)&=\frac{N[p(w,c)\times p(\bar{w},\bar{c})-p(\bar{w},c)\times p(w,\bar{c})]^2}{p(w)\times p(c)\times p(\bar{w})\times p(\bar{c})}\\&=\frac{N\left(\frac{N_{w,c}\times N_{\bar{w},\bar{c}}}{N\times N}-\frac{N_{\bar{w},c}\times N_{w,\bar{c}}}{N\times N}\right)^2}{\frac{N_w}{N}\times\frac{N_c}{N}\times\frac{N_{\bar{w}}}{N}\times\frac{N_{\bar{c}}}{N}}\\&=\frac{N(N_{w,c}\times N_{\bar{w},\bar{c}}-N_{\bar{w},c}\times N_{w,\bar{c}})^2}{N_w\times N_c\times N_{\bar{w}}\times N_{\bar{c}}}=\frac{N(AD-BC)^2}{(A+C)(A+B)(B+D)(C+D)}\end{aligned}$$

进一步简化，如果给定了一个文档集合和选定了类别，则 $N,M,N-M$ 对同一类别文档中的所有词来说都是一样的，我们只关心一堆词对某个类别的卡方值的大小顺序，而不关心具体的值，因此把它们都去掉是完全可以的。

4.7.4 分类器设计

设训练样本集分为 m 个类，记作 $C=(c_1,c_2,\cdots,c_m)$，对于新的待分类文本 d，$d=(w_1,w_2,\cdots,w_k)$，$w_1,w_2,\cdots,w_k$ 是文本 d 的特征项，则其属于 c_j 类的条件概率记作 $p(d|c_j)$，表示为 $p(d|c_j)=p(w_1,w_2,\cdots,w_k|c_j)$。传统的方法只是简单地将 $p(d|c_j)$ 表示成各个特征项的概率积：$p(d\mid c_j)=\prod_{i=1,\cdots,k}p(w_i\mid w_{i-1},c_j)$，该方法假设了特征项之间是相互独立的，存在一定的局限性。这里，将该公式重新定义为 $p(d\mid c_j)=p(w_i\mid c_j)\prod_{i=2,\cdots,k}p(w_i\mid w_{i-1},c_j)$，对 $p(w_i|w_{i-1},c_j)$的概率估计通常采用最大似然估计法(MLE)，即

$$p(w_i \mid w_{i-1},c_j)=p_{\text{MLE}}(w_i \mid w_{i-1},c_j)\approx\frac{\text{count}(w_{i-1}w_i,c_j)}{\text{count}(w_{i-1},c_j)} \tag{4-72}$$

式中 $\text{count}(w_{i-1}w_i,c_j)$表示词对 $w_{i-1}w_i$ 在类 c_j 中的出现次数，其区别于 Bigram 模型的是 $\text{count}(w_{i-1}w_i,c_j)$不同于 $\text{count}(w_iw_{i-1},c_j)$，即一篇介绍计算机领域"计算机应用"的文本与另一篇介绍怎样"计算机""应用"的文本，很可能因为现有的分类方法只是单独考虑"应用"与"计算机"这两个词的权重来计算相似度(也称距离)，而将这两篇也许关系不大的文本分在了同一类别中。因此，对于一篇只出现"应用"与"计算机"而未出现"计算机""应用"的文档，其 count("应用"与"计算机")为 0。

根据贝叶斯定理，c_j 类的后验概率为 $p(c_j|d)$。

$$p(c_j \mid d)=\frac{p(d \mid c_j)p(c_j)}{p(d)} \tag{4-73}$$

因为 $p(d)$对于所有类均为常数，可以忽略，则式(4-73)简化为：

$$p(c_j \mid d)\propto p(d \mid c_j)p(c_j) \tag{4-74}$$

在训练的时候，训练样本集中各类样本数相等，此时 c_j 类的先验概率相等，式(4-74)可以简化为：

$$p(c_j \mid d)\propto p(d \mid c_j) \tag{4-75}$$

将未知样本归于 c_j 类的依据，如下：

$$p(c_j \mid d)=\max\{p(d \mid c_j)\},\quad j=1,2,\cdots,m \tag{4-76}$$

例如，有下面两类文本。

类别一：随着计算机科学技术的快速发展，计算机应用范围越来越广，本专业侧重提高学生的计算机应用能力。

类别二：现代人常说的应用，一般是指手机和平板电脑的应用。

在两类文本中，"应用"一词频数都为 2，但很明显看出，两者中的"应用"意思不一样，那么如何让计算机分辨其中的区别，并将下面一段话归到应有的类别里？

待识别文本："计算机应用基础"是一门计算机入门课程，属于公共基础课，是为非计算机专业类学生提供计算机应用所必需的基础知识、能力和素质的课程。

频数阈值设置为 2，经过处理后，类别一被表示如下。

计算机：3；计算机应用：2；应用：2。

类别二被表示如下。

计算机：0；计算机应用：0；应用：2。

待识别文本被表示如下。

计算机：3；计算机应用：2；应用：2。

则由公式(4-72)得：

$$p(\text{计算机} \mid \text{计算机应用})=p_{\text{MLE}}(\text{计算机} \mid \text{计算机应用,第一类})=\frac{\text{Count}(\text{计算机应用计算机,第一类})}{\text{Count}(\text{计算机应用})}=0$$

$$p(\text{计算机} \mid \text{应用})=p_{\text{MLE}}(\text{计算机} \mid \text{应用,第一类})=\frac{\text{Count}(\text{应用计算机,第一类})}{\text{Count}(\text{应用})}=0$$

$$p(\text{计算机应用} \mid \text{应用}) = p_{\text{MLE}}(\text{计算机应用} \mid \text{应用},\text{第一类}) = \frac{\text{Count}(\text{计算机应用计算机},\text{第一类})}{\text{Count}(\text{计算机应用})} = 0$$

$$p(\text{计算机应用} \mid \text{计算机}) = p_{\text{MLE}}(\text{计算机应用} \mid \text{应用},\text{第一类}) = \frac{\text{Count}(\text{应用计算机应用},\text{第一类})}{\text{Count}(\text{应用计算机})} = 0$$

$$p(\text{应用} \mid \text{计算机应用}) = p_{\text{MLE}}(\text{应用} \mid \text{计算机应用},\text{第一类}) = \frac{\text{Count}(\text{计算机应用},\text{第一类})}{\text{Count}(\text{计算机应用})} = 0$$

$$p(\text{应用} \mid \text{计算机}) = p_{\text{MLE}}(\text{应用} \mid \text{计算机},\text{第一类}) = \frac{\text{Count}(\text{计算机应用},\text{第一类})}{\text{Count}(\text{计算机})} = 0.667$$

同理可得第二类的相应结果，结果是归入第一类，与真实回答相符。

4.7.5 统计平滑

在现实中，训练语料即使规模再大，也无法涵盖所有的语言现象，即存在所谓的数据稀疏问题。所以 MLE 的估计方法不可避免地会出现大量的零概率情况，影响分类结果。为此，人们在扩大语料规模的同时，也从估计方法本身入手采用了一些避免零概率的方法，这些方法通称为统计平滑技术。这些方法多是基于这样的原则：适当减少训练语料中出现了的词串的概率，而把减少的那部分概率赋给在训练语料中没有出现的词串。平滑的作用示意图如图 4-8 所示。

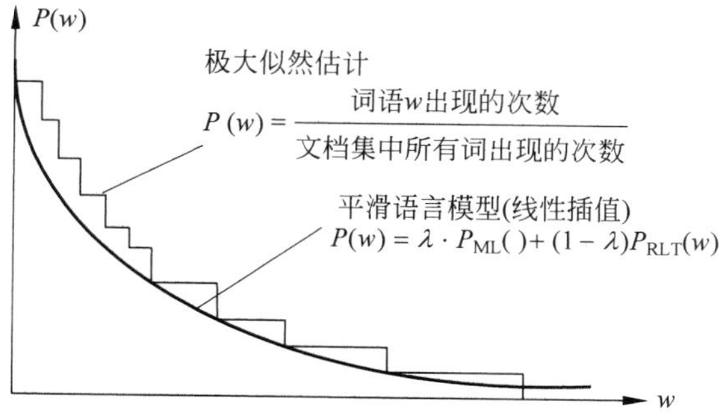

图 4-8 平滑的作用示意图

在设计 Bigram 模型分类器时，可以分别使用三种平滑方法：Laplace 平滑、Additive 平滑和 Good-Turing 平滑。

1. Laplace 平滑

这是最早被采用的一种平滑技术：

$$p_{\text{Laplace}}(w_n \mid w_{n-k+1} \cdots w_{n-1}) = \frac{1 + c(w_{n-k+1} \cdots w_n)}{B + c(w_{n-k+1} \cdots w_n)} \tag{4-77}$$

它在极大似然估计的基础上分子加了1，这样可以保证即使n元词串$w_1,w_2,\cdots,w_n$没有在训练样本中出现过，其条件概率也不会为0；B为词典的大小，即不同的词的个数。

若将Laplace平滑应用在4.7.4节的例子中，则有：

$$p_{\text{Laplace}}(\text{计算机}\mid\text{计算机应用})=\frac{1+0}{3+0}=0.333$$

…

$$p_{\text{Laplace}}(\text{应用}\mid\text{计算机})=\frac{1+2}{3+3}=0.500$$

…

2. Additive 平滑算法

有实验报告称Laplace平滑给未在训练样本中出现的n元词串分配的概率过多了，因而更多采用的是Additive平滑，可以写成如下形式：

$$p_{\text{additive}}(w_n\mid w_{n-k+1}\cdots w_{n-1})=\frac{\delta+c(w_{n-k+1}\cdots w_n)}{\delta\mid v\mid+c(w_{n-k+1}\cdots w_n)}\tag{4-78}$$

其中，$0\leqslant\delta\leqslant1$，$v$是词典的大小，即不同的词的个数。

若将Additive平滑算法应用在4.7.4节的例子中，这里δ取0.5则有：

$$p_{\text{Laplace}}(\text{计算机}\mid\text{计算机应用})=\frac{0.5+0}{1.5+0}=0.333$$

…

$$p_{\text{Laplace}}(\text{应用}\mid\text{计算机})=\frac{0.5+2}{1.5+3}=0.556$$

…

3. Good-Turing 平滑算法

Good-Turing算法是很多平滑算法的核心，它是Good在1953年为回答Turing的问题而提出的基于相对频次的估计。在n元语法的平滑中一般不能直接使用Good-Turing算法，因为它是随机变量服从二项分布得到的结果，但是在大语料样本情况下，词的出现可以近似使用二项分布。该算法根据出现了$r+1$次的N-gram有多少个来计算出现r次的N-gram的概率：

$$r^*=(r+1)\frac{n_{r+1}}{n_r}$$

其中，n_{r+1}是出现了$r+1$次的N-gram的个数，同样，n_r则是出现了r次的N-gram的个数。出现了r次的N-gram经过平滑之后出现了r^*。

$$p_{\text{GT}}=\frac{r^*}{N}\tag{4-79}$$

显然，经过这样的处理之后，就没有零概率现象了。

为了形象说明，将Good-Turing算法应用如下，

训练集合：$T=\{$s,what,is,it,what,is,small,?$\}$，$|T|=8$

验证集合：$V=\{$what,is,it,small,?,s,flying,birds,are,a,bird,.$\}$，$|V|=12$

下面不使用任何平滑技术来计算各单词的概率。

在训练集合上,我们得到:

$p(\mathrm{s})=p(\mathrm{it})=p(\mathrm{small})=p(?)=0.125$,$p(\mathrm{what})=p(\mathrm{is})=0.25$,其他为 0。

如果不经过平滑处理,则验证集上两句子的概率分别为:

$$p(\text{what is it?})=(0.25\times2)\times(0.125\times2)\approx 0.001$$

$$p(\text{it is flying.})=0.125\times0.25\times(0\times2)=0$$

现在用 Good-Turing 算法进行平滑处理,如下。

(1) 计算在训练集中的词有多少个在测试集中出现过 r 次,依次为:

$$N(0)=6, N(1)=4, N(2)=2, N(i)=0, i>2$$

(2) 重新估计各平滑后的值 r^*。

对于发生 0 次的事件:

$$\begin{aligned}r^*(.)&=r^*(\mathrm{flying})=r^*(\mathrm{birds})=r^*(\mathrm{are})=r^*(\mathrm{bird})=r^*(\mathrm{a})\\&=(0+1)\times N(0+1)/N(0)=1\times4/6\approx0.667\end{aligned}$$

对于发生 1 次的事件:

$$r^*(\mathrm{it})=r^*(\mathrm{s})=r^*(\mathrm{small})=r^*(?)=(1+1)\times N(1+1)/N(1)=2\times2/4=1$$

对于发生 2 次的事件:

$r^*(\mathrm{what})=r^*(\mathrm{is})=(2+1)\times N(2+1)/N(2)=3\times0/2=0$,保持原值 $r^*(\mathrm{what})=r^*(\mathrm{is})=N(2)=2$。

(3) 归一化的概率。

$$p'(\mathrm{it})=p'(\mathrm{s})=p'(\mathrm{small})=p'(?)=1/12\approx0.083$$

$$p'(\mathrm{what})=p'(\mathrm{is})=2/12\approx0.167$$

$$p'(.)=p'(\mathrm{flying})=p'(\mathrm{birds})=p'(\mathrm{are})=p'(\mathrm{bird})=p'(\mathrm{a})=0.667/12\approx0.056$$

因此:

$$p'(\text{what is it?})=0.167\times0.167\times0.083\times0.083\approx0.000\,019\,21$$

$$p'(\text{it is flying.})=0.083\times0.167\times0.056\times0.056\approx0.000\,043\,468\,1$$

零概率被去掉了。

4.8 基于卷积神经网络的文本分类

4.8.1 CNN 概述

在机器学习领域,卷积神经网络(Convolutional Neural Networks,CNN)是一种深度前馈神经网络,在分类和图像识别等领域已有显著成效,而且还成功应用于机器人和自动驾驶汽车的视觉模块,使其能够成功地识别人脸、物体和交通标志。CNN 是由多层感知机(MLP)变化而来的,基于生物学家休博尔和维瑟尔在早期对猫视觉皮层的研究,视觉皮层的细胞存在一个复杂的构造,这些细胞对视觉输入空间的子区域非常敏感,我们称之为感受野,以这种方式平铺覆盖到整个视野区域。CNN 作为目前最常用的深度模型之一,最初只适合做简单图片的识别,到现今已能够处理大规模数据,表明了 CNN 所具有的潜力。

4.8.2 CNN 文本分类经典结构

CNN 基本结构主要包括输入层、卷积层、池化层、全连接层和输出层。

(1) 输入层：文本是以字或词为单位的向量集合，采用词向量作为输入层数据。为了将文本转换为可计算的数据类型，常用的词向量方法有 Word2Vec、one-hot 或 glove 等。向量表示层的主要任务就是将文本转换为向量矩阵，为卷积层提供完整数据。

(2) 卷积层：卷积层是整个 CNN 的核心部分，主要作用是提取文档矩阵的特征，通过设置卷积核的尺寸，可提取多种层次的特征。相比于全连接层，卷积层主要训练的是卷积核的各个参数。通过卷积运算可以使原信号特征增强，并且降低噪声。

(3) 池化层：池化层也称为子采样层，主要作用在于压缩由卷积层得到的矩阵尺寸，为下一层的全连接层减少训练参数，因此子采样层不仅可以有效地加速模型的训练，而且还在防止过饱和现象上有很大的作用。池化操作的原理较为简单，如果取某个矩阵块的最大值或平均值作为池化过程的输出值，则该过程被称为最大池化或平均池化层。实际上，池化层也可以看作一种特殊的卷积操作。

(4) 全连接层：在许多分类任务中，网络经过卷积层和子采样层之后是一个或多个全连接层。全连接层与前一层所有神经元相连，以获取文本的局部信息，学习得到文本中具有类别区分的特征。最后一个全连接层与分类层相连，即输出层。

(5) 输出层：经过卷积层和池化层的操作后，已经提取了更高层次的特征，利用全连接的神经网络即可完成分类输出。输出层主要承接全连接层的输出，进一步用于分类，将输出层的值进行归一，并得到各个类别的概率分布。

4.8.3 CNN 文本分类方法

1. CNN 用于句子分类

Kim 提出了一种利用 CNN 完成句子分类的方法，采用的 CNN 结构比较简单。第一层均由一行行词向量矩阵组成，其次是卷积层，接着是最大池化层，最后一层是全连接的 Softmax 层，输出概率分布。通常一个卷积核只能提取一个特征，Kim 提出的模型是用多个卷积核(不同的大小)来获取多个特征，即使用长度不同的卷积核对文本矩阵进行卷积，然后使用最大池化层对每一个卷积核提取的向量进行操作，最后每一个卷积核对应一个数字，把这些卷积核连接起来，即得到了一个表示该句子的词向量，其输出是标签上的概率分布。该方法的最终目的是捕获最重要的特征，即一个具有最高价值的特征。作者通过该模型改善了情绪分析和问题分析等任务。该模型作为一个非常经典的模型，被很多其他 CNN 文本分类领域的论文作为实验参照。具体结构如图 4-9 所示。

下面介绍对该算法的实验测试。根据图中展示的模型框架，句子中每个 word 使用 K 维向量，于是句子可表示为一个 $N \times K$ 的矩阵，作为 CNN 的输入，实验可采用 MR 数据集，验证方式是 10 folds 的交叉验证方式。

```
MR: Movie reviews with one sentence per review. Classification involves detecting positive/
negative review.
```

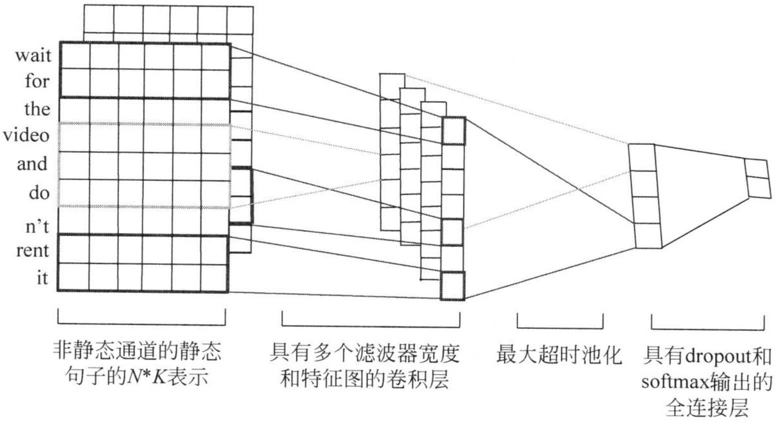

图 4-9 例句中两个通道的模型体系结构

```
Specifically:
rt - polarity.pos contains 5331 positive snippets
rt - polarity.neg contains 5331 negative snippets
```

词向量的表示方式有 3 种：CNN-rand、CNN-static、CNN-non-static。

CNN-rand 模型：句子中的词向量都是随机初始化的，同时当作 CNN 训练过程中需要优化的参数。

CNN-static：句子中的词向量是使用 Word2Vec 预先对 Google 新闻数据集（包括约 1000 亿个词）进行训练好的词向量表中的词向量，且在 CNN 训练过程中作为固定的输入，不作为优化的参数。

CNN-non-static：句子中的词向量是使用 Word2Vec 预先对 Google 新闻数据集进行训练好的词向量表中的词向量，在 CNN 训练过程中作为固定的输入，作为 CNN 训练过程中需要优化的参数。

词向量表通过 Word2Vec 训练花费时间长，可以下载网上训练好的。

模型参数可如下设置。

对于模型的输入是由每个句子中的词的词向量组成的矩阵作为输入层的输入 $N \times K$，其中，K 为词向量的长度，N 为句子的长度。对于没有出现在训练好的词向量表中的词（未登录词）的词向量，论文实验中采取的是使用随机初始化为 0 或者偏小的正数表示。在输入层的基础上，使用 Filter Window 进行卷积操作得到 Feature Map。实验中使用的 3 种类型大小的 Filter Window 分别是 $3\times K$，$4\times K$，$5\times K$，K 表示词向量的长度。其中每种类型大小的 Filter Window 有 100 个含有不同值的 Filter。每一个 Filter 能从输入的矩阵中抽取出一个 Feature Map 特征，在 NLP 中称为文本特征。

实验中对 Feature Map 的池化操作方式是 Max-over-time Pooling，即将每个 Feature Map 向量中最大的一个值抽取出来，组成一个一维向量。

该层的输入为池化操作后形成的一维向量，经过激活函数输出，再加上 Dropout 层防止过拟合。并在全连接层上添加 L2 正则化参数。

该层的输入为全连接层的输出，经过 Softmax 层作为输出层，进行分类。对于多分类问题，可以使用 Softmax 层，对于二分类问题可以使用一个含有 sigmod 激活函数的神经元作为输出层，实验中采用的是 Softmax 层。

在代码实现方面，首先需要配置 TensorFlow 环境，然后进行搭建多层神经网络的时候一定要先明确好神经网络的构架，该神经网络中有哪些层，每一层的输入和输出是什么，其中神经元的激励函数是什么，每一层的参数和偏置项是什么，实验结果在后文对比结果中给出。

2. 一种动态 CNN 文本分类模型

Kalchbrenner 等提出了一种动态卷积神经网络模型(Dynamic Convolutional Neural Network，DCNN)，模型使用动态 K-Max pooling，这是一种针对线性序列的全局池化操作。该模型中的 CNN 结构更加复杂，模型中的卷积层使用了宽卷积，得到的特征图宽度比传统卷积的宽。卷积时用相同的汉语语言题型的卷积窗口在句子的每个位置进行卷积操作，这样可以根据位置独立地提取特征。池化层使用了 K-Max pooling 和动态 K-Max pooling。K-Max pooling 可以提取句子中活跃的特征(不止一个)同时保留它们的相对顺序。动态 K-Max pooling 是从不同长度的句子中提取出相应数量的语义特征信息，达到后续卷积层的统一性。该模型在小规模二元、多类情感预测、六项问题分类、双向情感检测四项实验中测试了 DCNN，通过上述四项实验验证了高性能情感分类无需外部解析或提供其他资源的功能。

1) One-dim 宽卷积层

One-dim 就是每一个维度，例如 300 维的 Word2Vec 作 embedding 层，就有 300dim。图像任务中宽卷积层可以更有效地提取图边角信息，在 NLP 文本分类任务中也一样，可以更有效地提取句子的句首和句尾信息，毕竟出现得多了，提取它们也是显而易见的，通常做法是补零，然后再用普通卷册方式实现。

2) 动态 K-Max pooling 层

动态 K-Max 池化层也很好理解，原始的 Avg-pooling 就是所有卷积求平均，One-Max pooling 就是选择最大的那个数。顾名思义，K-Max pooling 就是选择最大的 K 个数了。

动态 K-Max pooling 就是根据网络结构和预设的 top K，通过公式动态选择 K 值。可以预定一个每层的最小 K 值(如 3)，那么当前层数 1 的 k_curr＝Max(K，len_max *(L-L_curr)/L)，其中，L 表示卷积网络深度，len_max 表示文本最大长度，L_curr 表示当前所在层。计算方式如下：

$$K_l = \max\left(K_{\text{top}}, \left\lceil \frac{L-l}{L} s \right\rceil\right)$$

3) Folding 层

直观来看，Folding 层就是第一维和第二维相加，第三维和第四维相加。

4) 调参

例如，一个句子，句子长度是 7。

宽卷积尺寸：第一层 3，第二层 2。

池化层 K 值：第一层 5，第二层 3。

代码实现略，实验结果在对比结果中给出。

3. 一种基于 CNN 句子匹配模型

Hu 等人提出了适应于两个句子匹配的 CNN 模型，该模型将卷积与自然语言相结合，不仅可以很好地表示句子的层次结构及其分层的位置，还可以通过它们的层次进行组合和池化，进而捕捉不同层次的匹配验证信息。

实验采用 BP 反向传播＋随机梯度下降的方法，Mini-batch 为 100～200，Word2Vec 为 50 维，英文语料为 Wikipedia，中文语料为微博数据，使用 ReLU 函数作为激活函数，卷积窗口为包含 3 个词的窗品。

实验测试结果示例如表 4-12 所示。

表 4-12　实验测试结果

模　　型	准　确　度	F_1 值
基准方法	66.5	77.90
Rus 等人提出的方法	70.6	80.5
基于词嵌入的方法	68.7	80.49
Hu 提出的方法(不加 MLP)	68.4	79.7
Hu 提出的方法(加 MLP)	68.4	79.7

4. 基于循环和 CNN 的文本分类研究

刘腾飞等人提出了结合循环网络和 CNN 的文本分类模型。该模型中使用词向量作为输入，用循环网络对文档进行表示，然后采用 CNN 对文档进行有效的特征提取，最后采用 Softmax 回归进行分类。循环网络能够提取到词与词之间的关系，而 CNN 能够很好地提取出有用的特征。该模型在情感分类的电影评论数据集、包含主客观句子的情感分析数据集、二分类的情感分析数据集、问题分类任务数据集等六个文本分类任务中进行实验测试。作者通过上述实验证明了该模型能够很好地完成文本分类任务，且在分类任务上能够得到较好的性能。

下面介绍实验设置，采用了六个文本分类任务的数据集来测试模型，数据集如表 4-13 所示。

表 4-13　数据集

Datasets	C	L	N	$\|V\|$	Test
MR	2	20	10 662	18 765	CV
Subj	2	23	10 000	21 323	CV
SST	5	18	11 855	17 836	2210
SST2	2	18	9613	16 185	1821
IMDB	2	231	50 000	392k	25 000
TREC	6	10	5952	9125	500

注意：C 是数据集目标类数，L 表示平均句长，N 表示数据集大小，$|V|$ 表示词汇量，Test 表示测试集大小。这里 CV 表示 10 折交叉验证。

MR：MR(Movie Reviews)是 Pang 等标注的用于情感分类的电影评论数据集[3]，每一句话是一个评论。该数据集分为正/负两类评论，是二分类任务数据集，共 10 662 个评论，正/负评论各 5331 个。

Subj：Subj(Subjectivity)是一个包含 5000 个主观句子和 5000 个客观句子的情感分析数据集，最早由 Pang 使用。

SST：SST(Stanford Sentiment Treebank)是由 Socher 等标注并发布的，是 MR 的扩展。该数据集一共包括 11 855 条电影评论，被标注为五类(非常正面、正面、中立、负面和非常负面)。该数据集提供已经被分割好的训练集(8544)、验证集(1101)和测试集(2210)。

SST2：在 SST2 中，去除了 SST 中的中立评论，并且把非常正面和正面合并为正面，把非常负面和负面合并为负面。

IMDB：IMDB 数据集是一个二分类的情感分析数据集，包括 50 000 个样例训练集和测试集各 25 000 个样例，是由 Maas 等人标注发布的。

TREC：TREC 是由 Li 等完成标注的问题分类任务数据集，该数据集分为训练集和测试集。其中，训练集又随机分为 1000、2000、3000、4000 和 5500 个样例的训练集，本文使用的是包含 5500 个训练样例的训练集。

参数设置如下。

(1) 词向量：在包含 1000 亿个英文单词的 Google 新闻数据库上训练得到的词向量。该词向量是使用 CBOW 模型结构训练得到的，词向量维度是 300。对用在上述词向量中没有出现的词，随机初始化生成得到 300 的向量作为该词对应的词向量。

(2) 权重初始化：训练中所有的权重随机初始化为标准差为 0.1 的正态随机分布随机数。偏置项初始化为 0.1。

(3) 训练参数：在实验中，可采用 Adam 优化方法来训练模型，学习率可设置为 0.01。对于全连接层，使用 L2 正则化方法来防止过拟合，系数设置为 0.0001。Dropout 的系数设置为 0.5。输入批次为 64，循环隐藏单元为 128，对于卷积层，使用卷积核大小分别为 3、4 和 5 的卷积核，每个大小的卷积核为 100 个。

下面给出部分实验结果，如表 4-14 所示。

表 4-14 实验结果对比表

Model	MR	Subj	SST	SST2	IMDB	TREC
BRCNN	81.6	93.1	46.6	86.0	88.4	92.4
CNN-s	81.0	93.0	45.5	86.8	—	82.8
DCNN	—	—	48.5	86.8	—	93.0

注：CNN-s 是 CNN-static。

可以看出 BRCNN 模型性能表现良好。

习题

1. 文本的分类模式是什么？
2. 中文分词技术和英文分词技术的相同以及不同之处都有哪些？
3. 特征选择算法都有哪些？它们的优缺点分别是什么？
4. 分类性能评价指标是什么？
5. 简述基于向量空间模型的文本分类模型。
6. 简述基于卷积神经网络的文本分类模型。
7. 某医院早上收治了6个门诊病人，如表4-15所示。

表4-15 门诊病人数据

ID	症 状	职 业	疾 病
1	打喷嚏	护士	感冒
2	打喷嚏	农夫	过敏
3	头痛	建筑工人	脑震荡
4	头痛	建筑工人	感冒
5	打喷嚏	教师	感冒
6	头痛	教师	脑震荡

现在又来了第7个病人，是一个打喷嚏的建筑工人，请用分类算法预测他患上感冒的概率有多大。

8. 现有如表4-16所示的数据。

表4-16 数据记录

年 龄	收 入	是否为学生	信 用	是否购买了计算机
<30	高	否	一般	否
<30	高	否	好	否
30～40	高	否	一般	是
>40	中等	否	一般	是
>40	低	是	一般	是
>40	低	是	好	是
30～40	低	是	好	是
<30	中等	否	一般	否
<30	低	是	一般	是
>40	中等	是	一般	是
<30	中等	是	好	是
30～40	中等	否	好	是
30～40	高	是	一般	是
>40	中等	否	好	否

待分类实例为(年龄<30，收入中等，是学生，信用一般)，请问他购买计算机的概率有多大？

第5章

文本聚类技术

5.1　概述

随着因特网的迅猛发展和广泛应用，人们已经跨进信息时代，人们生活和工作的方方面面都在因此发生着巨大的变化。当前网络上普遍存在着“信息爆炸”的问题，电子商务、微博、网络新闻、电子文档、E-mail、电子期刊以及网上书刊等在线信息日益增多，其中半结构化信息占据了很大一部分，甚至有部分信息是非结构化的。如何快速有效地处理因特网上这些令人挠头的海量信息，从中抽取出有用信息，是当前研究人员迫切想要解决的问题。人工分类这一传统做法，虽然在某些程度上有效地获取了信息，但是该做法过于费时费力。面对海量的网络信息，人工分类的处理方式被淘汰出局。现在的网络信息很多都使用无效标记，更有甚者没有标记，人工分类的方法根本无法适用。怎样在没有类别信息指导的前提下对网络文本进行分类并标识，为越来越多的研究人员所关注。聚类是一种无监督的机器学习方法，与有监督机器学习不同，它是一种完全自动化地处理文本的技术，不再需要人工地参与来辨别训练文档的类别，因此聚类方法也具有一定的灵活性，是组织文本信息的一种重要手段。

文本聚类是将文本数据集按照定义的文本相似度量函数分为若干文本子集的过程，并标注出每个文本子集的类别标签，其依据的假设是同类中的对象互相之间是相似的，而不同类中对象之间不具有相似性或具有很小的相似性。文本的聚类和分类是不相同的，由于分类有训练的过程，因此它可以在文本内容分析之后，按照预先制定的类别信息给该文本分配适宜的类别。聚类技术能够分析无类别标记的文本集，依据文本集的构造发现当中隐藏的类别信息。对文本进行分析并标注其类别，这样做有助于计算机识别文本集的内部信息，因此能够作为文档自动摘要、语义消歧等自然语言处理技术的预处理操作。

除此之外，聚类技术还可以改善分类结果，提高检索系统的性能，进而有助于提高用户查找信息的时效和功效。对于当下盛行的信息推荐(或服务推荐)，聚类方法也能助其一臂之力。聚类方法主要是通过聚类分析用户频繁浏览的文档，发现文档规律中隐藏的用户兴趣模式来完成这个功能的。它还可以用于数字图书馆服务与文档集合的自动整理，用于流行串预警和热点主题辨别，及时发现网络热点话题并跟进话题的趋势动向，自动辨识网络上疯狂传播的木马特征，预见系统漏洞和黑客攻击的危险性，对国家建设的长治久安和社会生活的和谐发展意义非同一般。

相对而言，中文的结构和语义相当复杂，而英文的复杂度则小很多，但是中文在理论研究成果上还相当匮乏。随着因特网在中国的盛行，中文网络信息犹如雨后春笋层出不穷，中文发挥的作用不可低估，然而先前有效信息的获取途径却不再适用。因此，搞好中文文本聚类技术的研究，提高中文文本的自动化处理能力，具有重大的实际意义。

在向量空间模型中，用词空间中的一个向量来表示一篇文档，而一篇文档至少包含几千个词，因此文本聚类存在相当大的困难。

(1) 高维性“维度灾难”的概念是由 Bellman 提出的，它的含义是，对于一个有很多变量的函数而言，因为随着数据对象属性维数的不断增加，网格单元的数量也会以指数级的速度增加，因此要在一个多维网格中去优化这个函数是不可能的事情。现在通常用“维度灾难”来代表在数据分析领域中因为变量过多而产生的各种问题。针对高维数据而言，如果将数据对象的每一个属性维度都当作一个变量，那么高维数据聚类问题就是一个典型的多变量下优化求解的问题，即“维度灾难”问题。高维数据聚类中的“维度灾难”问题除了会造成现有传统聚类算法效率低下外，对索引结构也会有很大的影响。另外，在高维空间中，查询点与它的最近邻点和最远邻点之间的距离在多数情况下是近似相等的，此时最近邻的概念不再有意义。

(2) 稀疏性研究表明，数据对象在高维空间中的分布是非常稀疏的。假设数据集 D 的维数是 k，数据 k 在维空间中均匀分布，同时维和维之间是相互独立的，可以形象地认为数据集 D 存在于一个超立方体单元 $\Omega=[0.1]^k$ 中。假设一个超立方体的边长是 d 的值小于 1，则一个数据对象落在这个超立方体内的概率是 d^k。显而易见，d^k 的值非常小，并且随着数据对象属性维数的增加，d^k 的值会更小，那么在这个立方体中存在数据点的可能性也会更小。当数据对象的属性维数非常高时，在一个范围足够大的高维空间内极有可能不包含任何一个数据对象。例如，在 100 维的高维空间中，在一个边长等于 0.93 的超立方体中最多包含一个数据对象的概率仅为 0.0007。

(3) 语义问题在中文文本中经常出现一词多义或一义多词的现象，这就导致近义词或同义词在文本中的出现是不可避免的。由于计算机本身并不能够识别文本的语义信息，这就使得文本机器聚类的结果和文本的实际聚类结果之间存在一定的差距。有研究发现，潜在语义索引方法能够加强文本间的语义关联，减少特征子集的维数，有效减少文本聚类的时间消耗。

5.2 常用的聚类方法

众所周知，我们所处的信息世界中广泛分布着各种类型的数据，显然，其中也不乏一些数量巨大(例如文本数据)以及维度高的数据集。有些对象需要成百上千个属性来描述，例如文本文档、分子生物数据、CAD 数据以及图像识别(图像数据是一个高维数据对象)、模式分类等。

很多聚类方法在统计学领域以及数据挖掘研究领域相继提出。但是应对数量巨大、维度超高的数据集的研究依然是当下聚类分析过程的热门所在。一般情况下，一个聚类算法的好坏依据已不仅仅是时效性高，而是各类数据集所表现的综合性能，如聚类质量、聚类速度、抑制噪声性能这些重要指标。一个较好的聚类算法通常拥有如下特性。

(1) 具有不依靠任何领域知识却能够提供初始输入参数的值。

(2) 可以发现任意形状的数据聚类。

(3) 对高维空间以及海量数据集能够有效应对。

当前主流的聚类算法可以分为如下几类：基于划分的聚类方法，基于分层的聚类方法，基于密度的聚类方法，基于网格的聚类方法，以及基于模型的聚类方法等。比较著名的算法有 K-means 方法、K-中值方法、Birch 方法、DBSCAN 方法、STING 方法以及波形聚类方法。这些方法被广泛运用在各个科学领域，如图像遥感、数据噪声过滤、离群数据检测以及无监督的机器学习方式的文本聚类等。

5.2.1 基于划分的聚类方法

基于划分的聚类方法通常是将一个含有大量数据对象的数据集(数据对象数 n)，通过划分方法将其划分成 m 个聚类，这样每个数据对象分区都代表一个类簇，同时 $m \leqslant n$；通过划分聚类方法可以把数据集划分成 m 个数据组，这 m 个数据组通常具有如下特点。

(1) 每个类簇至少含有一个数据对象。

(2) 每一个数据对象都属于确定的类簇。

但是，并不是每一种划分聚类方法都具有第二条特点，尤其是一些模糊划分类型的聚类算法，它的聚类结果中可能还有一些数据对象未被包含在类簇中，这些对象可能是噪声数据，也可能不是。通常情况下，对于基于划分的聚类方法需要给定参数 m 来初始化分区，m 同时代表的是数据集最终将被划分成类簇的个数。基于划分的聚类方法一般采用迭代的方法对数据集重复计算，以达到在各分布中将满足条件的数据对象从原来的类簇中挪到新的分类中，最终聚类结果满足条件收敛。评价划分聚类方法是否高效，一个重要的条件就是评判聚类结果量，如果满足在同一类簇中的对象相似性高，且明显区别于异簇对象时，那么这个划分方法就比较好。就目前来讲，比较经典的基于划分的聚类算法有 K-means 算法和 K-中值算法。其中，K-means 算法的聚类结果中，每个聚类代表着这个类簇中包含的全部数据对象在特定方法(距离方法)下计算得到结果均值；而对 K-中值算法来讲，其聚类结果中的类簇由每个类簇中距离类中心最近的数据对象代表。对于经典的基于划分的聚类算法来讲，其思路简单，容易发现各种规则的聚类，然而在大数据时代，这些方法面对数据量大、形状不规整的对象集不能妥善处理。研究者们为应对以上情况，提出了许多改进方法以及混合聚类算法以弥补经典划分方法的不足。

5.2.2 基于分层的聚类方法

基于分层的聚类方法是将指定的数据集层次分解成多个对象聚类。层次聚类算法主要分成两类：凝聚聚类方法（自下而上的方式合并距离最近的相邻类簇）和分裂聚类方法（自上而下的方式将聚类分裂成独立的集群）。其中，凝聚聚类方法（AHC）是将数据集的每一个单独的模式合并成一个聚类，对于这个最终的聚类来讲，其只有一种模式，在这个过程中两个相邻最近的聚类合并成一个新的分组直到聚类包含所有模式为止。而对分裂聚类方法来讲，一个包含所有模式的聚类在初始时刻被创建，接下来这个聚类将被分解成两个类簇，这个过程直到各类簇被分解成的聚类只含有一个模式为止。其实对层次聚类方法来讲，就是将聚类初始阶段用户输入的各种模式通过计算输出成聚类形式的最终结果，通常情况下，聚类结果可以由树状图表示。

基于分层的聚类算法也存在如下缺点。首先，不论是凝聚方法还是分裂方法，一个步骤一旦开始了，就无法取消或是改变，显然这样对算法的时间消耗方面具有很大贡献，不用中途再做决策，但是对聚类质量来讲，一旦聚类过程出现问题，方法无法做出调整。基于以上缺陷，研究者们提出了不少相关改进算法，例如，CURE 算法，其充分考虑了分层中各分区对象之间的联系；BIRCH 算法，首先对数据集采用分层凝聚聚类以及迭代重定位。其次，对第一步产生的结果加以合并，并对其进行迭代和重新定位。

5.2.3 基于密度的聚类方法

通常情况下，绝大多数基于分层或划分的聚类算法都是通过一般的距离方法来计算两个对象之间的距离，并由此形成类簇，这类方法的优点就是方法简单、易于运用，但是它们只能发现有规则的球形聚类，而无法发掘其他形状的聚类，这也是这类方法的一个局限性。另外，基于划分的聚类算法在面对数据集中的噪声数据时处理效果较差，而基于密度的聚类算法对噪声点应对效果较好并对噪声数据不敏感。

很多新提出的聚类方法都结合了密度聚类方法的思想以吸纳其部分优点，密度聚类算法通常是衡量数据集中的相邻对象构成簇的密度，当数据密度超过了事先给定的阈值，则可以判定这些数据是在一个类簇之中，当然一般情况下都会给类簇设定一个最少包含对象数据的阈值，只有当类簇满足类簇密度以及最少包含对象数这两个阈值时，其才能被确定为一个类簇。正是因为如上特点，基于密度的聚类方法较其他密度聚类算法具有对噪声数据不敏感和可以发现任意形状的类簇的优势。在密度聚类方法中较为著名的是 DBSCAN 算法以及 OPTICS 算法。

但是密度聚类算法也有不少缺点。首先，当数据分布比较稀疏离散时，其聚类效果会比较差；其次，当数据量比较大时内存等相关硬件消耗过大；最后，聚类最少包含对象数（Minpts）以及扫描半径（Eps）这两个输入参数选择是否恰当关系到聚类的最终质量。

5.2.4 基于网格的聚类方法

基于网格的聚类方法主要思想就是将数据对象集的空间量化，并分配到有限的空间中，这些空间形成一个网状结构，并将聚类方法运用到网格结构中的对象集上。该方法相对于其他聚类算法的优势就是处理数度较快，并且在应对较大数据集的情况下，通常不会因为数据量的大小而产生性能上的大幅改变，依旧保持较好的数据处理性能。一般来讲，限制该类算法的主要因素是数据网格的数量。较为著名的网格聚类方法有 STING 以及 CLIQUE 方法，研究者们也提出了不少关于它们的拓展方法，但是对于基于网格的聚类算法来讲，其应对高维数据集的能力不足。

5.2.5 基于模型的聚类方法

模型聚类方法主要是对数据对象的每个聚类提出一个假设模型，并发掘出最匹配、最有效的模型来适配每个聚类。模型聚类方法通常采用一些数学函数(例如密度函数)来反映数据集的空间分布状态，并以此来设定数据聚类。这类聚类方法通常可以自学习地产生特定数量的聚类，以及合理应对噪声数据和利群点，旨在构建一个健壮的聚类方法。

此外，还有一些聚类算法将以上所涉及的几种聚类算法合理整合起来，如文献，使用两种或两种以上的聚类方法对数据集进行聚类。

具体的聚类方法优缺点如表 5-1 所示。

表 5-1 聚类方法特点比较

聚类方法名称	特 点	簇 特 征	优 点	缺 点
基于划分的聚类方法	对输入数据的顺序无特定要求，主要应对数值型数据	规整的球型，各聚类大小相近	方法较高效，简单易用	需对数据集多次扫描，对聚类初始条件敏感
基于层次的聚类方法	对数聚类型以及输入顺序无特殊要求	聚类形状不固定	应对大规模数据能力强，具备较强抗干扰能力	需要多次扫描数据集
基于密度的聚类方法	对数据类型以及输入顺序无特定要求	发现聚类形状的聚类	只需要扫描一次数据集，并能较强的应对噪声数据	应对高维数据能力较弱，依赖聚类参数
基于网格的聚类方法	对数据类型以及输入顺序无特定要求	发现聚类形状的聚类	速度较快．仅需要一次扫描数据集	应对高维数据能力较弱
基于模型的聚类方法	对数据类型以及输入顺序无特定要求	发现聚类形状的聚类	应对噪声数据性能较强，聚类质量较高	对初始参数敏感，需要多次迭代

5.3 聚类算法的评价标准

聚类分析是一个富有挑战的研究领域，有关每一个应用都提出了一个自己独特的要求。以下就是对数据挖掘中的聚类分析的一些典型要求。

（1）可扩展性。许多聚类算法在小数据集（少于 200 个数据对象）时可以工作很好，但一个大数据库可能会包含数以百万的对象，利用采样方法进行聚类分析可能得到一个有偏差的结果，这时就需要可扩展的聚类分析算法。

（2）处理不同类型属性的能力。许多算法是针对基于区间的数值属性而设计的。但是有些应用需要针对其他类型数据，如二值类型、符号类型、顺序类型，或这些数据类型的组合。

（3）发现任意形状的聚类。许多聚类算法是根据欧氏距离和 Manhattan 距离来进行聚类的。基于这类距离的聚类方法一般只能发现具有类似大小和密度的圆形或球状聚类。而实际上一个聚类是可以具有任意形状的，因此设计出能够发现任意形状类集的聚类算法是非常重要的。

（4）需要（由用户）决定的输入参数最少。许多聚类算法需要用户输入聚类分析中所需要的一些参数（如期望所获聚类的个数）。聚类结果通常都与输入参数密切相关，而这些参数常常也很难决定，特别是包含高维对象的数据集。这不仅造成了用户的负担，而且也使得聚类质量难以控制。

（5）处理噪声数据的能力。大多数现实世界的数据库均包含异常数据、不明确数据、数据丢失和噪声数据，有些聚类算法对这样的数据非常敏感并会导致获得质量较差的聚类结果。

（6）对输入记录顺序不敏感。一些聚类算法对输入数据的顺序敏感也就是不同的数据输入会导致获得非常不同的结果。因此设计对输入数据顺序不敏感的聚类算法也是非常重要的。

（7）高维问题。一个数据库或一个数据仓库或许包含若干维或属性。许多聚类算法在处理低维数据时（仅包含两三个维）时表现很好。人的视觉也可以帮助判断多至三维的数据聚类分析质量。然而设计对高维空间中的数据对象，特别是对高维空间稀疏和怪异分布的数据对象，能进行较好聚类分析的聚类算法已成为聚类研究中的一项挑战。

（8）基于约束的聚类。现实世界中的应用可能需要在各种约束之下进行聚类分析。假设需要在一个城市中确定一些新加油站的位置，就需要考虑诸如城市中的河流、高速路，以及每个区域的客户需求等约束情况下居民住地的聚类分析。设计能够发现满足特定约束条件且具有较好聚类质量的聚类算法也是一个重要的聚类研究任务。

（9）可解释性和可用性。用户往往希望聚类结果是可理解的、可解释的，以及可用的。这就需要聚类分析与特定的解释和应用联系在一起。因此研究一个应用的目标是如何影响聚类方法的选择也是非常重要的。

5.4 基于 K-means 的文本聚类算法

5.4.1 概述

目前的文本聚类方法大致可以分为层次凝聚法和平面划分法两种类型。层次聚类又被称作系统聚类，通过将已有的类别两两比较，找出最相近的类别合并，最终所有的数据都被聚到单一的类别中。由于有较大的搜索空间，能够生成层次化的嵌套簇，层次聚类比平面划分法容易获得较高的精度；但是，在每次合并时，需要全局地比较所有簇之间的相似度，并选择出最佳的两个簇，因此运行速度较慢，不适合于大量文档的集合。平面划分法与层次凝聚法的区别在于，它将文档集合水平地分割为若干簇，而不是生成层次化的嵌套簇。平面划分方法可以取得较好的运算速度。但由于文本聚类本身没有机器学习过程，在事先不知道类别的情况下对文本进行自动匹配和归类，因而具有盲目性。对于平面划分方法而言，一般需要在初始时对一些对聚类效果有决定性作用的参数进行设置，因而这些参数的合理选择就显得至关重要。聚类算法中初始化时常涉及的参数有聚类个数、相似度阈值、允许的迭代最大次数、类内分散程度的参数等。

层次凝聚法的代表如 HAC 算法，平面划分法的代表如 K-means 算法。其中，K-means 文本聚类算法理论上可靠、算法简单、速度快且易实现。一般地，K-means 文本聚类算法以 k 为参数，把 n 个文档对象分为 k 个簇。K-means 算法聚类是一种无监督的学习。无监督学习的目标是在非标记训练数据中发现隐藏的结构和模式，是可以将相同群组或者聚类的成员，在某种衡量标准下相互之间比和其他聚类的成员更相似。在利用该算法进行聚类操作时，k 的选取对结果和过程均有着不同程度的影响，其中，n 是文档集合中所有文档的数目，k 是簇的数目。

5.4.2 K-means 算法理论基础

K-means 算法中，需要不断计算向量距离并进行迭代操作。在数学方法中有三种较为常见的方法：欧氏距离（Euclidean Distance）、曼哈顿距离（Manhattan Distance）和余弦夹角（Cosine）。

欧氏距离是数学中表示向量距离的最常用的计算方法，在二维空间表示的是两个向量连线的直线长度。二维空间欧氏距离的数学公式为：

$$d=\sqrt{(x_1-x_2)^2-(y_1-y_2)^2}$$

其中，(x_1,y_1)和(x_2,y_2)是空间中的两个点。

若是多维空间各个点之间的绝对距离，公式如下：

$$d(X,Y)=\sqrt{\sum_{i=1}^{n}(x_i-y_i)^2}$$

在进行文本聚类分析时，多采用多维空间欧氏距离公式。欧氏距离是用 K-means 算法求距离最常用的算法。在下文中所使用的 K-means 算法均采用欧式距离进行计算。

当对一组数据开始进行聚类并选取了聚类中心后，开始迭代过程。K-means 算法将待分配实例分配到距离最近的聚类中，然后将图心移动到观测值的均值位置。K-means 算法参数的最优值是通过最小化一个代价函数来决定的。代价函数的公式如下：

$$J=\sum_{k=1}^{K}\sum_{i\in C_k}\|x_i-\mu_k\|^2$$

在此处 μ_k 表示聚类 k 的中心，这个代价函数是对所有聚类的偏差求和。每个聚类的偏差等于其包含的所有实例和其图心之间距离的平方和，此处需要采用上文的欧氏距离进行代入计算。

每次迭代后，聚类中心均可能会有所变化，则需要再次进行计算和重新分配待聚类实例到合适位置。K-means 算法会一直进行迭代直到满足某种标准。通常情况下，这个标准是当前代价函数值和后续迭代代价函数值之间的差值的阈值，或者是当前图心位置和后续迭代图心位置变化的阈值。如果这些停止标准足够小，K-means 将会收敛到一个最优值。然而，随着停止标准值的减小，收敛所需的时间会增大。

5.4.3　K-means 算法结果影响因素

要生成的簇数目 k 的选择，是影响聚类结果的一个重要因素。如果 k 值太大，聚类则会过细；如果 k 值过小，测试样本太多，类的中心主题词不能全面覆盖该类的内容。k 值选取的依据可以是主观判断，用户或有经验的专家以各自领域知识判断，以经验和反复验证为基础。另外，k 值的选取也可以依据数学论形式进行客观判断，如衡量 k 取不同值时所对应的聚类效果优劣的紧致与分离性效果函数以及与误差平方和函数相结合的标准 JW 准则。

另外，初始聚类中心点不同，聚类结果也会不同。一般常用的初始聚类中心点选取的方法有：任意随机地选取 k 个样本作为初始聚类中心；凭经验选取有代表性的点作为初始聚类中心，根据个体性质，观察数据结构，选出比较合适的代表点；把全部混合样本直观地分成 k 类，计算各类均值作为初始聚类中心；进行多次初值选择、聚类，找出一组最优的聚类结果；等等。

5.4.4　TF-IDF 理论基础

TF-IDF(Term Frequency-Inverse Document Frequency，词频-逆向文件频率)是一种用于信息检索与文本挖掘的常用加权技术。

TF-IDF 是一种统计方法，用以评估一字词对于一个文件集或一个语料库中的其中一份文件的重要程度。字词的重要性随着它在文件中出现的次数成正比增加，但同时会随着它在语料库中出现的频率成反比下降。其主要思想是：如果某个单词在一篇文章中出现的频率 TF 高，并且在其他文章中很少出现，则认为此词或者短语具有很好的类别区分能力，适合用来分类。

词频(TF)表示词条(关键字)在文本中出现的频率。这个数字通常会被归一化，以防止它偏向长的文件。

$$\mathrm{tf}_{ij}=\frac{n_{i,j}}{\sum_k n_{k,j}}\quad 即\ \mathrm{TF}_w=\frac{在某一类中词条\ w\ 出现的次数}{该类中所有的词条数目}$$

其中，$n_{i,j}$ 是该词在文件 d_j 中出现的次数，分母是文件 d_j 中所有词汇出现的次数总和。

逆向文件频率(IDF)：某一特定词语的 IDF，可以由总文件数目除以包含该词语的文件的数目，再将得到的商取对数得到。如果包含词条 t 的文档越少，IDF 越大，则说明词条具有很好的类别区分能力。

$$\mathrm{idf}_i=\lg\frac{|D|}{|\{j:t_i\in d_j\}|}\quad 即\ \mathrm{IDF}=\lg\left(\frac{语料库的文档总数}{包含词条\ w\ 的文档数+1}\right)$$

其中，$|D|$是语料库中的文件总数；$|\{j: t_i \in d_j\}|$表示包含词语 t_i 的文件数目(即 $n_{i,j} \neq 0$ 的文件数目)。如果该词语不在语料库中，就会导致分母为零，因此一般情况下使用 $1+|\{j: t_i \in d_j\}|$。

结合 TF 和 IDF 的定义以及公式，某一特定文件内的高词语频率，以及该词语在整个文件集合中的低文件频率，可以产生出高权重的 TF-IDF。因此，TF-IDF 倾向于过滤掉常见的词语，保留重要的词语。TF-IDF 实际上是：TF－IDF＝TF×IDF。

例如，总数据集有 10 000 篇文章，其中一篇文档总共有 1000 个词，其中，“文本聚类”出现了 5 次，“的”出现了 25 次，“应用”出现了 12 次，那么它们的词频(TF)分别是 0.005、0.025 和 0.012。且“文本聚类”只在其中 10 篇文章中出现，则其权重指数为 $\mathrm{IDF}=\lg\left(\frac{10\,000}{10+1}\right)=3$。“的”在所有文章中均出现过，则其权重指数为 $\mathrm{IDF}=\lg\left(\frac{10\,000}{10\,000+1}\right)=0$。“应用”在其中 1000 篇文章中出现过，则其权重指数为 $\mathrm{IDF}=\lg\left(\frac{10\,000}{1000+1}\right)=1$。所以可以得到这三个词语的 TF-IDF 分别为 0.015,0 和 0.012。也就是说，“文本聚类”的重要性在这三个词中是最高的。

5.4.5 基于 K-means 文本聚类的主要步骤

首先随机地选择 k 个初始文本对象，每个对象代表了一个簇的平均值或中心。对剩余的每个对象，根据其与各个簇中心的距离，将它赋给最近的簇。然后重新计算每个簇的平均值。这个过程不断重复，直到准则函数收敛，或中心趋于稳定为止。下面给出了基于 K-means 的文本聚类算法的形式化描述。算法的复杂度是 $O(nkt)$，其中，n 是文档集合中所有文档的数目，k 是簇的数目，t 是迭代的次数。

给定文档集合 $D=\{d_1,\cdots,d_i,\cdots,d_n\}$，K-means 文本积累算法具体过程如下。

(1) 确定要生成簇的数目 k。

(2) 按某种原则选取 k 个初始聚类中心 $C=(c_1,c_2,\cdots,c_k)$，并设置初始迭代次数 $r=1$。

(3) 对文档集中的每一个文档 d_i，依次计算它与各个聚类中心 c_j 的相似度 $\mathrm{sim}(d_i,c_j)$。

(4) 选择具有最大相似度的聚类中心 $\mathrm{argmaxsim}(d_i,c_j)$，将 d_i 归入以 c_j 为中心的簇中。

(5) 计算新的聚类中心。新的聚类中心为这一轮迭代中分到该簇中的所有文档矢量的均值，即 $c_j=\frac{1}{n_j}\sum_{d\in F_j} d$，其中，$F_j$ 为聚簇 c_j 的文档集合，n_j 为 F_j 中的文档数。

(6) 如果所有聚类中心均达到文档，则结束；否则，$r=r+1$，转到(3)。

5.4.6 基于 K-means 算法的聚类实例

K-means 算法可以用于数据集的聚类，采用一个常用的二维数据集——4k2_far 作为测试样本，如表 5-2 所示。

表 5-2 测试样本集的部分样例

x_1	x_2
7.1741	5.2429
6.914	5.0772
7.5856	5.3146
6.7756	5.1347
…	…

其中，x_1，x_2 表示数据集中样本的属性。随着不断迭代，质心也不断地接近每个簇的中心位置。并且根据不同的 k 的取值，最终的聚类结果也会有所不同。

从图 5-1 可以看出，当选取了不同的 k 值时，一个数据集聚类的结果会有所不同。但也并非是 k 越大越好，可以对比看出在 k 取 4 时对于整体的划分是较为合适的，过少会导致类别划分不够明显，过多会导致在计算过程中浪费时间，有些类别划分也过于刻意。

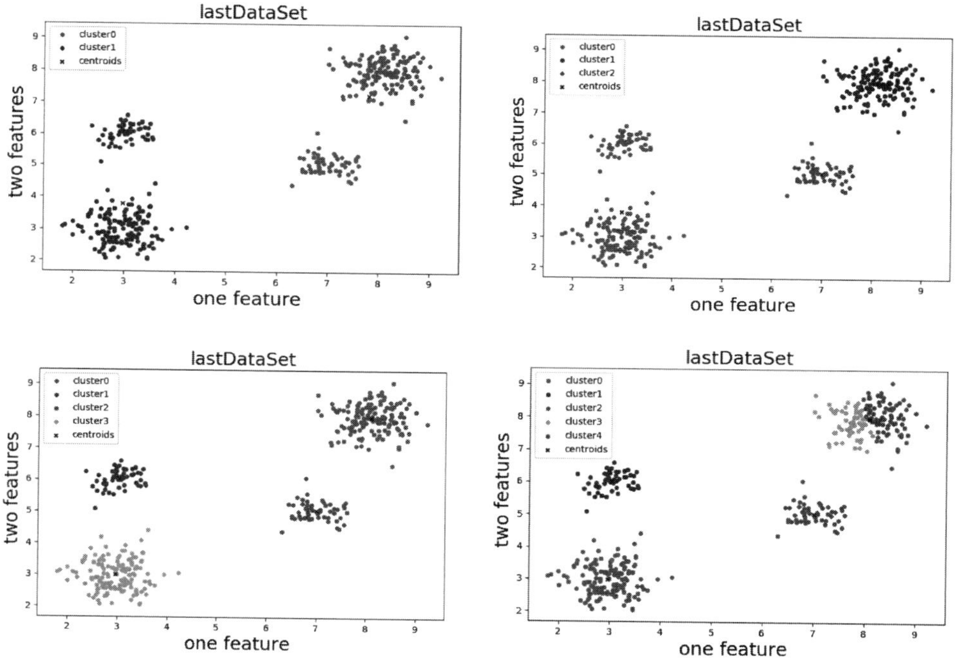

图 5-1 当 k 取 2、3、4、5 时的不同聚类结果

当使用 K-means 算法进行文本聚类时，一般会对文本数据集进行预处理，例如，利用 jieba 分词进行文本分词、停用词过滤、语料库的建立等，利用 scikit-learn 计算词语的 TF-IDF。在对文本进行了上述预处理后，方可使用 K-means 算法进行文本聚类。

可以采用来自 mlcomp.org 上的 20news-18828 数据集进行 K-means 算法的文本聚类。在该数据集中，train 子目录下有 20 个子目录，每个子目录代表一种文档的类型，为了进一步简化问题，只选择语料库里的部分内容来进行聚类分析。假设选择 sci.crypt、sci.electronics、sci.med 和 sci.space 共 4 个类别的文档进行聚类分析。首先将待聚类的文本先进行文本预处理，进行分词并计算各个词的 TF-IDF 值，设置 max_df 和 min_df 以确保词频过高和过低的词语影响分类结果。通过以上对文本的预处理后，可以使用 K-means 算法进行文本聚类。

设置聚类个数为 4 个，K-means 迭代最多进行 100 次，当中心点移动距离小于 0.1 时默认为算法已经达到收敛。在每次进行迭代和聚类的过程中，均是使用各个关键词的重要权重(TD-IDF)进行欧氏距离计算并比较。通过 3 次 K-means 聚类分析，分别做了 195 424 次迭代后可以实现收敛。与此同时将 3949 个文档进行自动分类。可以通过查询，查询到对应的文档被分到了哪一类中，也可以查询到对应的文件名。选取部分 K-means 算法聚类后的结果与实际情况进行对比，如表 5-3 所示。

表 5-3　部分 K-means 算法文本聚类结果与实际情况对比

文本号	K-means 算法聚类结果	文本实际所在类别	聚类是否正确
1000	1	sci. crypt	正确
1001	1	sci. crypt	正确
1002	1	sci. crypt	正确
1003	0	sci. electronics	正确
1004	3	sci. space	正确
1005	1	sci. crypt	正确
1006	2	sci. electronics	错误

通过结果可以看出文本相对应的分类基本上被正确聚类。但是在该数据集中，第一个分类 sci. electronics 的特征词比较普遍，没有过于有特征的特点，会导致其聚类结果不是很好。但其余几组因为较高权重词语的指向性较强，聚类结果也相对较好。

5.5 基于潜在语义索引的文本聚类方法

5.5.1 概述

为了克服传统 VSM 模型的局限性，S. T. Dumains 等人提出了一种新的模型：潜在语义索引，或者潜在语义分析，本书取其英文简写 LSI。LSI 可以看作一种扩展的向量空间模型，它利用统计计算导出文本中隐含的语义，而不是表面上的词的匹配。LSI 基于这样的一种断言，即文本库中存在隐含的关于词使用的语义结构，这种结构由于部分地被文本中词的语义和形式上的多样性所掩盖而不明显。LSI 通过对原文档中词-文档矩阵的奇异值分解计算，并取前 k 个最大的奇异值对应的奇异向量构成一个新的矩阵来近似地表示原文本库的词-文本矩阵，再对此矩阵进行相关的文本处理操作，这就是 LSI 技术。下面将分别讨论 LSI 的相关理论。

5.5.2 矩阵的奇异值分解

在论述矩阵的奇异值与奇异值分解之前，先看下面的结论和定理。

(1) 设 $\boldsymbol{A}\in C_r^{m\times n}(r>0)$，则 $\boldsymbol{A}^H\boldsymbol{A}$ 是 Hermite 矩阵，且其特征值均是非负数。

(2) $\text{rank}(\boldsymbol{A}^H\boldsymbol{A})=\text{rank}(\boldsymbol{A})$。

(3) 设 $\boldsymbol{A}\in C_r^{m\times n}(r>0)$,则 $\boldsymbol{A}=0$ 的充要条件是 $\boldsymbol{A}^H\boldsymbol{A}=0$。

定义 5.2.1 设 $\boldsymbol{A}\in C_r^{m\times n}(r>0)$,则 $\boldsymbol{A}^H\boldsymbol{A}$ 的特征值为:

$$\lambda_1\geqslant\lambda_2\geqslant\cdots\geqslant\lambda_r\geqslant\lambda_{r+1}=\cdots=\lambda_n=0$$

则称 $\sigma_i=\sqrt{\lambda_i}\,(i=1,2,\cdots,n)$ 为 $\boldsymbol{A}$ 的奇异值。

定理 5.1 设 $\boldsymbol{A}\in C_r^{m\times n}(r>0)$,则存在 m 阶矩阵 $\boldsymbol{U}$ 和 n 阶矩阵 $\boldsymbol{V}$,使得

$$\boldsymbol{U}^H\boldsymbol{A}\boldsymbol{V}=\begin{bmatrix}\sum & 0\\ 0 & 0\end{bmatrix} \tag{5-1}$$

其中,$\sum=\text{diag}(\sigma_1,\sigma_2,\cdots,\sigma_r)$,而 $\sigma_i(i=1,2,\cdots,r)$ 为矩阵 $\boldsymbol{A}$ 的全部非零奇异值。

式(5-1)可变换为:

$$\boldsymbol{A}=\boldsymbol{U}\begin{bmatrix}\sum & 0\\ 0 & 0\end{bmatrix}\boldsymbol{V}^H \tag{5-2}$$

称式(5-2)为矩阵的奇异值分解。

如矩阵 $\boldsymbol{A}=\begin{bmatrix}1&0&1\\0&1&1\\0&0&0\end{bmatrix}$,则 $\boldsymbol{A}$ 的奇异值分解为:

$$\boldsymbol{A}=\boldsymbol{U}\begin{bmatrix}\sum & 0\\ 0 & 0\end{bmatrix}\boldsymbol{V}^H \tag{5-3}$$

其中,

$$\sum=\begin{pmatrix}\sqrt{3} & 0\\ 0 & 0\end{pmatrix}\quad \boldsymbol{U}=\begin{pmatrix}\frac{1}{\sqrt{2}} & \frac{1}{\sqrt{2}} & 0\\ \frac{1}{\sqrt{2}} & -\frac{1}{\sqrt{2}} & 0\\ 0 & 0 & 1\end{pmatrix}\quad \boldsymbol{V}=\begin{pmatrix}\frac{1}{\sqrt{6}} & \frac{1}{\sqrt{2}} & \frac{1}{\sqrt{3}}\\ \frac{1}{\sqrt{6}} & -\frac{1}{\sqrt{2}} & \frac{1}{\sqrt{3}}\\ \frac{2}{\sqrt{6}} & 0 & -\frac{1}{\sqrt{3}}\end{pmatrix}$$

5.5.3 LSI 技术的理论基础

1. 词-文档矩阵

LSI 矩阵模型中,一个文档库可以表示为一个 $m\times n$ 的词-文档矩阵(Term-Document)$\boldsymbol{A}$。这里 n 表示文本库中的文本数;m 表示本库中包含的所有不同的词的个数。这样,每个不同的词对应于矩阵 $\boldsymbol{A}$ 的一行,而每个文本则对应于矩阵的一列。$\boldsymbol{A}$ 可表示为:

$$\boldsymbol{A}=[a_{ij}] \tag{5-4}$$

其中,a_{ij} 为非负值,表示第 i 个词在第 j 个文本中出现的频度。由于词和文档的数量很大,而单个文本的词的数量又非常有限,所以 $\boldsymbol{A}$ 一般为稀疏矩阵。

2. 权重的选取

通常 a_{ij} 要考虑来自两个方面的贡献，即局部权值 $L(i,j)$ 和全局权值 $C(i)$，它们分别表示第 i 个词在第 j 个文本和在整个文本库中的重要程度，有：

$$a_{ij}=L(i,j)\times C(i) \tag{5-5}$$

局部权值 $L(i,j)$ 和全局权值 $C(i)$ 有不同的取值方法。

表 5-4 和表 5-5 列出了局部权值计算方法和全局权值计算方法。其中，tf_{ij} 和 Gf_i 分别表示词 i 在文本 j 和整个文本库中出现的频度；df_i 为文本库中包含词 i 的文本数目；ndocs 为文本库中文本的总数，即 $p_{ij}=\mathrm{tf}_{ij}/\mathrm{Gf}_i$。

表 5-4 局部权值计算方法

方法名	公式	备注
词频法	tf_{ij}	
0/1 二值法	0/1	词在文档中存在时为 1，否则为 0
对数词频法	$\lg(\mathrm{tf}_{ij}+1)$	

表 5-5 全局权值的计算方法

方法名	公式
Normal	$\sqrt{1/\sum_j \mathrm{tf}_{ij}^2}$
Gfidf	$\mathrm{Gf}_i\,\mathrm{df}_i$
Idf	$\lg\left(\frac{\mathrm{ndocs}}{\mathrm{df}_i}\right)+1$
Entropy	$1-\sum_j \frac{p_{ij}\lg(p_{ij})}{\lg(\mathrm{ndocs})}$

5.5.4 基于 LSI 文本聚类的主要步骤

基于 LSI 文本聚类的主要步骤如下。

(1) 对文本库中的文本进行切词处理，构建词-文档矩阵 $\boldsymbol{A}$，并计算 $\boldsymbol{A}$ 中各个元素的权值。

(2) 对 $\boldsymbol{A}$ 进行奇异值分解，得到 $\boldsymbol{V}_k$，文本库中的所有文本对应 $\boldsymbol{V}_k$ 中的一行。

(3) 利用某种向量间的相似性度量，依据某种聚类算法计算 $\boldsymbol{V}_k$ 的行向量(每个文本对应一条行向量)之间的相似度进行聚类。

文档 i,j 之间的相似度可利用 $\boldsymbol{V}_k$ 的对应行向量之间的相似度来求得，计算公式为：

$$\cos(\theta_{ij})=\frac{(e_l\boldsymbol{V}_k)(e_j\boldsymbol{V}_k)^{\mathrm{T}}}{\|e_j\boldsymbol{V}_k\|_2\,\|(e_j\boldsymbol{V}_k)^{\mathrm{T}}\|_2} \tag{5-6}$$

其中，e_i 表示 k 阶 6 单位矩阵的第 i 列。

5.5.5 基于 LSI 文本聚类的实例

下面将展示一个较为简单的利用 LSI 算法进行文本聚类的例子。当在 Amazon. com

上搜索“investing”时将返回 10 个书名，这些书名都有共同的一个索引词。一个索引词可以是符合以下条件的任何单词。

（1）出现在两个或以上的文章题目中。

（2）停止词：词义过于一般，如“and”“the”等。这些词对文章的语义并没起到突出的作用，因此应该被过滤掉，也就是当作“停用词”。

以下展示的是索引出来的 9 个标题，粗体字为索引词。

（1）The Neatest Little **Guide** to **Stock Market Investing**

（2）**Investing** ** **For** ** **Dummies**，4th Edition

（3）The Little **Book** ** **of Common Sense** ** **nvesting**：The Only Way to Guarantee Your Fair Share of **Stock Market** Returns

（4）The Little **Book** of **Value Investing**

（5）**Value Investing**：From Graham to Buffett and Beyond

（6）**Rich Dad's Guide** to **Investing**：What the **Rich** Invest in，That the Poor and the Middle Class Do Not!

（7）**Investing** in **Real Estate**，5th Edition

（8）**Stock Investing** For **Dummies**

（9）**Rich Dad's** Advisors：The ABC's of **Real Estate Investing**：The Secrets of Finding Hidden Profits Most Investors Miss

首先，LSI 需要创建单词-标题矩阵。在该矩阵中，行表示索引词，而列表示题目。每个元素表示对应的标题包含多少个相应的索引词。例如，“book”在 T3 和 T4 中出现了 1 次，而“investing”出现在所有的表中。一般情况下，LSI 创建的单词-标题矩阵会相对巨大，而且十分稀疏（大部分元素为 0），这是因为每个标题或文章一般只包含十分少的频繁单词。改进的 LSI 通过这种稀疏性能有效降低内存的损耗和算法复杂度。构建的单词-标题矩阵如表 5-6 所示。

表 5-6 LSI 构建的单词-标题矩阵

索引词	标题								
	T1	T2	T3	T4	T5	T6	T7	T8	T9
book			1	1					
dads						1			1
dummies		1						1	
estate							1		1
guide	1					1			
investing	1	1	1	1	1	1	1	1	1
market	1		1						
real							1		1
rich						2			1
stock	1		1					1	
value				1	1				

在 LSI 算法中，源单词-标题（或文章）矩阵一般会进行加权调整，其中稀少的词的权

重会大于一般性的单词。因为这个例子规模不大，因此不对矩阵进行权重调整。

当单词-标题(或文章)矩阵创建完成，将使用强大的 SVD 算法进行矩阵分析。为了确定合适的有效维度，通过奇异值的平方的直方图来进行观察。图 5-2 中演示出各奇异值的重要性。

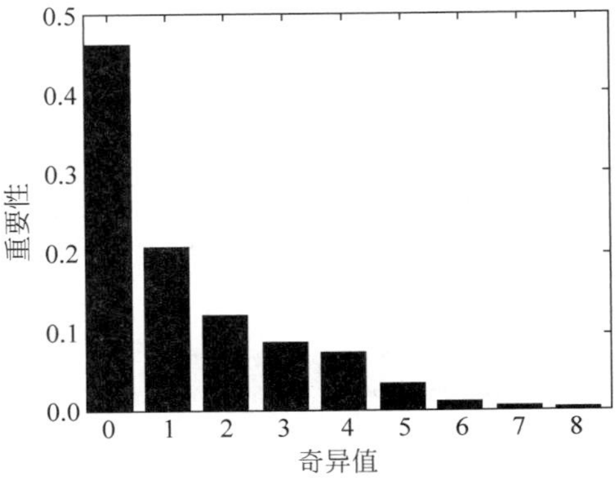

图 5-2　奇异值结果展示

为了实现可视化，选择有效维度数为 3。最后，将选择第 2 维和第 3 维进行可视化。我们不对单词-标题(或文章)矩阵进行中心化，是为了避免将单词-标题(或文章)矩阵由稀疏矩阵变为稠密矩阵。稠密矩阵会增加内存的负荷和计算量。因此不对单词-标题(或文章)矩阵进行中心化和放弃第 1 维的做法更加高效。

这里计算出了 3 个奇异值，分别对应着 3 个维度。每个单词的这 3 个维度与这些奇异值相关，第 1 维表示该单词在语料库中的频繁程度，因此没有太大信息量。类似地，每篇文章也有 3 个维度分别对着 3 个奇异值。如之前所述，第 1 维反映了文章所包含索引词的数量，因此信息不大。将矩阵分解成 3 个矩阵。矩阵 $\boldsymbol{U}$ 提供了每个单词在语义空间的坐标；矩阵 $\mathbf{V}^{\mathrm{T}}$ 提供了每篇文章在语义空间的坐标；奇异值矩阵 $\boldsymbol{S}$ 告诉我们有词-标题(或文章)矩阵包含多少语义或语义空间的有效维度是多少。

在如图 5-3 所示的三个矩阵中，左奇异向量表示词的一些特性，右奇异向量表示文档的一些特性，中间的奇异值矩阵表示左奇异向量的一行与右奇异向量的一列的重要程序，数字越大越重要。除此之外，左奇异向量的第一列表示每一个词的出现频繁程度，虽然不是线性的，但是可以认为是一个大概的描述，例如，book 是 0.15 对应文档中出现的 2 次，investing 是 0.74 对应文档中出现了 9 次，rich 是 0.36 对应文档中出现了 3 次。另外，右奇异向量中的第一行表示每一篇文档中出现词索引的个数的量化，例如，T6 是 0.49，出现了 5 个索引词，T2 是 0.22，出现了 2 个索引词。

book	0.15	-0.27	0.04
dads	0.24	0.38	-0.09
dummies	0.13	-0.17	0.07
estate	0.18	0.19	0.45
guide	0.22	0.09	-0.46
investing	0.74	-0.21	0.21
market	0.18	-0.30	-0.28
real	0.18	0.19	0.45
rich	0.36	0.59	-0.34
stock	0.25	-0.42	-0.28
value	0.12	-0.14	0.23

*

3.91	0	0
0	2.61	0
0	0	2.00

*

T1	T2	T3	T4	T5	T6	T7	T8	T9
0.35	0.22	0.34	0.26	0.22	0.49	0.28	0.29	0.44
-0.32	-0.15	-0.46	-0.24	-0.14	0.55	0.07	-0.31	0.44
-0.41	0.14	-0.16	0.25	0.22	-0.51	0.55	0.00	0.34

图 5-3　三个矩阵

我们用不同的颜色表示数字。如图5-4所示，用颜色来表示$\boldsymbol{V}^{\mathrm{T}}$矩阵的值，这个颜色表示的矩阵和原$\boldsymbol{V}^{\mathrm{T}}$矩阵反映的信息完全一致。深灰色表示负数，浅灰色表示正数，白色表示0。如标题9，其3个维度上的值都是正数，因此相应的颜色都是浅灰色。

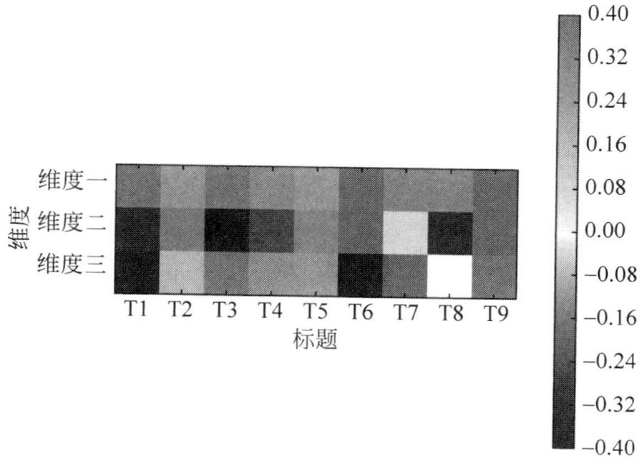

图5-4　颜色直观表示各标题聚类情况

用这些颜色对聚类结果进行颜色标注。忽略第1维表示的颜色，因为所有文章在该维度上都是橙色。如果只考虑两个维度，则聚类的结果仍然不是很理想，主要也只分为两类，所以需要结合三个维度进行聚类。加上第3维，我们能用相同的方法区分出不同的语义群。在第3维上，标题6是蓝色，而标题7和标题9依然是橙色的。通过这种方法将标题集分成4个群，如表5-7所示。

表5-7　标题集群

维度2	维度3	标题序号
橙色	橙色	7,9
橙色	蓝色	6
蓝色	橙色	2,4,5,8
蓝色	蓝色	1,3

最后，将矩阵$\boldsymbol{U}$和$\boldsymbol{V}$的第2,3维画在一个二维XY平面中，其中，X表示第2维，Y表示第3维，并将所有索引词和标题画在该平面中。如图5-5所示，单词"book"的坐标值为(0.15,−0.27,0.04)，忽略第1维的值0.15后，"book"的坐标点为(X=−0.27,Y=0.04)。标题的画法也是类似的，如图5-5所示。

通过可视化方法可以将单词和标题都画在同一个空间。这种做法不仅能实现标题的聚类，还能通过索引词标注出不同类簇的意义。例如，左下的簇包含标题1和标题2，这两个标题均关于stock market investing。单词"stock"和"market"明显包含在标题1和标题2的簇中，这也很容易理解这个语义簇所指代的意义。中间的簇包含标题2,4,5,8。其中，标题2,4,5与单词"value"和"investing"代表的意思最为接近，因此，标题2,4,5的语义可表示为"value"和"investing"。

按这样聚类出现的效果，可以提取文档集合中的近义词，这样当用户检索文档的时

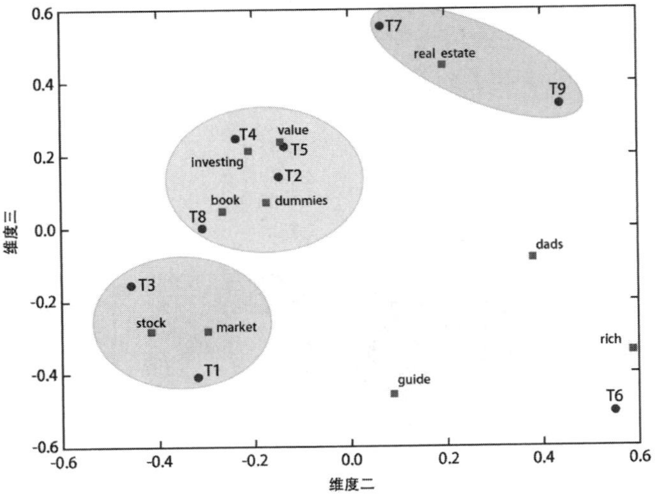

图 5-5 聚类结果展示

候，是用语义级别(近义词集合)去检索了，而不是之前的词的级别。这样做一是减少了检索、存储量，因为这样压缩的文档集合和 PCA 是异曲同工的；二是可以提高用户体验，用户输入一个词，我们可以在这个词的近义词的集合中去找，这是传统的索引无法做到的。

5.6 基于 Word2Vec 的文本聚类方法

5.6.1 词向量概述

计算机想要通过机器学习算法处理自然语言，就需要将自然语言符号化、数学化、转换成机器能识别的格式，其中，词向量就是目前被广泛使用的方式。词向量是由 Hinton 和 Williams 等提出并推广的，现在词向量已经被广泛使用在各种文本挖掘任务中，极大地促进了 NLP 领域的发展。词向量有两种表示形式，一个是长向量(又称为稀疏向量)，一个是短向量(又称为密集向量)。

稀疏向量，又称为独热编码向量。独热编码，顾名思义就是指向量中只有一个热点，热点的位置就是此向量表达的含义，并且向量之间是相互独立的。独热编码向量中只有 0 和 1，1 对应的位置就是特征词在语料词典中的位置。对于["水果"，"香蕉"，"手机"]这个词典来说，若"水果"的词向量是[1，0，0]，那么"香蕉"对应的词向量就是[0，1，0]。这种向量表示方法很容易实现，对于语料库比较小的数据集来说，很有学习意义，但是对于大数据集，这种方法会造成向量的维数灾难，并且计算复杂，性能低下；其次，对于近义词它无法区别出来。如水果和香蕉显然有非常紧密的关系，但转换为向量之后，就看不出两者之间的关系了，因为这两个向量相互正交。

密集向量也就是分布式向量 (Distributed Representation)，相当于把原来的独热编码向量压缩成一个长度更短的向量，向量中的数值不再只有 0 和 1，而是任意数字。分布式向量通过输入语料中每个词的独热编码，根据特征词的上下文环境，将每个词的编码向量训练成具有相同长度的低维实数向量，这种方法很好地表达了近义词之间的关系。还是之前的例子["水果"，"香蕉"，"手机''']，假设经过训练后，"水果"对应的向量可能是[1,0,1,1,0]，而"香蕉"对应的向量可能是[1,0,1,0,0]，"手机"对应的向量可能是[0,1,0,0,1]。这样"水果"向量乘以"香蕉"向量=2，而"水果"向量乘以"手机"向量=0。这样就很明显看到水果和香蕉有很紧密的联系，而水果和手机就没有什么关系了。

5.6.2 Word2Vec 语言模型

Word2Vec 是 Mikolov 在 2013 年提出的将特征词转换为词向量的模型。模型根据特征词的上下文预测特征的词向量，由于词向量用低维实数表示，看起来无意义的向量却蕴含丰富的信息，它保持了同义词之间强的相关性，并且很好地根据特征词推测其所在的上下文环境。图 5-6 展现了 Word2Vec 的算法模型。

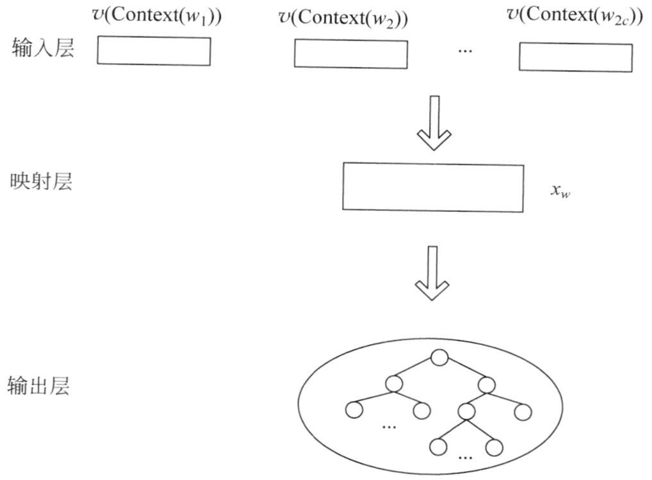

图 5-6 Word2Vec 模型

CBOW 模型和 Skip-gram 模型均包含输入层、投影层和输出层。CBOW 模型的输入是特征词的上下文环境，其中每个词的输入是词对应的独热编码，经过模型计算映射成低维的实数向量，之后通过变换矩阵，输出预测词的独热编码向量。而 Skip-gram 模型输入的是特征词的独热编码，经过矩阵变换之后，输出的是特征词周围可能出现词的独热编码，独热编码中 1 的位置指示了词典中对应的词。其中，Context(w)表示特征词的上下文，由前后 c 个词构成；投影层是对输入层的每个词对应的独热编码向量进行简单求和，其中有变换矩阵；输出层对应一棵 Huffman 树，该树以每个词在语料中出现的权值构造出来。

5.6.3 连续词袋模型

连续词袋模型(Continuous Bag-Of-Wordmodel，CBOW)是通过某个特征词的上下文环境来预测这个特征词。假设有一个句子结构为 $w_{i-2}w_{i-1}w_iw_{i+1}w_{i+2}$，CBOW 就是通过输入 $w_{i-2}w_{i-1}w_{i+1}w_{i+2}$ 的词向量，来预测 w 的词向量。其结构如图 5-7 所示。

其中，V 表示特征词词典的大小，C 表示窗口的大小。$\{x_{1k},x_{2k},\cdots,x_{ck}\}$表示待预测

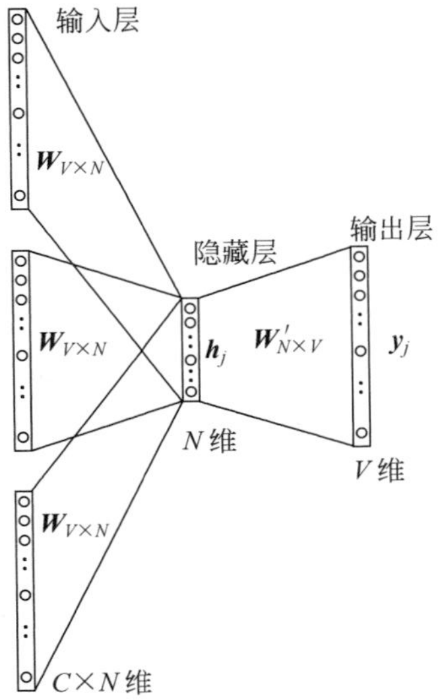

图 5-7 CBOW 结构

的特征词上下文环境词语的独热编码向量。对于每一个输入的向量,经过矩阵 $\boldsymbol{W}_{V\times N}$ 的变换后对应到隐含层的一个分量上。隐含层是一个 N 维的向量 $\boldsymbol{h}$,输出层是预测特征词 y 的独热编码的向量。CBOW 的公式如下。

$$P(W_i \mid W_{i-k},\cdots,W_{i-1},W_{i+1},\cdots,W_{i+k}) \tag{5-7}$$

W_i 表示一个单词,$W_{i-k},\cdots,W_{i-1},W_{i+1},\cdots,W_{i+k}$ 是其邻居,根据其邻居的独热编码向量来预测它自己出现的概率。在预测的过程中,从 Huffman 树的根结点出发到某个叶子结点的路径上,通过二分类方法来决定路径是往左分支走还是往右分支走。

右分支:

$$\sigma(X_{\omega}^{\mathrm{T}}\boldsymbol{\theta}) = \frac{1}{1+\mathrm{e}^{-X_{\omega}^{\mathrm{T}}\boldsymbol{\theta}}} \tag{5-8}$$

左分支:

$$1-\sigma(X_{\omega}^{\mathrm{T}}\boldsymbol{\theta}) \tag{5-9}$$

公式中,$\boldsymbol{\theta}$ 代表当前非叶结点的词向量。

对于 Huffman 树中的任意一条路径 P^w,存在 l^w-1 次分支,将每次分支看成一个二分类,每次分类对应一个概率,那最后预测特征词的概率将是这些概率连乘,即

$$p(w \mid \text{Context}(w)) = \prod_{j=1}^{l^w} p(d_j^w \mid X_w, \boldsymbol{\theta}_{j-1}^w) \tag{5-10}$$

其中:

$$p(d_j^w \mid X_w, \boldsymbol{\theta}_{j-1}^w) = \begin{cases} \sigma(X_{\omega}^{\mathrm{T}}\boldsymbol{\theta}_{j-1}) d_j^w = 0 \\ 1-\sigma(X_{\omega}^{\mathrm{T}}\boldsymbol{\theta}_{j-1}) d_j^w = 0 \end{cases} \tag{5-11}$$

5.6.4 Skip-gram 模型

Skip-gram 模型是通过一个特定的特征词来预测这个词的周围邻居可能出现的词,如果将预测窗口定为 k,则它的预测大小为 $2k-l$。假设这个特定词窗口的大小为 C,则输出层为 w_i 的上下文$\{w_0, w_1, \cdots, w_{2k}\}$。例如,考虑这个句子"I drove my car to the store",一个潜在的训练模型就是将"car"作为输入,其他词作为输出,这些词都是以 one-hot 向量编码格式,无论是输入还是输出,向量的长度是字典的大小 V。Skip-gram 模型的神经网络如图 5-8 所示。

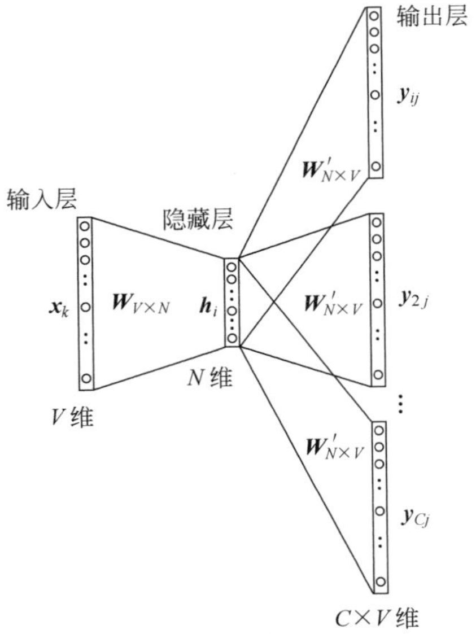

图 5-8 Skip-gram 模型

图 5-8 中,x 代表输入,指的是特征词的独热编码向量。$\{y_1, y_2, \cdots, y_c\}$也是独热编码格式的向量,作为模型的输出。$y_i$ 中元素为 1 的位置表

示该位置有词语，元素为 0 表示该位置没有词语。矩阵 $\boldsymbol{W}$ 是一个 $V \times N$ 的权重矩阵，连接着输入层和隐含层，它包含词典中全部词语的向量编码信息。每个输出的词向量都关联着 $\boldsymbol{W} \times \boldsymbol{V}$ 的权重矩阵 $\boldsymbol{W}'$。Skip-gram 的公式如下：

$$p(w_i \mid w_t), \quad t-k \leqslant i \leqslant t+k \tag{5-12}$$

对于 Skip-gram 模型来说，输出层也是一棵 Huffman 树，也是通过二分类方法预测其特征词的上下文。公式如下：

$$p(\text{Context}(w) \backslash w) = \prod_{u \in \text{Context}(w)} p(u \mid w) \tag{5-13}$$

其中，$p(u \mid w) = \sum_{j=2}^{l^w} p(d_j^u \mid v(w), \boldsymbol{\theta}_{j-1}^u)$。

5.6.5 基于 Word2Vec 的文本聚类举例

Word2Vec 工具的提出很好地解决了独热词向量两两正交而无法准确表达不同词之间的相似度且会产生一个维度很高又十分稀疏的特征矩阵而难以应用实际的问题，故而可以利用 Word2Vec 进行文本表示，进而结合 TF-IDF 用于进行无监督的短文本的文本聚类。

简而言之，可以利用 TF-IDF 方法提取短文本中的 TOP N 关键词，作为短文本的特征词集合，有效避免特征词向量维度过高、数据稀疏及计算效率低效等问题。另一方面，可以使用 Word2Vec 将特征词表示为一种分布式的低维实数向量，使得语义相近的词语在距离上更加接近，有效解决了单独使用 TF-IDF 方法存在的语义丢失问题。

基于 Word2Vec 短文本的文本聚类流程如图 5-9 所示。

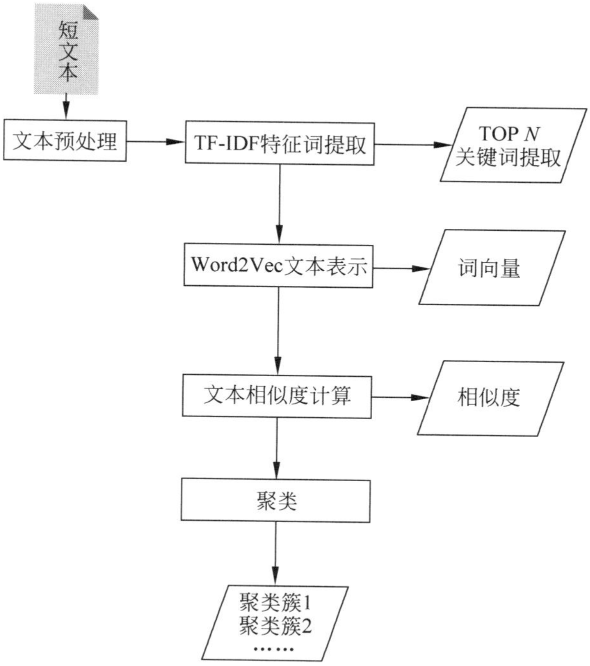

图 5-9 基于 Word2Vec 短文本的文本聚类流程图

根据如上分析，可以总结基于 Word2Vec 文本聚类的主要步骤如下。

1. 文本预处理

在对文本分词后、关键词提取之前，需要对文本进行预处理。具体处理步骤如下：采用停用词列表，过滤掉文本中对应于停用词列表中的词项。

2. 利用 TF-IDF 进行特征词提取

特征词是指提取能够代替短文本特征的词语。具体而言，针对每个短文本，首先计算该文本中各分词的 TF-IDF 值；其次，为尽可能减少文本特征向量的维度，把每一个文本中计算得到的各分词的 TF-IDF 值进行排序，从中选取 TF-IDF 值 TOP N 靠前的词项作为文本的特征词集合，用于表示该文本，其中，N 为百分比。

3. 利用 Word2Vec 得到文本库中每个词语的词向量表示

由于 Skip-gram 模型在语义和语法预测的准确率方面比较均衡且性能要好，因此使用 Word2Vec 的 Skip-gram 模型，通过 HS-Huffman 对爬取的网络短文本语料进行词向量模型训练，根据当前输入层的词项，预测上下文词项出现的概率，并且选择时间窗口为 2。

通过训练得到词向量模型可以得到特征词的向量，组成特征词向量矩阵 $\boldsymbol{X} \in R^{mT}$，其中，$m$ 为特征词 i 在 m 维向量空间的向量，T 表示特征词的数目。由此，设两个特征词的特征向量分别为 $x_i, x_j \in \boldsymbol{X}$，则两个特征词之间的相似度可以用欧氏距离来计算，值越小，说明这两个特征词间的语义距离越小，两个特征词语义越相似。

4. 文本相似度计算

利用 Word2Vec 得到短文本的特征向量以后，接下来就可以进行文本相似度计算，为文本聚类做准备。实际上，计算文本的相似度，已经被转换为计算特征词向量间的相似度。下面采取的距离函数是 Kusner 等提出的 WMD(Word Mover's Distance)。WMD 具有效果出色、无监督、模型简单、可解释性、灵活性等优点，并且充分利用了 Word2Vec 的领域迁移能力。

WMD 的核心思想非常简单，可以把特征文本的相似度计算看成一个运输问题：计算将仓库 1 的货物移动到仓库 2 的最小距离，作为两个文本的相似度，而所谓"仓库"中的"货物"指的是文本中的特征词。

图 5-10 是 WMD 的一个应用举例图，通过 WMD 算法可以得出，文档 1 中的 Obama、speaks、Illinois 和 media 分别与文档 2 中的 President、greets、Chicago 和 press 语义相近。

WMD 算法用以上核心思想将文本语义相似度的问题转换成了一个线性规划问题，为最优化问题。

由 Word2Vec 训练后得到的特征词向量矩阵 $\boldsymbol{X} \in R^{mT}$，其中索引值为 i 的词 x_i 和相应的索引值为 j 的词 x_j 的距离为欧氏距离。

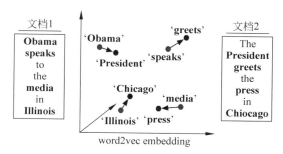

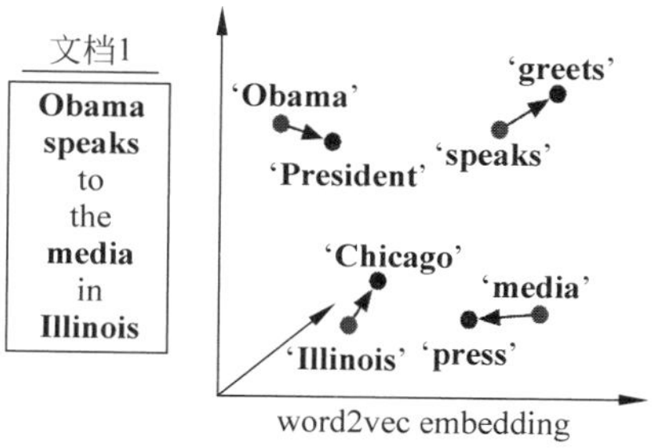

图 5-10 WMD的应用举例图

$$c(i,j)=\|x_i-x_j\|^2 \tag{5-14}$$

而待分类的某条文本可以用一个稀疏向量 $\boldsymbol{d}\in R^n$ 作为词袋表示，若该文本中词 i 的出现频率为 c_i，则 $\boldsymbol{d}$ 的第 i 位是第 i 个词的词频 $\boldsymbol{d}_i$，即

$$\boldsymbol{d}_i=\frac{c_i}{\sum_{j=1}^{n}c_j} \tag{5-15}$$

故引入词移距离（WMD）即

$$\sum_{i,j=1}^{n}T_{ij}c(i,j) \tag{5-16}$$

其中，T_{ij} 表示某两个文本中特征词 x_i 移动到 x_j 的数值，需要满足以下约束条件：

$$\sum_{i,j=1}^{n}T_{ij}=\boldsymbol{d}_i\ \forall i\in\{1,2,\cdots,n\} \tag{5-17}$$

$$\sum_{i,j=1}^{n}T_{ij}=\boldsymbol{d}_j\ \forall j\in\{1,2,\cdots,n\} \tag{5-18}$$

最后求解其最小值即可。

$$\min_{T\geqslant 0}\sum_{i,j=1}^{n}T_{ij}c(i,j) \tag{5-19}$$

5. K-means 聚类

使用 K-means 算法对文本集进行聚类分析，输入欲分类的短文本集，以期得到 k 个类簇集合。

经过前述步骤得到基于特征词向量的短文本集合 $D=\{d_1',d_2',\cdots,d_n'\}$，设定 k 的具体值，从 D 中随机选择 k 个短文本作为聚类算法的初始质心；计算每个短文本 d_j' 到 k 个质心的文本相似度，选择最短聚类的质心作为该文本的簇集合。重新计算类簇中所有短文本的距离平均值得到新的质心，取到质心最近的文本作为新的质心；循环以上几步直到质心不再发生任何变化，输出 k 个类簇集合。

本次实验选取的数据集是 20-newsgroup、3Cphys 两种英文数据集和通过网络爬取的中文数据集即微博数据集和微信聊天数据集，如表 5-8 所示。

表 5-8　数据集描述

数　据　集	类　别　数	数　　量	长　　度
20-newsgroup	5	349	6.71
3Cphys	3	1066	9.39
微博数据集	5	18 771	8.25
微信聊天数据集	7	21 356	8.51

在实验中，根据 TD-IDF 本文选择 TOP N 的值为 35%。对于两种英文数据集，特征向量维度设置为 100，最低词个数设置为 3，窗口大小设置为 3；对于两种中文数据集，特征向量维度设置为 270，最低词个数设置为 4，窗口大小设置为 4。

为评价短文本的聚类效果，引入 F 度量作为评价指标。短文本的聚类效果是否良好，取决于每个文本聚类后能否正确分类以及分类后的每个类别下是否都包含所有正确分类的短文本。因此定义查准率 $P(i,j)$ 和查全率 $R(i,j)$：

$$P(i,j)=\frac{m_{ij}}{m_j} \tag{5-20}$$

$$R(i,j)=\frac{m_{ij}}{m_i} \tag{5-21}$$

其中，m_i 是类别 i 的文本数量，m_j 是聚类 j 的文本数量，m_{ij} 是聚类 j 中属于类别 i 的文本数目。

对应的 F 度量值 $F(i,j)$ 定义为：

$$F(i,j)=\frac{2\times P(i,j)\times R(i,j)}{P(i,j)+R(i,j)} \tag{5-22}$$

全局聚类的 F 度量值为：

$$F=\sum_i \frac{m_i}{m}\max_j(F(i,j)) \tag{5-23}$$

其中，m 是数据集中文本的总数量。故 F 度量值越大，聚类效果越好，文本相似度度量也越好。

实验结果如表 5-9 所示，F 值越大说明方法的聚类效果越好。

表 5-9　不同数据集聚类后的 F 值

数　据　集	F 值
20-newsgroup	0.456
3Cphys	0.493
微博数据集	0.376
微信聊天数据集	0.412

习题

1. 常用聚类方法有哪些？它们各自的特点是什么？

2. 聚类技术和分类技术的区别是什么？

3. 聚类算法的评价指标是什么？

4. 基于 K-means 的文本聚类算法属于常用聚类方法中的哪一类？简述该算法步骤。

5. 简述基于 Word2Vec 的文本聚类算法。

6. 现有 5 个二维数据样本组成的数据对象集 S，如表 5-10 所示。

表 5-10　数据对象集 S

ID	X	Y
1	0	2
2	0	0
3	1.5	0
4	5	0
5	5	2

要求簇的数目为 $K=2$，试用 K-means 算法对集合 S 进行聚类。

7. 表 5-11 为亚洲 15 支球队在 2005—2010 年间大型杯赛战绩（由于澳大利亚是后来加入亚足联的，所以这里没有收录），试选用任意一种分类算法分析中国男足在 2005—2010 年处于亚洲足球的什么水平？

表 5-11　亚洲球队杯赛战绩

	2006 年世界杯	2010 年世界杯	2007 年亚洲杯
中国	50	50	9
日本	28	9	4
韩国	17	15	3
伊朗	25	40	5
沙特	28	40	2
伊拉克	50	50	1
卡塔尔	50	40	9
阿联酋	50	40	9
乌兹别克斯坦	40	40	5
泰国	50	50	9
越南	50	50	5
阿曼	50	50	9
巴林	40	40	9
朝鲜	40	32	17
印尼	50	50	9

第 6 章

自动摘要技术

6.1 概述

文本摘要是一种从一个或多个信息源中抽取关键信息的方法，它帮助用户节省了大量时间，用户可以从摘要中获取到文本的所有关键信息点而无须阅读整个文档。文本摘要是一个典型的文本压缩任务。随着信息化时代的到来，人们变得越来越依赖互联网获取所需要的信息。但是随着互联网的发展，信息呈现爆炸式增长，如何有效地从海量信息中筛选出所需的有用信息成了关键性的技术问题。因为涉及深层次的自然语言处理能力，所以一直以来它都是个任务难点。自动文本摘要技术对文档信息进行有效的压缩提炼，帮助用户从海量信息中检索出所需的相关信息，避免通过搜索引擎来检索可能产生过多冗余片面信息的问题，有效地解决了信息过载的问题。

文本摘要有多种分类方法，按照摘要方法划分可以分为抽取式摘要方法和生成式摘要方法。抽取式摘要方法通过抽取文档中的句子生成摘要，通过对文档中句子的得分进行计算，得分代表重要性程度，得分越高代表句子越重要，然后通过依次选取得分最高的若干句子组成摘要，摘要的长度取决于压缩率。生成式摘要方法不是单纯地利用原文档中的单词或短语组成摘要，而是从原文档中获取主要思想后以不同的表达方式将其表达出来。生成式摘要方法为了传达原文档的主要观点，可以重复使用原文档中的短语和语句，但总体上来说，摘要需要用作者自己的话来概括表达。生成式摘要方法需要利用自然语言理解技术对原文档进行语法语义的分析，然后对信息进行融合，通过自然语言生成技术生成新的文本摘要。

按照文档数量划分，可以分为单文档摘要方法和多文档摘要方法。单文档摘要方法是指针对单个文档，对其内容进行抽取、总结，生成摘要；多文档摘要方法是指从包含多份文档的文档集合中生成一份能够概括这些文档中心内容的摘要。

按照文本摘要的学习方法可分为有监督方法和无监督方法。有监督方法需要从文件中选取主要内容作为训练数据,大量的注释和标签数据是学习所需要的。这些文本摘要的系统在句子层面被理解为一个二分类问题,其中,属于摘要的句子称为正样本,不属于摘要的句子称为负样本。机器学习中的支持向量机(Support Vector Machine,SVM)和神经网络也会用到这样的分类方法。无监督的文本摘要系统不需要任何训练数据,它们仅通过对文档进行检索即可生成摘要。

6.2 抽取式摘要

6.2.1 基于 TextRank 的文本自动摘要

传统 TextRank 算法是 PageRank 算法的改进。PageRank 是一种链接分析算法,主要用于网页排序并衡量网页的重要程度。PageRank 排序基于其他网页到该网页的链接数量,链接数量越多,该网页越重要。

PageRank 算法示意图如图 6-1 所示。

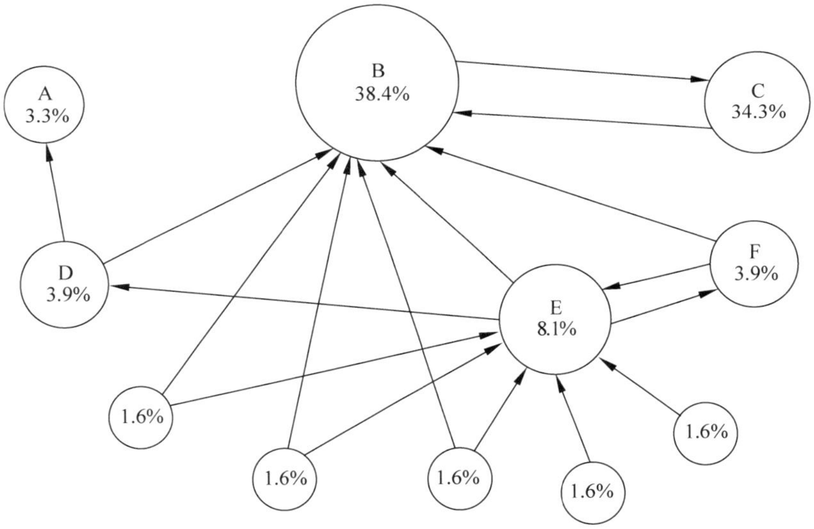

图 6-1 PageRank 算法示意图

由于网页 B 与其他网页的交互数量最多,因此网页 B 最重要。受 PageRank 算法的启发,TextRank 算法将每个句子或关键词看作 PageRank 算法中的网页结点,利用句子之间的相似性构成边权重,进而构造 TextRank 网络图,然后采用迭代的方式对结点进行排序,最终得到关键词或摘要句。

TextRank 模型一般可以表示为有向有权图 $G=(V,E)$,其中,V 是图中的点集,E 是图中的边集,w_{ji} 为图中任意两点 v_i、v_j 之间边的权重。对于任意一个给定的点 v_i,$\text{In}(v_i)$为指向该点的点集合,$\text{Out}(v_i)$为点 v_i 指向的点集合,点 v_i 的权重定义为:

$$s(v_i)=(1-d)+d\times\sum_{v_j\in \mathrm{In}(v_i)}\frac{w_{ji}}{\sum_{v_k\in \mathrm{Out}(v_j)} w_{jk}}S(v_j) \tag{6-1}$$

其中，d 是阻尼系数，代表从图中某一点指向其他任意点的概率，一般取值为 0.85，w_{ji} 用余弦相似度衡量，定义为：

$$w_{ji}=\cos\theta=\frac{\boldsymbol{A}\times\boldsymbol{B}}{\boldsymbol{AB}}=\frac{\sum_{i=1}^{n}A_i\times B_i}{\sqrt{\sum_{i=1}^{n}A_i^2}\times\sqrt{\sum_{i=1}^{n}B_i^2}} \tag{6-2}$$

其中，$\boldsymbol{A}$、$\boldsymbol{B}$ 为使用 Doc2Vec 后的句子向量，n 为句子向量的维度。

在使用 TextRank 算法时，需要对图中的每个结点指定任意初始值，并进行迭代训练直至收敛，才能计算出各结点的最终权重。传统的 TextRank 算法通常将各结点的初值指定为 1，忽略了中文写作习惯的影响，如起始句、点题句等句子的重要性比其他句子高。徐馨韬等人对传统的 TextRank 算法进行了改进，充分考虑句子位置、点题句等情况对结点权重的影响。

1. 位置关系

句子位置影响句子的重要性，例如，出现在段首、段中和段末的句子，其重要性不同。据研究表明，在人工摘要中，选取段首句作为摘要的比例高达 85%，而选取段尾句作为摘要的比例接近 7%。新闻类的文章首段很可能会交代文章主旨，因此应适当提高距离开始位置较近的段落及句子的权重。本文采用逐渐降低首段中句子权重，逐渐提高末段中句子权重的方法调整句子权重。

这里选取首段前 3 个句子和末段全部句子，通过权重系数 e 实现相应句子初始权重的调整，权重系数 e 的计算公式为：

$$e=\begin{cases}(1+e_1)-\exp(i-1)\times\dfrac{e_1}{\exp(3)}, & 1<i\leqslant 3\\ 1, & 3<i<n+1-m\\ 1+\exp(i-1+m)\times\dfrac{e_1}{\exp(m)}, & n+1-m\leqslant i\leqslant n\end{cases} \tag{6-3}$$

其中，e_1 和 e_2 为权重调整阈值，设定为 $e_1=1$，$e_2=0.5$，m 为末段句子个数。

2. 摘要语句与文章标题的相似度

在新闻报道中，标题在一定程度上反映文章的主旨信息，因此在正文中和标题形成呼应的句子更可能成为最终的摘要句。余弦相似度可用于衡量文中句子与标题的相似性，若句子与标题具有较高的相似性，则对该句子的最终权重进行调整，调整规则为：

$$\begin{cases}S(v)=S(v)+\text{similarity}, & 0.5<\text{similarity}\leqslant 1\\ S(v)=S(v), & 0\leqslant\text{similarity}\leqslant 0.5\end{cases} \tag{6-4}$$

其中，$S(v)$为结点最终权重，similarity 为句子与标题的余弦相似度。

改进的方法是首先调整句子初始权重，将初始权重乘以权重系数 e 得到 TextRank 各结点的初始权重 $e\times S(v_i)$，然后逐步更新权重并对得到的权重加入相似度信息获得最终句子权重，从而进行排序提取摘要句。

6.2.2 基于图模型的文本自动摘要

1. 多层图模型的构建

不同于以往只考虑句子之间的关系来进行自动摘要，这里将从一个全新的角度出发，除了借鉴前人的 DsR 模型，不仅结合文档层、句子层信息，还会结合信息粒度更细致的词项信息，根据词项与词项之间的关系构建出一个词项关系图，然后再把这个词项关系图同原有的句子-文档两层图模型进行结合，生成一个全新的词项-句子-文档三层图模型 TSDM。

图 6-2 为词项-句子-文档三层图模型的一个简单示例。最下面的一层是词项图，在这个子图中，文档集中的每一个词项都被看成一个顶点，而顶点之间的边的权重则由这两个顶点词项的共现句子数决定，它们总共在几个句子中共同出现过，边的权重就为多少。中间一层是句子图，这一层的构建方法与以往的研究工作大致相同，都是以各句子为顶点，句子之间的相似度构成每条边的权重。最上面的一层是文档图，同之前介绍的两层类似，这一个子图中也是将各文档作为各顶点，当且仅当这两篇文档相关时，它们之间才会有边相连，且边的权重由这两篇文档之间的相似性来表达。当有了文档级别的关系时，在计算句子与句子之间的相似度时，便可以借助文档关系，求出文档亲和度矩阵，然后得到所有文档间的亲密关系，同时还能判断两句子是否属于一篇文档，从而进行不同的处理。

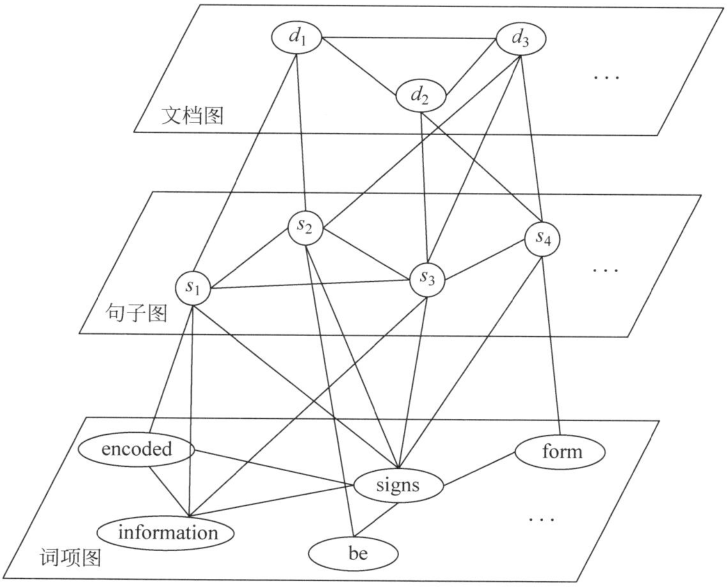

图 6-2 词项-句子-文档三层图模型的简单示例

图 6-2 中 d_1、d_2、d_3 代表文档里的各文档；s_1、s_2、s_3、s_4 代表的是单篇文档中包含的句子，它们有的属于同一篇文档，有的属于不同的文档；而 encoded、information、signs 等单词则是所有句子中的词项。

2. 文档图

文档图的构建主要是为了获取文档之间的信息，借助该信息提高句子之间的相似度计算结果。Wei 等人提出的 DsR 模型就很巧妙地把文档之间的信息考虑进来了，但是该模型存在一定缺陷，它只是简单地对文档图中直接相连的文档之间的关系进行了处理，而那些存在间接连接关系的文档信息却被忽视了，这从一定程度上导致文档层图结构的不稳定性。为了减少这一影响，文档之间的直接连接关系与间接转移关系将通过马尔可夫随机游走算法结合到一起，从而使得文档之间的信息能够更好地保留，并应用到整个摘要系统中。

本节的 TSDM 模型里的文档图是在 DsR 模型里的文档图的基础上进行了扩展。两个模型都是将每一篇文档看成一个顶点，图 6-3 中，d_1、d_2、d_3 三篇文档之间均有相关关系，文档之间的相关关系也将决定两顶点之间边的权重，在计算句子之间相似度时，通过文档关系可以对句子之间的关系进行更精细的区分。

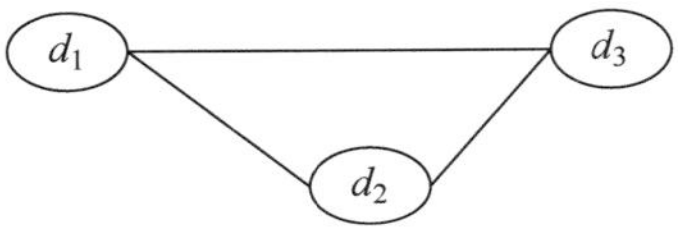

图 6-3　文档子图示例

在 DsR 模型中，文档间的相似度只是简单地进行了归一化处理，构建文档间概率转移矩阵 $\boldsymbol{P}^d$：

$$\boldsymbol{P}^d(d_i,d_j)=\frac{\text{sim}(d_i,d_j)}{\sum\limits_{d_k\in D\cap k\neq i}\text{sim}(d_i,d_k)} \tag{6-5}$$

在式(6-5)中，d_i 代表第 i 篇文档，$\text{sim}(d_i,d_j)$ 代表两篇文档之间的余弦相似度，而这只能体现出文档之间的直接关系，对其进行马尔可夫随机游走 $\boldsymbol{P}^{d^k}=\boldsymbol{P}^{d^{k-1}}\cdot\boldsymbol{P}^d$，把那些被忽略的文档的间接关系也考虑进来，进而构建文档层的亲和度矩阵 $\boldsymbol{W}^d$，该矩阵的对角元素为每一文档与自身的相似性，这里默认为 1，而其他元素则为文档之间的相似关系，其值通过文档之间的转移概率来刻画，$\boldsymbol{W}^d$ 具体定义如下：

$$\boldsymbol{W}^d(d_i,d_j)=\begin{cases}1, & i=j\\ 1+\boldsymbol{P}^d(d_i,d_j)+\dfrac{1}{2}\boldsymbol{P}^{d^1}(d_i,d_j), & i\neq j\end{cases} \tag{6-6}$$

3. 词项图

1）词项图的构建

在词项图中，顶点为文档中出现的词汇，词与词之间的连接关系通过两个词是否在同一个句子中出现来判断，即当两个词在同一句子中一起出现时，它们之间才有一条边相连，边的权重通过词在句子中的共现次数来度量，如图 6-4 所示。Blanco、Lioma 的处理方法是预先定义窗口长度，然后进行滑动，而本书中则是固定地以一个整句为度量单位。这是因为 TSDM 模型在判断当前句子是否为摘要句时是通过该句子的最终权重来决定的，所以以句子为度量单位来确定词项之间的边的权重能够相对保留语义之间的相关性，从而使词项之间的关系更好地展现出来。例如，现有如下两句话，它们的词项图构建如图 6-5 所示。

```
Information can be encoded into various forms.
Information may be encoded into signs and transmitted via signals.
```

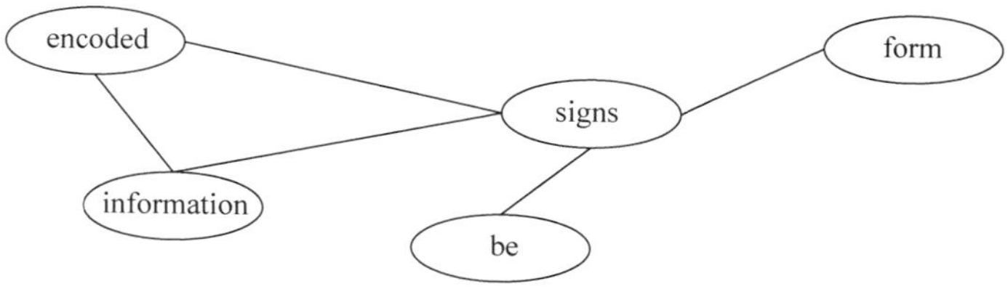

图 6-4　词项子图示例

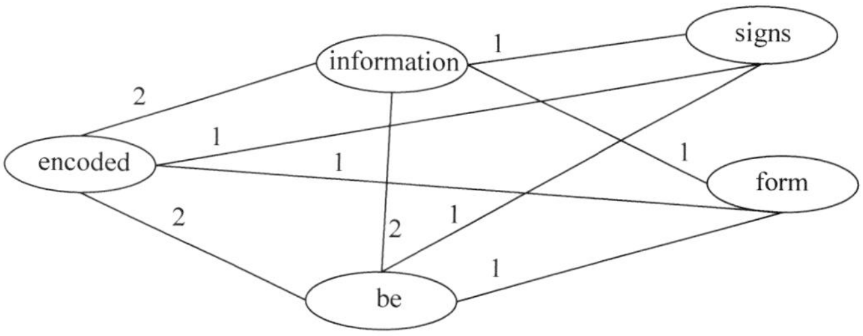

图 6-5　词项图构建具体实例

上述两句话中均出现了 information、be 以及 encoded 这 3 个单词，所以这 3 个单词任意两个之间边的权重都为 2；而 information 与 signs、information 与 form、be 与 form 等词项对由于只在一句话中共同出现过，所以它们之间边的权重仅为 1；还有部分词项对象 signs 与 form 从未在一句话中共同出现过，所以它们之间并没有边相连，这也意味着它们之间边的权重为 0，而在实际的应用过程中，这样为 0 的情况有许多。

得到了所有词项对的共现关系时，便可以借助这个关系图构建出一个词项共现矩阵 $\boldsymbol{M}^{t}=\{m_{ij}\}_{N\times N}$，其中，$N$ 是文档集包含的词项总个数，m_{ij} 则为词项 i 和词项 j 在整个文档集内共同出现过的句子个数。

2）词项权重计算

词项信息处理是通过给每个词项设置一个与其在文档集中相对应的权重来实现的。所构建的词项图，得到的只是词项共现矩阵，而这并不能达到模型所需的结果，所以需要通过一系列的中间步骤，将词项共现矩阵最终转换成一个能表示各词项权重的向量。首先通过 $\boldsymbol{M}^{t}$ 生成文档集内所有词项间的概率转移矩阵 $\boldsymbol{P}^{t}$：

$$\boldsymbol{P}_{ij}^{\mathrm{t}}=\begin{cases}m_{ij}/\sum\limits_{j=0}^{N-1}m_{ij}, & i\neq j\\0, & i=j\end{cases}\tag{6-7}$$

公式(6-7)在计算词项间的概率转移矩阵时存在一个缺陷,它只是将各词项在同一句话中的共现关系考虑进来了,这种方法仅保留了词项间的局部信息,在实际模型中,还应该将文档集内的全局关系整合进来,所以通过借助类似 PageRank 的算法加入阻尼因子这一方法来实现,对公式(6-7)进行如下修改:

$$\boldsymbol{P}^{\mathrm{t}}=d\cdot\frac{1}{N}\cdot I+(1-d)\boldsymbol{P}^{\mathrm{t}}\tag{6-8}$$

在得到了改进之后的词项概率转移矩阵后,接下来需要将概率转移矩阵转变成一个能够直接表示各词项权重信息的向量。借助马尔可夫链预测模型 $\boldsymbol{B}_k^{\mathrm{t}}=P^{\mathrm{t}^k}\cdot\boldsymbol{B}_0^{\mathrm{t}}$ 来实现这一转变。最后得到词项权重向量 $\boldsymbol{B}^{\mathrm{t}}=\{b_i^{\mathrm{t}}\}_{N\times 1}$,$b_i^{\mathrm{t}}$ 表示第 i 个词项的权重,依据词项权重的排序结果从而判断词的重要性。马尔可夫链预测在经过 k 次迭代之后,$\boldsymbol{B}^{\mathrm{t}}$ 的值会收敛。算法 6-1 展示了马尔可夫链预测词项权重的伪代码。

算法 6-1:马尔可夫链预测过程

输入:概率转移矩阵 $\boldsymbol{P}^{\mathrm{t}}$,词项总数 N,误差 μ。
输出:特征向量 $\boldsymbol{B}^{\mathrm{t}}$。

1. $\boldsymbol{B}_0^{\mathrm{t}}=\left(\frac{1}{N},\frac{1}{N},\cdots,\frac{1}{N}\right)$
2. $k=0$
3. repeat
4. $\quad k=k+1$
5. $\quad \boldsymbol{B}_k^{\mathrm{t}}=(\boldsymbol{P}^{\mathrm{t}})^{\mathrm{T}}\cdot\boldsymbol{B}_{k-1}^{\mathrm{t}}$
6. $\quad \delta=\|\boldsymbol{B}_k^{\mathrm{t}}-\boldsymbol{B}_{k-1}^{\mathrm{t}}\|$
7. until $\delta<\mu$
8. return $\boldsymbol{B}_k^{\mathrm{t}}$

4. 词项图

1) 句子图构建

句子图构建的原理同前面的词项图和文档图是一样的,仍然是把每个句子当作顶点,顶点之间的边的权重由这两个句子之间的相似度来刻画,如图 6-6 所示。

根据句子之间的余弦相似度,构建出句子层的相似矩阵 $\boldsymbol{M}^s$:

$$\boldsymbol{M}_{S_i,S_j}^{s}=\frac{\sum\limits_{w\in S_i,S_j}\mathrm{tf}_{w,S_i}\mathrm{tf}_{w,S_j}(\mathrm{idS}_w)^2}{\sqrt{\sum\limits_{w\in S_i}(\mathrm{tf}_{w,S_i}\mathrm{idS}_w)^2}\times\sqrt{\sum\limits_{w\in S_j}(\mathrm{tf}_{w,S_i}\mathrm{idS}_w)^2}}\tag{6-9}$$

$$\mathrm{idS}_w = \lg\left(\frac{N_s}{N_k}\right) \tag{6-10}$$

在式(6-9)和式(6-10)中，tf_{w,S_i} 代表词项 w 在句子 S_i 中出现的次数，idS_w 是词项 w 的逆句子频率，同逆文档频率类似，而 N_s 表示文档集中的句子总数，N_k 表示包含词项 w 的句子个数。

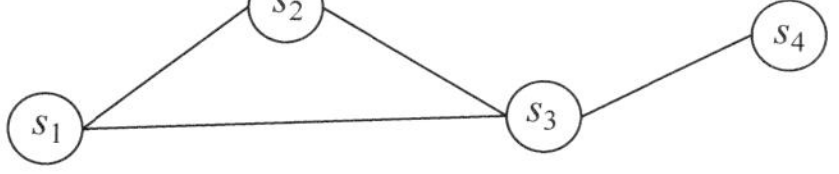

图 6-6　句子图示例

在以前提出的图模型中，由于只考虑了句子层面的信息，文档之间的关系并没有考虑，所以句子之间的相似度仅仅是按式(6-9)和式(6-10)来计算的，但是这样计算出来的结果是不全面的，所以这里在式(6-9)的基础上，将文档关系矩阵 $\boldsymbol{W}^d$ 结合进来，结合之前的句子相似矩阵 $\boldsymbol{M}^s$，重新构建出一个结合了各方信息相对完整的句子相似矩阵 $\widetilde{\boldsymbol{M}}^s$，重构过程如下：

$$\widetilde{\boldsymbol{M}}^s_{S_i,S_j} = \boldsymbol{W}^d(d(S_i),d(S_j)) \cdot \boldsymbol{M}^s_{S_i,S_j} \tag{6-11}$$

其中，$d(S_i)$代表包含句子 S_i 的那篇文档，$\boldsymbol{M}^s_{S_i,S_j}$ 为之前计算出来的句子 S_i 和句子 S_j 的相似度。将原句子的相似度与文档层的相似度结合起来，从而构建句子层面最终的关系图网络。

2）句子权重计算

根据上述方式得到的句子层的相似矩阵，每个句子的权重信息即可通过以下方式求解：首先，依据句子相似矩阵 $\widetilde{\boldsymbol{M}}^s$，判定句子与句子之间的连接关系，即如果两个句子在句子相似度矩阵中的元素大于某一阈值，则表明这两个句子相关，令其之间的关系为 1，否则认为两个句子不相关，相对应的关系设为 0。通过这个重新定义的关系，构建句子图上的邻接矩阵 $\boldsymbol{A}$：

$$\boldsymbol{A}_{S_i,S_j} = \begin{cases} 1, & \mathrm{sim}(S_i,S_j) > \varepsilon \\ 0, & \text{其他} \end{cases} \tag{6-12}$$

然后再由邻接矩阵 $\boldsymbol{A}$ 求解句子间的概率转移矩阵 $\boldsymbol{P}^s$：

$$\boldsymbol{P}^s_{S_i,S_j} = \frac{\boldsymbol{A}_{S_i,S_j}}{\sum_{S_k} \boldsymbol{A}_{S_i,S_k}} \tag{6-13}$$

得到了句子概率转移矩阵 $\boldsymbol{P}^s$ 后，再采取求词项权重向量的方法，通过迭代算法，即可求出所有句子的权重得分向量 $\boldsymbol{B}^s = \{b_i^s\}_{N_s \times 1}$，从而可以根据其判断句子的重要性，得分越高的句子越具有代表性。

5. 摘要生成

TSDM 三层图模型已经分层描述，下面将介绍如何利用三层模型来确定最终的文摘。根据文摘的定义，摘要里面的句子必须是这篇文档或整个文档集的中心内容，同时它们之间的冗余度要低，而且不能含有一些无关紧要的信息，而最终确定能否作为摘要句输出的依据则是各句子的权重大小。某个句子如果权重越大，说明它对整个文档或是文档集越重要，这样的句子成为摘要的概率会比较大。前面得到的句子权重的特征向量，只是利用了句子自身和文档两个层面的信息，而词项信息却被忽略了。

每篇文档或文档集都有一些这篇文档独有的重要词项，这些重要词项能够直接或间接地反映出这篇文档或文档集的相关信息。当这些重要词项被确定后，那些包含这些重要词项的句子所传达的信息对这篇文档或文档集也应该是比较重要的。相反，那些不包含重要词项的句子对这篇文档或文档集来说相对影响不大，所以词项权重信息也会对句子的重要性产生影响。前文已经给出每个词项的权重信息的计算方式，因此对每个句子包含的所有词项的权重进行累加求和，求出每个句子包含的全部词项权重和向量 $\boldsymbol{B}^{st}=\{b_i^{st} \mid b_i^{st}=\sum\limits_{k\in S_i} b_k^t \cdot \mathrm{idS}_k\}$，该权重和反映了每个句子在词项层的重要性。然后将该权重和向量 $\boldsymbol{B}^{st}$ 与句子权重向量 $\boldsymbol{B}^s$ 线性组合，得到最终的句子权重向量$\widetilde{\boldsymbol{B}}^s$。这样词项信息、文档信息和句子本身的信息都将得到充分利用，具体的结合方式如下：

$$\widetilde{\boldsymbol{B}}^s = w \cdot \boldsymbol{B}^s + (1-w) \cdot \boldsymbol{B}^{st} \tag{6-14}$$

依据式(6-14)，句子最终的重要性得分即可求出，根据得分高低的排序，选择得分较高的句子作为摘要的候选集合。为了使得最终生成的摘要包含信息量最大，因而需要对候选集合进行筛选，去除冗余度较高的句子，即还需要将该句子同与它所有邻接的句子的权重进行比较，当且仅当这个句子的权重是它所在的邻接表里面的最大的时候，才可以把这个句子加入到摘要里面，否则不能加入。依次这样选择句子，直到摘要的长度达到规定的要求。

6.2.3 融合噪声检测的多文档自动摘要

1. 噪声句/噪声词语检测

文档集中的每个句子或词语并不是都有意义。例如，DUC2004 d30001 数据集讨论了柬埔寨的政治危机。数据集中的句子“Authorities have called it an assassination attempt on Hun Sen(当局称这是对洪森的暗杀企图)”与该主题没有直接关系。我们将这类句子定义为与主题无关的句子。给定的文档集一般存在几个主题，而文档中的有些句子可能与这些主题相关。例如，DUC2004 d30003 数据集讨论了独裁者皮诺切特的逮捕。句子“Pinochet has immunity from prosecution in Chile as a senator-for-life under a new constitution that his government crafted(皮诺切特根据智利政府制定的新宪法，他作为终身参议员在智利享有免于起诉的权利)。”将这两句定义为噪声句。因此，噪声词检测和噪声句检测能够进一步提升自动摘要的性能。为便于说明，在本章剩余章节中的噪声检测方面，仅以句子聚类中的噪声检测为例来说明(词语聚类与其类似，不再赘述)。

与传统的聚类算法(例如 K 均值和聚类)相比，近年来出现的新聚类算法(如谱聚类)在某些挑战性任务上表现出了出色的性能。谱聚类具有许多优势，例如，它能够获得全局最优解并适应任何形状的样本空间。该算法也很容易实现。它可以通过标准的线性代数方法进行有效的求解，并且可以应用于特征空间和数据空间中的高维数据集。考虑到这些优势，我们选择谱聚类算法作为文档摘要的聚类算法。

与其他聚类算法类似，谱聚类也毫无例外地对噪声敏感。导致其在嘈杂数据集上失败的主要原因是亲和矩阵的块结构被噪声破坏。一种可能的解决方案是重塑带噪声的数据集，使得新的亲和矩阵具有块结构。在本章中，通过将文本数据点从其原始特征空间映射到新特征空间中，将噪声检测融入谱聚类过程中，从而可以将由所有噪声数据点形成的噪声簇与其他常规簇分开。增强噪声句检测的谱聚类算法是由归一化图拉普拉斯构造、数据表示和谱嵌入三部分组成的。

1）归一化图拉普拉斯构造

令 $G=(S,A)$ 表示无向加权图。$S=\{s_1,s_2,\cdots,s_n\}$ 表示与 m 维特征向量的文本点相对应的结点集，m 是给定文档集合中单词的总数，n 是给定文档集合中句子的总数。$\boldsymbol{A}=[a_{ij}]_{n\times n}$ 是一个对称矩阵，其中，a_{ij} 是连接图 G 中两个结点 s_i 和 s_j 的边的权重（i，$j=1,2,\cdots,n$），它是由 $\boldsymbol{s}_i$ 向量和 $\boldsymbol{s}_j$ 向量之间的余弦相似度进行衡量的。G 的图拉普拉斯算子 $\boldsymbol{L}$ 定义为 $\boldsymbol{L}=\boldsymbol{I}-\boldsymbol{A}$，其中，$\boldsymbol{I}$ 是单位矩阵，将 G 的归一化图拉普拉斯矩阵 $\bar{\boldsymbol{L}}$ 定义为：

$$\bar{\boldsymbol{L}}=\boldsymbol{D}^{-1/2}L\boldsymbol{D}^{-1/2}=\boldsymbol{I}-\boldsymbol{D}^{-1/2}\boldsymbol{A}\boldsymbol{D}^{-1/2} \tag{6-15}$$

式(6-15)中 $\boldsymbol{D}=[d_{ij}]_{n\times n}$ 是一个对角线矩阵，对角线元素 $d_{ii}=\sum_j a_{ij}$。$\boldsymbol{A}$ 被称为亲和矩阵，$\bar{\boldsymbol{A}}=\boldsymbol{D}^{-1/2}\boldsymbol{A}\boldsymbol{D}^{-1/2}$ 是归一化的亲和矩阵。归一化图拉普拉斯算子构造是谱聚类的基本步骤。

2）数据表示

为了获得相对紧凑的句子簇并同时进行噪声检测，将句子结点 $\{s_1,s_2,\cdots,s_n\}$ 映射到一个 n 维的新特征空间 $\{p_1,p_2,\cdots,p_n\}$ 中。这样做的目的是可以得出基于新图的亲和力矩阵的块结构。考虑以下正则化框架：

$$\Omega(\boldsymbol{P})=\|\boldsymbol{P}-\boldsymbol{I}\|_F^2+\alpha\cdot\mathbf{tr}(\boldsymbol{P}^{\mathrm{T}}\boldsymbol{K}_r^{-1}\boldsymbol{P}) \tag{6-16}$$

式中，$\|\cdot\|_F$ 表示矩阵的 Frobenius 范数；$\mathbf{tr}(\cdot)$ 表示矩阵的迹；α 是一个正则化参数，用于控制两项之间的权衡；$\boldsymbol{K}_r$ 是一个图核（$\boldsymbol{K}_r=\bar{\boldsymbol{L}}^{-1}$）。$\boldsymbol{K}_r^{-1}$ 是矩阵 $\boldsymbol{K}_r$ 的逆（如果 $\boldsymbol{K}_r$ 是奇异矩阵）或者是 $\boldsymbol{K}_r$ 的伪逆（如果 $\boldsymbol{K}_r$ 是奇异矩阵）。$\boldsymbol{P}=[p_1,p_2,\cdots,p_n]_{n\times n}^{\mathrm{T}}$ 是映射后句子集的新表示形式。最优值 P 可以通过最小化 $\Omega(\boldsymbol{P})$ 得到，即 $p^*=\mathrm{argmin}\Omega(\boldsymbol{P})$。不难看出，式(6-16)是严格凸的，因此可以使用式(6-16)关于 P 求导，得到 $\Omega(\boldsymbol{P})$ 的极小值，即：

$$\boldsymbol{P}^*=(I+\alpha\boldsymbol{K}_r^{-1})^{-1} \tag{6-17}$$

那么 s_i 的新表示就是 p_i^*（即矩阵 $\boldsymbol{P}^*$ 的第 i 个列向量 $\boldsymbol{P}^*(i,\cdot)^{\mathrm{T}}$）。

最小化 $\Omega(\boldsymbol{P})$ 获得最优 P 可以理解为一个转导过程。初始阶段，将 s_i 映射到 n 维空间中的 $p_i=\boldsymbol{I}(i,\cdot)^{\mathrm{T}}(i=1,2,\cdots,n)$，$\boldsymbol{I}(i,\cdot)$ 表示单位矩阵 $\boldsymbol{I}$ 的第 i 行，并和 $\boldsymbol{I}(i,\cdot)^{\mathrm{T}}$ 构成 R^n 空间的规范坐标系。然后 p_i 的第 i 个分量（初始值为 1）将传播到所有 p_j 的第 i 个分量，$j=1,2,\cdots,n$，$j\neq i$，这些分量的初始值均为 0。式(6-16)中的两项分别称为拟合项和平滑度项，它将与 p_i 共享同一簇的点变为第 i 个分量具有相对较大或相似的值，而

其他点的第 i 个分量接近 0。这使得从它们生成的簇更加紧凑。相反，由于噪声点是随机分布在新的特征空间中，它们的大多数坐标都较小，这意味着噪点比其他点更靠近原点。这个属性可用于检测噪声点。

3）谱嵌入

给定 $P^*=\{p_1^*,p_2^*,\cdots,p_n^*\}$，即 $S=\{s_1,s_2,\cdots,s_n\}$ 在新特征空间中的最优表示，可以构造一个新的归一化句子图拉普拉斯矩阵$\widetilde{\boldsymbol{L}}$。令 $\lambda_1\leqslant\lambda_2\leqslant\cdots\leqslant\lambda_n$ 是$\widetilde{\boldsymbol{L}}$ 的特征值，对应的特征向量是 $v_1,v_2,\cdots,v_n$。假设簇数 k 已知，令 $\boldsymbol{V}=[v_1,v_2,\cdots,v_k]_{n\times k}$。将 V 的每一行归一化为单位长度，得到一个新矩阵 $\bar{\boldsymbol{V}}$。所得到的行向量对应原始句子点，并用 K 均值聚类算法对它们聚类。当且仅当将 $\bar{\boldsymbol{V}}$ 中的第 i 行向量（即 $\bar{\boldsymbol{V}}(i,\cdot)$）分配给簇 l 时，s_i 才能分给簇 $l(1\leqslant l\leqslant k)$。

对于每个生成簇，计算句子点与原点之间的平均距离。将平均距离最小的簇作为噪声簇，其他簇被视为常规簇。

4）簇数估计

谱聚类方法需要预先设定聚类簇数 k。为了避免详尽搜索每个文档集的正确簇号，我们采用了 Bach 和 Jordan 文中提出的自动聚类数估计方法来预测聚类数。给定新的归一化句子图拉普拉斯矩阵$\widetilde{\boldsymbol{L}}$ 及其特征值 $\lambda_1\leqslant\lambda_2\leqslant\cdots\leqslant\lambda_n$，最优簇数 k^* 定义为：

$$k^*=\underset{k}{\arg\max}\{\lambda_{k+1}(\widetilde{\boldsymbol{L}})-\lambda_k(\widetilde{\boldsymbol{L}})\} \tag{6-18}$$

式(6-18)中 $\lambda_i(\boldsymbol{L})$是$\widetilde{\boldsymbol{L}}$ 的第 i 个最小特征值。

2. 集成式联合聚类框架

将给定的文档集合建模为一个图 $G_1=(S,W,E_1)$，其中，$S=\{s_1,s_2,\cdots,s_n\}$和 $W=\{w_1,w_2,\cdots,w_m\}$分别代表句子集合和结点集合，n 是句子的数量，m 是词语的数量。一个词语结点定义为从 WordNet 中抽取出的描述该单词结点的第一个定义。G_1 中的一条边将句子和词语连接起来，即$\{\{s_i,w_j\}:s_i\in S,w_j\in W\}$。$E_1$ 是用于衡量句子和词语定义之间余弦相似度的一组权重。这样就可以捕获词语和句子之间的语义关系。考虑到计算效率，我们选择每个词语的最常见含义定义。相应的句子一词矩阵 $\boldsymbol{A}_{SW}$ 构造为：

$$\boldsymbol{A}_{SW}=[\boldsymbol{A}_{SW}(i,j)]_{n\times m} \tag{6-19}$$

式中，$\boldsymbol{A}_{SW}(i,j)$表示句子 i 和词语定义 j 之间的余弦相似度。$\boldsymbol{A}_{SW}$ 可被理解为 G_1 中的亲和矩阵。这个框架中考虑词语之间的边以及句子之间的边。

该框架的基本前提是将句子和词语同时分配给 K 个簇。也就是说，如果句子 s_i 与词语簇 C_{W_l} 的关联大于句子 s_i 与其他词语簇的关联，则句子 s_i 应属于句子簇 $C_{S_l}(1\leqslant l\leqslant K)$。使用该图，句子与词语簇的关联是将该句连接到该簇中所有词语的边的累加权重，即

$$C_{S_l}=\left\{s_i:\sum_{j\in C_{W_l}}A_{SW}(i,j)\geqslant\sum_{\substack{j\in C_{W_f}\\(1\leqslant f\leqslant K\text{ 且 }f\neq l)}}A_{SW}(i,j)\right\} \tag{6-20}$$

因此，每个句子簇是由词语簇决定的。相似地，给定句子簇 $C_{S_1}, \cdots, C_{S_K}$，其导出的句子簇由式(6-21)给出：

$$C_{W_l} = \{w_j: \sum_{i \in C_{S_l}} A_{SW}(i,j) \geqslant \sum_{j \in C_{S_f}} A_{SW}(i,j)\} \tag{6-21}$$

这种表征本质上是递归的，因为句子簇决定了词语簇，词语簇反过来又能生成更好的句子簇。因此，最佳词语簇和句子簇将对应于图的划分，以使分区之间的交叉边缘具有最小的累积权重，可以表示为 $\mathrm{cut}(C_{W_1} \cup C_{S_1}, \cdots, C_{W_k} \cup C_{S_k}) = \min_{C_1, \cdots, C_k} \mathrm{cut}(C_1, \cdots, C_K)$。$C_i$ 是由 C_{w_i} 和 $C_{S_i}(i=1,2,\cdots,K)$ 组成的联合簇。使用前面提出的噪声检测增强谱聚类方法对其聚类，生成 $K-1$ 个常规簇和一个噪声簇。请注意，常规簇和噪声簇均包含词语和句子。算法 6-2 总结了集成式联合框架的整个过程。

算法 6-2：噪声检测集成共聚算法

输入：句子集 $S=\{s_1, s_2, \cdots, s_n\}$，单词 $W=\{w_1, w_2, \cdots, w_m\}$，一个正参数 α。

输出：句子簇集 $\{C_{S_1}, C_{S_2}, \cdots, C_{S_{K-1}}, C_N\}$。

---

1. 构建归一化图拉普拉斯矩阵 $\bar{\boldsymbol{L}} = \boldsymbol{I} - \boldsymbol{D}_1^{-1/2} \boldsymbol{A}_{SW} \boldsymbol{D}_2^{-1/2}$，其中，$\boldsymbol{D}_1$ 和 $\boldsymbol{D}_2$ 是对角矩阵，即 $\boldsymbol{D}_1(i,i) = \sum_j \boldsymbol{A}_{SW}(i,j)$，$\boldsymbol{D}_2(j,j) = \sum_i \boldsymbol{A}_{SW}(i,j)$；
2. 构建句子的新表示 $\boldsymbol{P}_{n\times m}^* = (\boldsymbol{I} + \alpha \boldsymbol{K}_r^+)^+$，其中，$\boldsymbol{K}_r = \bar{\boldsymbol{L}}_{n\times m}^+$；
3. 构建一个新的归一化图拉普拉斯矩阵 $\widetilde{\boldsymbol{L}} = \boldsymbol{I} - \widetilde{\boldsymbol{D}}_1^{-1/2} \boldsymbol{P}_{n\times m}^* \widetilde{\boldsymbol{D}}_2^{-1/2}$；
4. 计算矩阵 $\widetilde{\boldsymbol{L}}$ 的奇异值；
5. 通过找到 $\widetilde{\boldsymbol{L}}$ 的奇异值的最大差距得出簇数 K；
6. 获取矩阵 $\widetilde{\boldsymbol{L}}$ 的 $l = \lceil \log_2 K \rceil$ 个奇异向量，$u_2, \cdots, u_{l+1}$ 和 $v_2, \cdots, v_{l+1}$，并构成矩阵 $\boldsymbol{Z} = [\boldsymbol{D}_1^{-1/2}\boldsymbol{U}, \boldsymbol{D}_2^{-1/2}\boldsymbol{V}]^{\mathrm{T}}$，其中，$\boldsymbol{U} = [u_2, \cdots, u_{l+1}]$，$\boldsymbol{V} = [v_2, \cdots, v_{l+1}]$；
7. 在 $\boldsymbol{l}$ 维数据 $\boldsymbol{Z}$ 上运行 K-means 算法，以获得所需的 K 个分割；
8. 如果 $\boldsymbol{Z}$ 的对应行向量在簇中，则将点分配给该簇。

集成式联合聚类框架的优点在于，一旦聚类完成，每个簇中的代表性句子和词语就可以被找出，并且可将它们直接关联。

6.2.4 抽取式多文档自动摘要

1. 任务定义

1）通用多文档摘要

通用的多文档摘要是指在没有任何先验知识的情况下，提供包含文档集的大部分信息内容的一个摘要。

2）面向查询的多文档摘要

由 DUC 自动摘要任务激励，面向查询的多文档摘要是为给定查询相关的文档集生成简洁并且结构良好的摘要。该查询模拟用户的信息需求，因此生成的摘要是具有指向性的。每个文档是由一个标题(通常是一个简短的短语,简明扼要地描述用户所关心的内容)和一个叙述(通常包含一个或多个有关用户特别感兴趣的句子)组成。下面是DUC2005数据集中文档集合d301i的查询语句示例。

```
<topic>
<num> d301i </num>
<title> International Organized Crime </title>
<narr>
Identify and describe types of organized crime that crosses borders or involves more than one country. Name the countries involved. Also identify the perpetrators involved with each type of crime, including both individuals and organizations if possible.
</narr>
<granularity> specific </granularity>
</topic>
```

3) 面向查询的更新摘要

面向查询的更新摘要由TAC摘要任务驱动,它对一组新闻文章生成简短流利的多文档摘要。更新摘要是假设用户已经阅读了早期相关文章,并将有关同一主题的新信息总结后通知用户。

2. 摘要生成

1) 通用摘要生成

利用集成噪声检测的谱聚类生成常规句子簇,根据原始文档所属的常规簇的排序以及每个簇包含的句子排序抽取相应句子。每个常规句子簇的排序分数可表示为:

$$r(C_{S_i})=\frac{\text{score}(C_{S_i})}{\sum_{i=1}^{K-1}\text{score}(C_{S_i})} \tag{6-22}$$

$$\text{score}(C_{S_i})=\frac{\sum_{j=1}^{m}C_{S_i}(j)\cdot S(j)}{\sqrt{\sum_{j=1}^{m}(C_{S_i}(j))^2}\cdot\sqrt{\sum_{j=1}^{m}(S(j))^2}} \tag{6-23}$$

其中,$\text{score}(C_{S_i})$表示常规句子簇C_{S_i}和常规摘要的整个文档集S之间的余弦相似度;$K-1$是识别出的常规句子簇数目;m表示文档集中的词语数目;$r(C_{S_i})$是$\text{score}(C_{S_i})$的归一化值,即$r(C_{S_i})\in[0,1]$且$\sum_{i=1}^{K-1}r(C_{S_i})=1$。

在每个常规句子簇中,可以应用任何合理的排名算法来对句子进行排名。鉴于PageRank类算法在句子排名中的成功应用,这里采用LexRank。然后,通过从最显著的常规簇到最不显著的常规簇选择最显著的句子,然后按排序值从高到低的顺序从常规簇中选择次显著的句子来生成摘要。

对于面向查询的摘要和面向查询的更新摘要,可以在聚类过程中反映查询语句(和早期文档摘要信息)的影响力,但是本章的重点是探索聚类在摘要中的应用。

2) 面向查询的摘要生成

聚类通常是无监督的。在某些有限的先验知识可用的情况下,可以使用这些知识来"指导"聚类过程,这被称为半监督聚类。受此想法启发,我们利用查询信息来监督句子聚类,以实现面向查询的多文档摘要。期望将与查询的某些方面相对应的句子聚合在一起,从而生成与查询相关的句子簇,与查询无关的句子簇和噪声句子簇。

为此,我们采用由 Kamvar 等提出的具有成对约束的半监督谱聚类方法。我们将每个查询语句视为与查询相关的簇种子。对于噪声簇,从文档集合中选择一个句子,该句子不包含查询语句中的任何一个词语,并且该句子被视为噪声簇的种子。然后从文档集合其余的句子中选择与种子的余弦相似度最高的句子,以构造与该种子的必须链接约束。一旦为一个簇选择了一个句子,就不能将该句分配给其他簇。因此,这个句子可以用来与其他簇种子构建不可链接约束。

由于查询语句通过这种方法参与聚类,亲和矩阵 $\boldsymbol{A}=(a_{ij})_{(n+r)\times(n+r)}$,其中,$r$ 是给定查询中的句子数。通常,a_{ij} 被定义为两个句子 s_i 和 s_j 之间的余弦相似度。特别地,$a_{ij}=1$ 分配给每对必须链接约束,表示相应的两个句子必须在同一簇中。类似地,将 $a_{ij}=0$ 分配给每对不可链接约束,这表明相应的两个句子一定不能在同一簇中。然后,应用谱聚类算法在该约束亲和矩阵上。

我们从包含查询语句的那些簇中生成摘要。其他簇都被认为是与查询无关的簇或噪声簇。每个与查询相关的句子簇的排名得分也可以由式(6-23)表示,其中,$\text{score}(C_{S_i})=\dfrac{\sum_{j=1}^{m}C_{S_i}(j)\cdot Q(j)}{\sqrt{\sum_{j=1}^{m}(C_{S_i}(j))^2}\cdot\sqrt{\sum_{j=1}^{m}(Q(j))^2}}$ 表示查询相关的句子簇 C_{S_i} 和给定的查询 Q(Q 表示包含题目和叙述的查询向量)之间的余弦相似度。

3) 面向查询的更新摘要生成

与面向查询的多文档摘要不同,面向查询的更新摘要需要创建一个偏向于查询语句的摘要,并且偏离在早期文档集中的摘要语句。我们将早期文档集表示为 S_A,将近期文档集表示为 S_B。

我们利用 S_A 的查询信息和摘要信息来监督句子聚类,以实现面向查询的更新摘要。期望将与查询的某些方面相对应的语句聚合在一起,形成与查询相关的聚类,然后将与 A 的摘要相关的句子也聚合在一起,而其他噪声句放入噪声簇中。

将每个查询语句视为与查询相关的簇种子,将 S_A 中的每个摘要句视为早期文档簇的种子,并将不包含查询句中词语的句子视为噪声簇种子。然后从文档集剩下的句子中,选择与种子的余弦相似度最高的句子,以构造与该种子的必须链接约束。

同样应用具有成对约束的半监督谱聚类将句子聚类。亲和矩阵变为 $\boldsymbol{A}=(a_{ij})_{(n+r+n_{S_a})\times(n+r+n s_a)}$,$n_{S_a}$ 表示 S_A 中摘要句的个数。通常,a_{ij} 被定义为两个句子 s_i 和 s_j 之间的余弦相似度。特别地,$a_{ij}=1$ 分配给每对必须链接约束,表示对应的两个句子必须在同一簇中。然后基于此约束亲和矩阵运行谱聚类算法。我们从包含查询语句的那些簇中生成摘要。其他簇被认为是与摘要 A 相关的簇或是噪声簇。

3. 摘要生成中的冗余控制

因为需要生成摘要的文档数量可能非常多，因此在生成的摘要中信息冗余可能会很严重。所以多文档自动摘要必须要进行冗余控制。我们采用一种简单而有效的方式来选择摘要句子。每一次，我们将当前候选句子与已在摘要中的句子进行比较，仅将与摘要中已有句子相似度不高的句子（即它们之间的余弦相似度低于阈值）选入摘要。重复迭代直到摘要中句子的长度达到长度限制。在我们的实验中，阈值设置为 0.9。

4. 实验分析

对 DUC2004 通用摘要数据集，DUC2005、DUC2006 和 DUC2007 面向查询的摘要数据集，以及 TAC2008 和 TAC2009 面向查询的更新摘要数据集进行一系列实验。根据任务定义，要求系统为每个文档集（没有或带有给定的查询描述）生成简明摘要，并且摘要的长度在 DUC2004 中限制为 665B，在 DUC2005、DUC2006 和 DUC2007 中限制为 250 个字，在 TAC2008 和 TAC2009 中限制为 100 个字。

Pyramid 和 responsiveness 是 DUC 和 TAC 使用的两种手动评估方法。Pyramid 的缺点是劳动强度大。同样，Pyramid 方法是为评估抽象摘要而开发的，不适合我们的任务。responsiveness 用于定义针对查询的摘要。在这种情况下，评估人员会收到用户查询和摘要，并要求他们为每个摘要打分以反映摘要在多大程度上满足了用户的信息需求。鉴于如果没有人工黄金标准，摘要的语言质量在某种程度上已纳入评分标准，那么以混乱的方式呈现的信息可能不会被认为是相关的；而存在人工黄金标准的情况下，评估者更容易解释它。鉴于所有标准自动评估程序都将摘要与人工黄金标准进行了比较，可以合理地预期，它们将比手动评估方法的结果更准确地再现结果。

本章使用公认的自动评估工具包 ROUGE 进行评估。它通过计算系统生成的摘要和人工参考摘要之间的重叠单位来衡量摘要内容质量。本章中用 3 个 ROUGE 分数衡量摘要质量，分别是基于 Unigram 匹配的 ROUGE-1，基于 Bigram 匹配的 ROUGE-2 和基于 Skip-bigram 匹配的 ROUGE-SU4。通过分割句子和拆分单词对文档和查询进行预处理，删除停用词，并使用 Porter Stemmer 提取词干。

1）数据集中生僻词语的比率

由于 WordNet 中词语的第一个含义是该词的最常见解释，而 DUC 数据集是新闻文章的集合，其中词语的含义也是最常见的含义，因此从 WordNet 中提取了单词的第一个定义。但是，也可以使用其他表示形式，例如，所有包含该单词的句子或维基百科的定义。我们测试了 WordNet 中不包含该数据集中单词的比率，如表 6-1 所示。

表 6-1 WordNet 中不包含的单词的比率

数据集	比率
DUC2004	8.73%
DUC2005	7.95%

续表

数 据 集	比 率
DUC2006	9.69%
DUC2007	8.89%

分析表明，数据集中的生僻词较少。在我们的程序中，如果单词没有出现在WordNet中，将其删除。

2）有噪声/无噪声的摘要评估

为了评估谱聚类增强噪声检测方法的性能，将其ROUGE得分与传统谱聚类方法进行了比较。对于传统谱聚类方法，簇数目是基于归一化句子图拉普拉斯矩阵得出。我们选择 $K_r=\bar{L}^{-1}$，并设置 α 为 10 000 用于噪声检测。下面以 DUC2004 D30001 文档集为例来说明这两种方法的摘要生成过程。

如下是一个人工摘要(粗体字是自己注释的主题)。可以发现，人工摘要包含四个主题，即"政治危机""谈话地点""美国态度""联合政府"。

Prospects were dim for resolution of the political crisis in Cambodia in October 1998. (**政治危机**)

Prime Minister Hun Sen insisted that talks take place in Cambodia while opposition leaders Ranariddh and Sam Rainsy, fearing arrest at home, wanted them abroad. King Sihanouk declined to chair talks in either place. (**谈话地点**)

A U.S. House resolution criticized Hun Sen's regime while the opposition tried to cut off his access to loans. (**美国态度**)

But in November the King announced a coalition government with Hun Sen heading the executive and Ranariddh leading the parliament.

Left out, Sam Rainsy sought the King's assurance of Hun Sen's promise of safety and freedom for all politicians. (**联合政府**)

下面列出了使用传统谱聚类方法生成的摘要。我们将第三类和第四类的突出句子视为噪声句，因为它们与数据集的主题无关。由于使用传统谱聚类方法生成的摘要含有噪声句，因此我们应用了噪声增强的谱聚类算法来生成常规句子簇和噪声句子簇。

下面列出了基于该算法生成的 DUC2004 D30001 的摘要。

Ranariddh, whose FUNCINPEC party finished a close second in the election, returned last week and struck a deal with Hun Sen to form a coalition government.

(**Coalition government**)

The royalist party also rejected Hun Sen's calls to hold bilateral talks, insisting that Ranariddh's main ally Sam Rainsy also be included.

(**Talking place**)

Hun Sen said his current government would remain in power as long as the opposition refused to form a new one.

(**Topic - irrelevant sentence**)

The men served as co - prime ministers until Hun Sen overthrew Ranariddh in a coup last year.
(Topic - irrelevant sentence)
FUNCINPEC has demanded from Hun Sen written guarantees for the safety of itsmembers and activities as a precondition for re - entering negotiations.
(Coalition government)
Cambodia's bickering political parties broke a three - month deadlock Friday and agreed to a coalition government leaving strongman Hun Sen as sole prime minister.
(Coalition the government)
Sam Rainsy wrote in a letter to King Norodom Sihanouk that he was eager to attend the first session of the new National Assembly on Nov. 25, but complained that Hun Sen's assurances were not strong enough to ease concerns his party members may be arrested upon their return to Cambodia.
(US Attitude)
Worried that party colleagues still face arrest for their politics, opposition leader Sam Rainsy sought further clarification Friday of security guarantees promised by strongman Hun Sen.
(Political crisis)
In a long - elusive compromise,

可以看出，基于提出的噪声检测增强型谱聚类算法生成的摘要不包含噪声句。这清楚地表明了噪声检测技术的优势，该技术将所有噪声句分配给噪声句簇。

基于 DUC2004 文档集，我们有了手工标记的人工摘要，基于传统谱聚类算法生成的摘要，以及噪声检测增强谱聚类算法生成的摘要。我们发现，基于传统谱聚类算法生成的摘要包含话题无关的句子或话题相关但主题无关的句子。

我们对 15 个带注释的文档集进行了统计分析，在基于传统谱聚类算法生成的摘要中，其中约 17.2%～34%的句子为噪声句。当我们使用噪声检测增强的谱聚类算法时，大多数噪声语句不包含在生成的摘要中。这可以归因于聚类过程中噪声检测的有效性。

为了进行比较，还实现了覆盖率方法，如果摘要长度允许，则抽取第一个文档中的第一个句子到最后一个文档的第一个句子。表 6-2 列出了在 DUC2004 通用多文档摘要数据集上的 ROUGE 结果(表中用 SC 表示谱聚类)。

表 6-2 包含/不包含噪声检测的谱聚类算法的 ROUGE 评测

算法名称	ROUGE-1	ROUGE-2	ROUGE-SU4
包含噪声检测的 SC	0.366 29	0.078 93	0.126 04
不包含噪声检测的 SC	0.363 01	0.073 62	0.118 57
覆盖率方法	0.347 29	0.069 83	0.104 98

由于表 6-2 中包含噪声检测的 SC 和不包含噪声检测的 SC 的 ROUGE 得分非常相似，因此需要关注改进的意义。在所有 50 个 DUC2004 文档集中使用 ROUGE-2 分数进行成对 T 检验评估。这里假设“基于 ROUGE-2 值，第一种方法等于或劣于第二种方法”且显著性水平为 5%。

表 6-3 中的 p 值表明所有假设都被拒绝，这意味着第一种方法优于第二种方法。表 6-3 还显示了带噪声检测的 SC 优于其他两种方法，并且进一步表明，去除噪声确实可以产生更好的句子簇，从而可以增强摘要性能。

表 6-3　DUC2004 数据集上的 T 检验

相比较的算法	p 值
包含噪声检测的 SC vs. 不包含噪声检测的 SC	0.021 86
包含噪声检测的 SC vs. 覆盖率方法	0.023 77
不包含噪声检测的 SC vs. 覆盖率方法	0.023 59

6.3　生成式摘要

6.3.1　融合词汇特征的生成式摘要模型

以 Seq2Seq 为基础框架模型，在输入层，使用词性向量和词向量进行叠加，构成整个网络的输入向量。在编码器端，分为两部分：一部分使用双向 LSTM[17] 模型，对分词后的源文本内容进行句子级别的浅层表征学习；另一部分使用卷积神经网络对所有词汇提取 N-gram 和词性特征，最后将两部分学习到的特征矩阵融合在一起，构成上下文向量。在输出摘要时使用单向的 LSTM，每个时间步都需要对上下文特征矩阵进行注意力权重的分配，进而生成词汇。

1. 构建输入层向量

融合短语特征的自动摘要模型的输入由两部分构成，第一部分将分词后的源文本转换成词向量，使用 $\boldsymbol{x}^w=\{x_1^w, x_2^w, \cdots, x_n^w\}$ 来表示；第二部分将源文本的词性转换为向量，用 $\boldsymbol{x}^p=\{x_1^p, x_2^p, \cdots, x_n^p\}$ 表示，其中，n 表示输入词性的索引。最后，对输入序列的词向量和词性向量连接，得到带有词性特征的输入向量 $\boldsymbol{w}^p$，如式(6-24)所示。

$$\boldsymbol{w}_n^p=\sum_{i=1}^{n}[x_i^w; x_i^p] \tag{6-24}$$

2. seq2seq 模型

编码器使用双向 LSTM 模型，输入的是带有词性特征的向量，通常将编码器所有输出的隐藏状态作为原始句子的浅层语义表示，在解码器端对该向量进行解码。由于模型所使用的是双向 LSTM，每个时间步都接收来自前一时刻或后一时刻的隐层状态，所以在每个时间步需要对前向和后向的各个隐层状态向量进行连接，得到包含前后语义的隐藏状态。式(6-25)中 $\overleftarrow{\boldsymbol{c}}_t$，$\overleftarrow{\boldsymbol{h}}_{t+1}$ 表示后一时刻的隐层向量，式(6-26)中 $\vec{\boldsymbol{c}}_t$，$\vec{\boldsymbol{h}}_{t+1}$ 表示前一时刻的隐层向量，式(6-27)中 $\tilde{\boldsymbol{h}}_t$ 表示当前时刻融合前向和后向的隐层向量，对于解码器同样使用 LSTM 神经网络进行解码。

$$\overleftarrow{c}_t, \overleftarrow{h}_t = \text{LSTM}(w_i^p, \overleftarrow{c}_{t+1}, \overleftarrow{h}_{t+1}) \tag{6-25}$$

$$\overrightarrow{c}_t, \overrightarrow{h}_t = \text{LSTM}(w_i^p, \overrightarrow{c}_{t+1}, \overrightarrow{h}_{t+1}) \tag{6-26}$$

$$\tilde{h}_t = [\overrightarrow{h}_t : \overleftarrow{h}_t] \tag{6-27}$$

式(6-28)中 $\boldsymbol{s}_t$ 表示解码器端的隐藏向量，$\boldsymbol{c}_t$ 表示 LSTM 中的状态向量。式(6-29)中 y_t 表示每个时间步输出的摘要序列词汇。

$$\boldsymbol{s}_t = \text{LSTM}(\boldsymbol{c}_t, y_{t-1}, \boldsymbol{s}_{t-1}) \tag{6-28}$$

$$y_t = \text{softmax}(g[\boldsymbol{c}_t ; \boldsymbol{s}_t]) \tag{6-29}$$

3. 融合词汇特征

借鉴 LIN 等的工作内容，依据其设定的卷积神经网络结构，卷积核的大小依次设定为 $k=1$，$k=3$，使卷积神经网络能提取词汇的 N-gram 的特征。在卷积层，将包含词性的词性序列作为基本单位输入到网络中，使用多个与输入向量维度相一致的卷积单元学习词汇特征。假设整个输入序列的长度为 n，对于每个卷积单元，经过一次卷积后，生成与输入矩阵大小相同的特征矩阵，最后将多个卷积结果和编码器的隐层状态连接，使用全连接层学习多种特征融合。

$$\boldsymbol{h} = \partial(W[\boldsymbol{g}_1, \boldsymbol{g}_2, \boldsymbol{g}_3, \tilde{\boldsymbol{h}}] + b) \tag{6-30}$$

式(6-30)中 $\boldsymbol{h}$ 为最终的编码器隐层向量，维度为 $m \times n$，m 代表输入向量的维度，n 表示输入序列的长度，其中，$\boldsymbol{g}_1, \boldsymbol{g}_2, \boldsymbol{g}_3$ 表示由卷积层输出的特征矩阵。∂表示激活函数 GLU。得到融合词汇特征和句子特征的隐层向量后，引入注意力机制来捕获输出内容与上下文向量的关联程度。

$$\boldsymbol{c}_t = \sum_{i=1}^{N} \alpha_{ti} h_i \tag{6-31}$$

$$\alpha_t = \frac{\exp(e_{ij})}{\sum_{k=1}^{T} \exp(e_{ik})} \tag{6-32}$$

$$e_{ij} = \alpha(s_{i-1}, h_j) \tag{6-33}$$

式(6-31)～式(6-33)中，$\boldsymbol{c}_t$ 表示当前时刻的上下文向量，e_{ij} 表示解码器端隐层状态 s_{t-1} 和编码器隐层状态 h_j 之间的相关系数。当输出摘要时，需要将得到上下文的向量 $\boldsymbol{c}_t$ 输入到解码器的 LSTM 单元中。

4. 损失函数

我们训练的模型采用反向传播方式，目标函数(代价函数)为交叉熵代价函数，将 y_t 作为输出生成的摘要词汇，X 为源文本输入序列，模型训练的目标是在给定输入语句的情况下最大化每个输出摘要词的概率。式(6-34)中 k 表示同一个训练批次句子的索引，t 表示句中输入词汇的索引。

$$\Delta = -\frac{1}{N}\sum_{k=1}^{N}\sum_{t=1}^{T} \lg[p(y_t^{(k)} \mid y_{<t}^{(k)}, X^{(k)})] \tag{6-34}$$

6.3.2　基于深度学习的文本自动摘要

1. 自动文摘的 Seq2Seq 框架

文本摘要生成的任务和机器翻译任务相类似，也可以看作一个序列到序列的过程。对机器翻译来说，输入是一种语言的序列，而输出则是另一种语言的序列；对于自动文本摘要来说，输入的序列为一篇文章，输出的序列则为一句话的标题或者几句话的摘要。由于 Seq2Seq 的这个输入和输出长度可以不一致的特性，使得该框架能够适用于更多的任务。Seq2Seq 的框架图如图 6-7 所示。

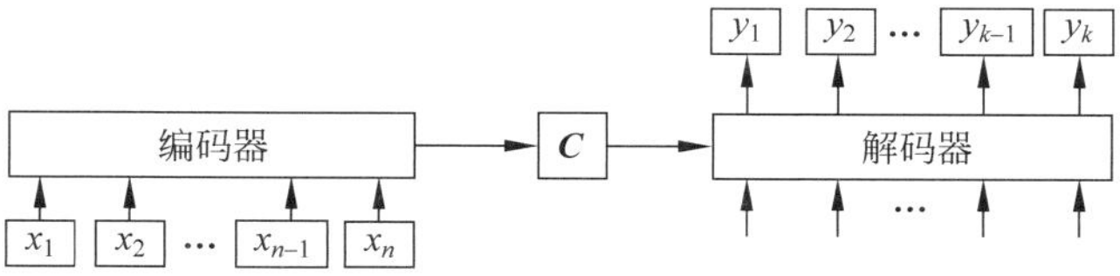

图 6-7　自动文本摘要的 Seq2Seq 框架

由图 6-7 可知，首先将源序列文本 Source($x_1,x_2,\cdots,x_{n-1},x_n$)按照其顺序，依次输入到编码器(Encoder)中去，经过线性变换之后，输出一个表征原序列信息的语义向量 $\boldsymbol{C}$，再将其传递到解码器(Decoder)中去，解码器通过语义向量和已经生成的历史序列来预测当前 i 时刻的单词，直至获得最终的 Target 序列。Source 序列和 Target 序列都是由各自的单词序列构成的。

$$\text{Source}=(x_1,x_2,\cdots,x_n) \tag{6-35}$$

$$\text{Target}=(y_1,y_2,\cdots,y_k) \tag{6-36}$$

$$\boldsymbol{C}=f(x_1,x_2,\cdots,x_n) \tag{6-37}$$

$$y_i=g(\boldsymbol{C},y_1,y_2,\cdots,y_{i-1}) \tag{6-38}$$

由于 Seq2Seq 框架非常灵活，Encoder 和 Decoder 可以使用多种神经网络，所以它在很多领域都有所建树，除了自然语言处理外，在语音和图像等领域也有着出色的表现。例如，在文本和语音等方面可以采用 RNN 模型，而在图像领域常常使用 CNN 模型。

2. Seq2Seq＋Attention 机制的模型构建

顾名思义，Attention 机制就是在模仿人的视觉注意力而创作出来的一种机制。简单来说，Attention 机制的主要目的就是从大量信息中过滤出对当前任务目标最为关键的信息。图 6-7 所描述的框架是没有使用 Attention 机制的框架。根据上述公式，可以发现，生成目标句子时，每个单词的贡献都是一样的，也就是注意力没有集中，就像人类在发呆时，虽然眼中仍然有画面，但是并没有聚焦于一点一样，可以认为是一种“分心”模型。加入 Attention 机制之后，在输出序列时，会在生成下一个词汇时，给出每个词汇的概率分布值，这个概率分布值代表了注意力分配模型分配给不同词汇的注意力大小，这对于生成良好的文本摘要是有所帮助的。Attention 机制的本质思想如图 6-8 所示。

可以将 Source 之中的构成元素当作一系列的数据，这时给出 Target 中的某一个元

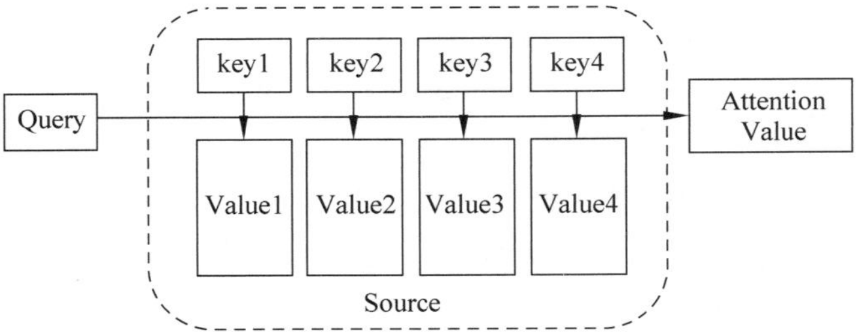

图 6-8 Attention 机制的本质思想

素 Query,然后计算 Query 和每个 key 的相似性或相关性,得出每个 key 所对应的 value 的权重系数,之后对 value 进行加权求和,就可以得到最终的 Attention 值。

因此,目标序列也就是文本摘要句子中的每一个单词都要学会源序列,也就是文章中单词的注意力分配概率信息。也就是说,在每个单词生成时,原先数值保持不变的表征原序列信息的语义向量 $\boldsymbol{C}$ 会被替换成根据当前生成的单词进行不断变化的语义向量。增加了 Attention 机制的 Seq2Seq 模型框架如图 6-9 所示。

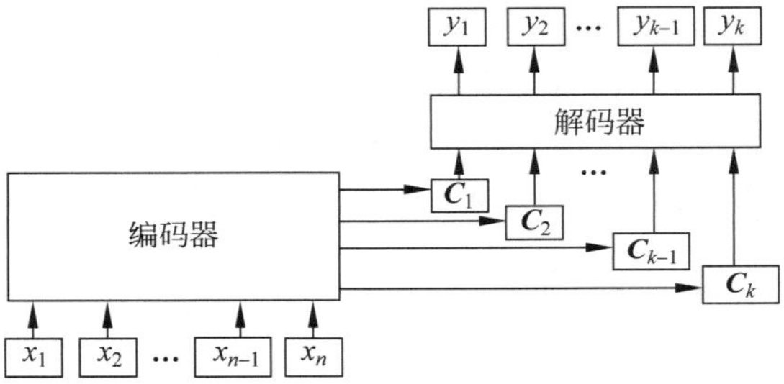

图 6-9 引入注意力机制的 Seq2Seq 模型框架

3. 基于 Seq2Seq+Attention 机制的文本摘要生成模型

在使用基于 Seq2Seq+Attention 机制的文本摘要生成模型进行文本摘要生成时,模型的运行流程如下。

(1) 使用 Word2Vec 对文本进行向量化表示,并输入模型中。

(2) 使用 LSTM 获得文章的分布式表达。

(3) 使用 Attention 机制得到含义更加完全的表达形式。

(4) 将文章的分布式表达通过 LSTM 预测出摘要的分布式表达。

(5) 将摘要的分布式表达转换成文本形式,得出摘要。

6.3.3 基于 HITS 注意力神经网络的生成式摘要模型

随着编码器-解码器模型成功地应用于自然语言生成任务中(如机器翻译和对话系统),生成式摘要方法已引起了人们极大的关注。大多数现有的生成式摘要方法都采用具有传统注意力机制的编码器-解码器模型。传统的注意力机制通常会根据原始句子编码的隐藏状态与当前解码的隐藏状态之间的关系来计算生成句子时原始句子的重要性,以获取注意力分布(见图 6-10(a))。然而,传统的注意力机制很容易忽略文档中存在的一些重要信息,从而导致模型难以学习和总结文档中更多的重要信息。但是,对于文档摘要而言,重要的是评估原始句子中包含的哪些信息对文档更重要。基于这个假设,万小军等提出了一种基于图的注意机制,它不仅考虑了传统注意机制中编码和解码的隐藏状态之间的关系,而且考虑了所有输入语句编码的隐藏状态之间的关系,使其能够识别文档中重要句子的模型(见图 6-10(b))。

实际上,单词是文档的基础。在给定的文档中,单词可能包含关键信息,并且在生成句子时起重要作用。例如,不同句子中的相同单词起着不同的作用,具体来说,一般句子中的单词没有重要句子中的单词重要。因此,原句中存在的单词信息应该对文档摘要有很大的影响。基于以上分析,我们认为原始句子的重要性不仅取决于原始句子编码的隐藏状态与当前解码之间的关系,还取决于所有原始句子的隐藏状态之间的关系以及文档中原始词语隐藏状态之间的关系(见图 6-10((c))。

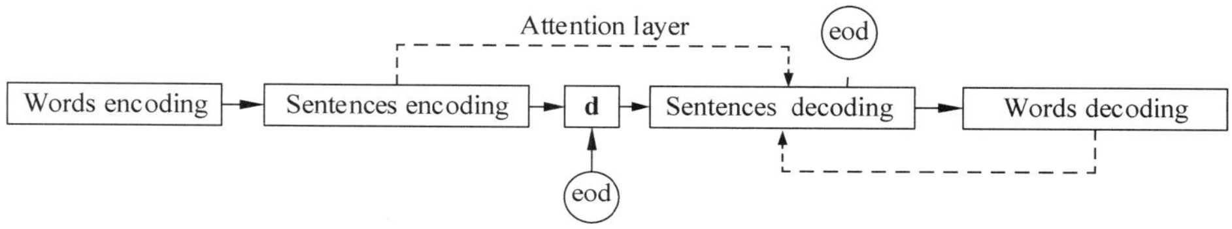

(a) 传统注意力机制

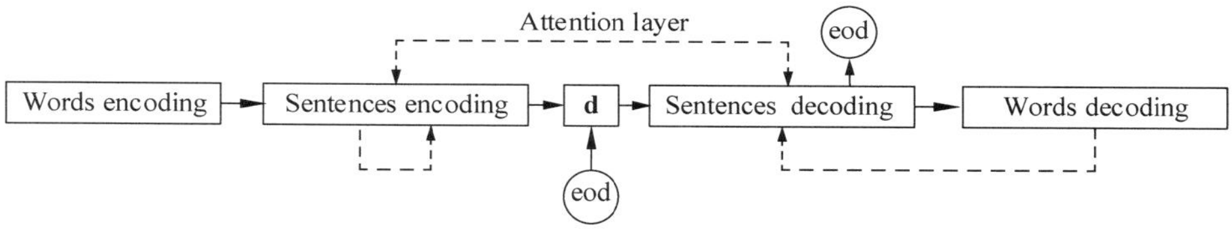

(b) 基于图的注意力机制

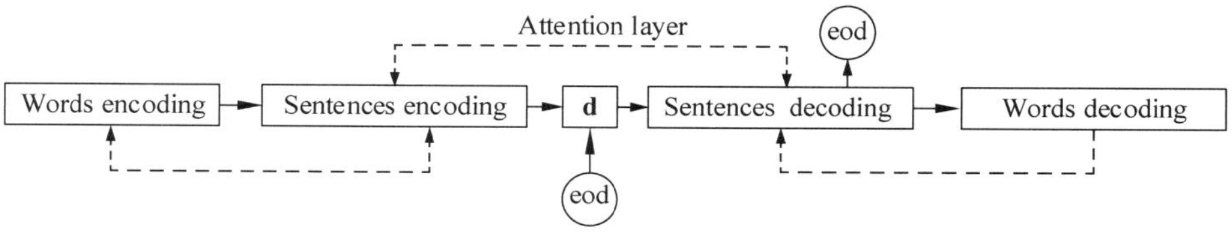

(c) 基于HITS的注意力机制

图 6-10 三种不同的注意力机制比较(d 表示输入文档的向量,eod 表示一篇文档的结束)

图 6-11 展示了基于 HITS 注意力的层次编码器-解码器框架。接下来将分别描述:①层次编码器-解码器框架;②基于 HITS 的注意力机制;③模型训练;④摘要生成。

1. 层次编码器-解码器框架

1)编码器

对于文档,编码器的目的是将文档映射到向量表示。给定一个包含 n 个句子的输入

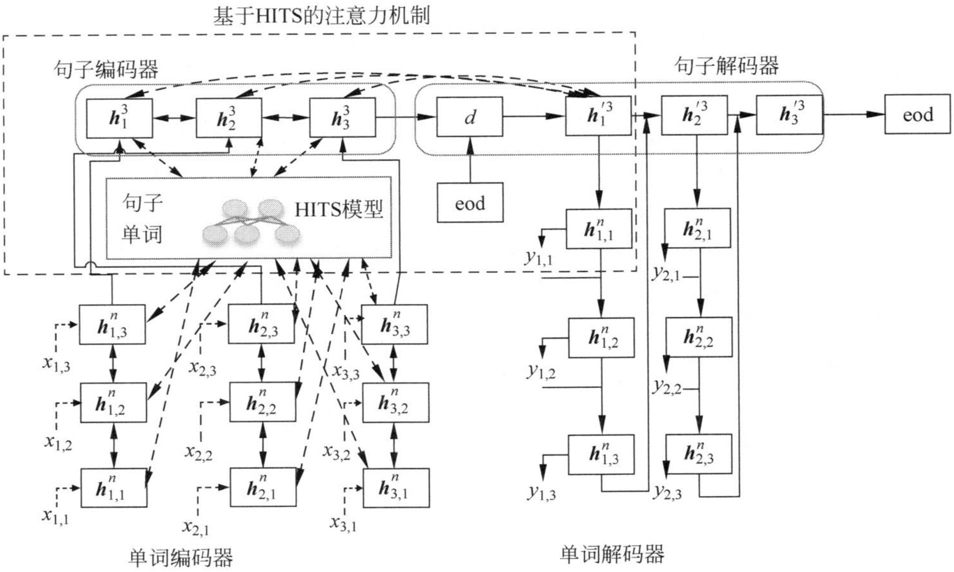

图 6-11　基于 HITS 的注意力神经模型框架

文档 $d=\{s_1,s_2,\cdots,s_n\}$，句子 s_i 是一个单词序列 $s_i=\{w_{i,1},w_{i,2},\cdots,w_{i,m_i}\}$，$m_i$ 是 s_i 中的单词数，每个单词都被表示为 k 维向量。考虑到门控循环单元(Gated Recurrent Unit，GRU)的参数更少，计算效率更高，因此使用 GRU 分层捕获文档的向量表示。

将双向 GRU 作为句子编码器，并将句子编码为向量表示。句子的结尾表示为 < eos >：

$$\overrightarrow{\boldsymbol{h}}_{i,j}^{w}=\mathrm{GRU}(x_{i,j},\overrightarrow{\boldsymbol{h}}_{i,j-1}^{w}) \tag{6-39}$$

$$\overleftarrow{\boldsymbol{h}}_{i,j}^{w}=\mathrm{GRU}(x_{i,j},\overleftarrow{\boldsymbol{h}}_{i,j+1}^{w}) \tag{6-40}$$

$$\boldsymbol{h}_{i,j}^{w}=[\overrightarrow{\boldsymbol{h}}_{i,j}^{w};\overleftarrow{\boldsymbol{h}}_{i,j}^{w}] \tag{6-41}$$

$$\boldsymbol{s}_{i}=[\overrightarrow{\boldsymbol{h}}_{i,1}^{w};\overleftarrow{\boldsymbol{h}}_{i,-1}^{w}] \tag{6-42}$$

$\boldsymbol{x}_{i,j}$ 表示句子 s_i 的第 j 个词语的词语向量，$\boldsymbol{s}_i$ 是句子 s_i 的向量表示。

我们将 $\boldsymbol{s}_i$ 输入文档编码器，并获取文档的向量表示。< eod >标记是一个伪句子，表示文档的结尾。双向 GRU 被用作文档编码器：

$$\overrightarrow{\boldsymbol{h}}_{i}^{s}=\mathrm{GRU}(\boldsymbol{s}_{i},\overrightarrow{\boldsymbol{h}}_{i-1}^{s}) \tag{6-43}$$

$$\overleftarrow{\boldsymbol{h}}_{i}^{s}=\mathrm{GRU}(\boldsymbol{s}_{i},\overleftarrow{\boldsymbol{h}}_{i+1}^{s}) \tag{6-44}$$

$$\boldsymbol{h}_{i}^{s}=[\overrightarrow{\boldsymbol{h}}_{i}^{s};\overleftarrow{\boldsymbol{h}}_{i}^{s}] \tag{6-45}$$

$$\boldsymbol{d}=[\overrightarrow{\boldsymbol{h}}_{1}^{s};\overleftarrow{\boldsymbol{h}}_{-1}^{s}] \tag{6-46}$$

$\boldsymbol{h}_i^s$ 表示句子 s_i 的隐藏状态，$\boldsymbol{d}$ 是文档 d 的向量表示。

2) 解码器

基于 GRU 的层次解码器用于生成输出语句序列 $\{s_j'\}$。将文档表示形式 $\boldsymbol{d}$ 输入到句子级解码器，并作为初始状态 $\boldsymbol{h}'^{s}_{0}=\boldsymbol{d}$，然后句子级解码器依次预测句子表示形式 $\boldsymbol{h}'^{s}_{j}=\mathrm{GRU}(\boldsymbol{s}'_{j-1},\boldsymbol{h}'^{s}_{j-1})$，其中，$\boldsymbol{s}'_{j-1}$ 是生成的句子 s'_{j-1} 的编码表示形式。词语级解码器的初始状态为 $\boldsymbol{h}'^{w}_{j,0}$，也是句子的表示形式 $\boldsymbol{h}'^{s}_{j}$。词语级解码器用 $\boldsymbol{h}'^{w}_{j,k}=\mathrm{GRU}(\boldsymbol{x}'_{j,k-1},\boldsymbol{h}'^{s}_{j,k-1})$ 来顺序预测词语表示形式，其中，$\boldsymbol{x}'_{j,k-1}$ 是生成词语的向量表示。之后，通过 Softmax 层对当前解码器的隐藏状态进行归一化，以生成词语的概率分布。当生成< eos >时，则词语解码步骤停止。词语解码器的最后一个隐藏状态被视为生成句子的向量表示。类似地，句子解码过程在生成< eod >时则停止解码。

2. 基于 HITS 的注意力机制

1）传统注意力机制

原始解码器模型要求 $\boldsymbol{d}$ 代表整个输入序列。为了减轻记忆整个输入序列的负担，Bahdanau 等人引入了一种注意力机制，该机制使解码器可以专注于处于不同生成状态的输入的不同部分。在生成句子 s'_j 时，传统的注意力机制设置 $\boldsymbol{c}_j$ 为 $\boldsymbol{c}_j=\sum_i \alpha_i^j \boldsymbol{h}_i^s$。$\alpha_i^j$ 可计算为：

$$\alpha_i^j=\frac{\exp(\mathrm{score}(\boldsymbol{h}_i^s,\boldsymbol{h}'^s_j))}{\sum_l \exp(\mathrm{score}(\boldsymbol{h}_i^s,\boldsymbol{h}'^s_l))} \tag{6-47}$$

它表示生成第 j 个句子时第 i 个原始句子的贡献。在这里，score 表示对 $\boldsymbol{h}_i^s$ 和 $\boldsymbol{h}'^s_j$ 之间的关系进行建模的函数。score 可以定义为 $\mathrm{score}(\boldsymbol{h}_i^s,\boldsymbol{h}'^s_j)=\boldsymbol{h}_i^{s^{\mathrm{T}}}\boldsymbol{h}'^s_j$，$\mathrm{score}(\boldsymbol{h}_i^s,\boldsymbol{h}'^s_j)=\boldsymbol{h}_i^{s^{\mathrm{T}}}\boldsymbol{W}_a\boldsymbol{h}'^s_j$ 和 $\mathrm{score}(\boldsymbol{h}_i^s,\boldsymbol{h}'^s_j)=\boldsymbol{W}_a[\boldsymbol{h}_i^s;\ \boldsymbol{h}'^s_j]$。本章使用 $\mathrm{score}(\boldsymbol{h}_i^s,\boldsymbol{h}'^s_j)=\boldsymbol{h}_i^{s^{\mathrm{T}}}\boldsymbol{Z}_a\boldsymbol{h}'^s_j$，其中，$\boldsymbol{Z}_a$ 表示参数矩阵。

2）基于 HITS 的注意力机制

在传统的注意力机制中，α_i^j 由 $\boldsymbol{h}_i^s$ 和 $\boldsymbol{h}'^s_j$ 之间的关系决定，而忽略原始句子的其他信息。在基于图的抽取式文档摘要中，句子 s_i 的显著性分数基于 $\boldsymbol{h}_i^s$ 和所有其他句子 $\{\boldsymbol{h}_l^s\}$ 之间的关系。万小军等结合了上述两种情况，提出了一种基于图的注意力机制。

实际上，给定一个文档，不同句子中的相同单词并不是同等重要，例如，显著句子（指显著性较高的句子）中包含的词语明显要比一般句子中的词语重要。该词级信息被认为在句子生成过程中起着重要作用。但是，现有的基于图的注意机制没有考虑原始文档中单词的隐藏状态信息。

为了克服上述缺点，提出了一种基于 HITS 的注意力机制。基于 HITS 的注意力机制受到基于 HITS 的提取摘要模型的启发，该模型利用句子和单词之间的相互影响来考虑单词级别的信息，并进一步提高了句子和单词的显著性得分。

在基于 HITS 的抽取式摘要中，首先构造一个二分图 G，表示为 $G=\langle S,W,E_{SW}\rangle$，其中 $S=\{s_i \mid 1\leqslant i\leqslant n\}$ 是一个句子集（即 authority 集），$W=\{w_j \mid 1\leqslant j\leqslant m\}$ 是一个词集（即 hub 集）；$E_{SW}=\{e_{ij} \mid s_i\in S, w_j\in W\}$ 是一个边集，表示任意句子和任意单词之间的相关性。每个边 e_{ij} 的权重表示为 l_{ij}，表示句子 s_i 和单词 w_j 之间的关联强度，$\boldsymbol{L}=(l_{ij})_{n\times m}$ 表示关联矩阵。

在第$(t+1)$次迭代中，词语 w_j 的 hub 得分 $\mathrm{HubScore}^{(t+1)}(w_j)$和句子 s_i 的 authority 得分 $\mathrm{AuthScore}^{(t+1)}(s_i)$可以分别用第 t 次迭代的 authority 分数和 hub 分数计算，即：

$$\mathrm{AuthScore}^{(t+1)}(s_i)=\sum_{w_j\in W} l_{ij}\cdot \mathrm{HubScore}^{(t)}(w_j) \tag{6-48}$$

$$\mathrm{HubScore}^{(t+1)}(w_j)=\sum_{s_i\in S} l_{ij}\cdot \mathrm{AuthScore}^{(t)}(s_i) \tag{6-49}$$

其中，$l_{ij}=\boldsymbol{h}_i^{s\mathrm{T}}\boldsymbol{Z}_a\boldsymbol{h}_j^w$，$\boldsymbol{h}_i^s$，$\boldsymbol{h}_j^w$ 分别是 s_i 和 w_j 的向量表示，$\boldsymbol{Z}_a$ 是要学习的矩阵。

分数可以分别用 $\boldsymbol{A}^{(t+1)}=\boldsymbol{LH}^{(t)}$ 和 $\boldsymbol{H}^{(t+1)}=\boldsymbol{L}^{\mathrm{T}}\boldsymbol{A}^{(t)}$ 表示为矩阵形式，其中，t 表示第 t 次迭代，$\boldsymbol{A}^{(t)}=[\mathrm{AuthScore}(s_i)]_{n\times 1}$ 是句子的 authority 分数向量，$\boldsymbol{H}^{(t)}=[\mathrm{HubScore}(w_j)]_{m\times 1}$ 是词语的 hub 分数向量。为了保证迭代形式的收敛性，在每次迭代之后，将 $\boldsymbol{A}$ 和 $\boldsymbol{H}$ 分别归一化为 $\boldsymbol{A}^{(t+1)}=\boldsymbol{A}^{(t+1)}/\|\boldsymbol{A}^{(t+1)}\|$ 和 $\boldsymbol{H}^{(t+1)}=\boldsymbol{H}^{(t+1)}/\|\boldsymbol{H}^{(t+1)}\|$。可以证明，$\boldsymbol{A}$ 收敛于 authority 矩阵 $\boldsymbol{LL}^{\mathrm{T}}$ 的主特征向量，$\boldsymbol{H}$ 收敛于 hub 矩阵 $\boldsymbol{L}^{\mathrm{T}}\boldsymbol{L}$ 的主特征向量。所有句子和单词的初始分数都设置为 1。因此，句子分数可以表示为：

$$\boldsymbol{p}=\mathrm{eigenvector}(\boldsymbol{LL}^{\mathrm{T}}) \tag{6-50}$$

在 HITS 模型中，句子 s_i 的显著性得分不仅与 $\boldsymbol{h}_i^s$ 和其他句子的$\{\boldsymbol{h}_l^s\}$有关，还与 $\boldsymbol{h}_i^s$ 和所有词语的$\{\boldsymbol{h}_k^w\}$有关。在我们提出的基于 HITS 注意力模型中，结合了上述因素以及 $\boldsymbol{h}_i^s$ 和 $\boldsymbol{h}'^s_j$ 之间的关系，并计算了关于 $\boldsymbol{h}'^s_j$ 的原始句子排序分数，因此，在解码不同状态 $\boldsymbol{h}'^s_j$ 时，句子的原始重要性分数 $\boldsymbol{p}^j$ 会有所不同。我们用 $\boldsymbol{p}^j$ 计算模型中的注意力。由于基于 HITS 的注意力机制的本质，解码状态不仅与原始句子的编码状态有关，而且与原始句子之间的关系有关。因此，$\boldsymbol{h}'^s_{j-1}$ 应在基于 HITS 的注意力模型中加以考虑，这意味着将解码状态的历史信息集成到模型中，即 $\boldsymbol{H}'^s=[\boldsymbol{H}^s;\boldsymbol{h}'^s_{j-1}]$和 $l'_{ij}=\boldsymbol{H}'^s_i\boldsymbol{Z}'_a\boldsymbol{h}_j^w$，其中，$\boldsymbol{Z}'_a$ 表示为添加了 $\boldsymbol{h}'^s_{j-1}$ 的新关联矩阵。在生成句子 s'_j 时，所有输入句子的重要性得分都包含在特征向量 $\boldsymbol{p}^j$ 中，即

$$\boldsymbol{p}^j=\mathrm{eigenvector}(\boldsymbol{L}'\boldsymbol{L}'^{\mathrm{T}}) \tag{6-51}$$

解码 $\boldsymbol{h}'^s_j$ 时，新分数 $\boldsymbol{p}^j$ 将用于计算基于 HITS 的注意力，并且能够找到具有全局重要性且与当前解码状态 $\boldsymbol{h}'^s_j$ 相关的句子，同时包含重要单词。

受 Chen 等启发，我们通过使用分散注意力机制来计算注意力值，这种注意力分散机制可以减去上一步的排名得分，从先前出现的句子中对模型进行惩罚，并有助于归一化。然后应用 Kullback-Leibler(KL)散度来细化注意力值，从而计算当前注意力值的分布与所有先前注意力值的分布之间的差。基于 HITS 的注意力最终计算为：

$$\begin{aligned}\alpha_i^j&=\mu\beta_i+(1-\mu)\gamma_i\cdot\boldsymbol{1}\\ \beta_i&=\frac{\max(p_i^j-p_i^{j-1},0)}{\sum_{k=1}^{n}\max(p_k^j-p_k^{j-1},0)}\end{aligned} \tag{6-52}$$

$$\gamma_i=\min_{t\in 0,\cdots,j-2}\text{KL}\left[\frac{\max(p_i^j-p_i^{j-1},0)}{\sum_{k=1}^{n}\max(p_k^j-p_k^{j-1},0)},\frac{\max(p_i^{j-t-1}-p_i^{j-t-2},0)}{\sum_{k=1}^{n}\max(p_k^{j-t-1}-p_k^{j-t-2},0)}\right]$$

其中，β_i 是基于干扰机制的值，γ_i 是基于 KL 的值，μ 是权衡基于干扰机制的值和基于 KL 的值，$\boldsymbol{p}^0$ 是原始句子的初始显著分数。基于 HITS 的注意力将集中在排名高于上一个解码步骤的句子上，因此，它会关注那些包含更多显著单词且新颖而突出的句子。因为式(6-51)和式(6-52)是可微的，基于 HITS 的注意力函数式(6-52)代替了式(6-47)，传统的基于梯度的方法被应用于训练基于 HITS 注意力的神经模型。

3. 模型训练

该摘要模型的损失函数 L 是在训练文档集 D 上生成文本摘要的负对数似然性，即：

$$L=\sum_{(X,Y)\in D}-\lg p(Y\mid X;\theta) \tag{6-53}$$

其中，$X=\{x_1,x_2,\cdots,x_m\}$表示文档 d 的单词序列，$Y=\{y_1,y_2,\cdots,y_{|Y|}\}$是与文档 d 对应的摘要的单词序列，包括标记< eos >和< eod >：

$$\lg p(Y\mid X;\theta)=\sum_{\tau=1}^{|Y|}\lg p(y_\tau\mid\{y_1,\cdots,y_{t-1}\},d;\theta) \tag{6-54}$$

其中，$p(y_\tau|\{y_1,\cdots,y_{t-1}\},\boldsymbol{d};\theta)$由 GRU 编码器-解码器模型建模。Adam 被用来优化模型参数 θ。

4. 摘要生成

摘要生成存在两个主要问题：一个是词汇不足(OOV)问题，另一个是所生成文本的质量低下，例如，信息不正确和重复。

为了解决在实体(例如人名、组织名称和地名)中经常发生的 OOV 问题，首先添加 ner-tagger 和 pos-tagger 来标识更多实体信息，这有助于提高实体名称识别的性能。然后，使用原始文档中出现的句子中的单词替换生成的摘要中的 OOV 字符。

对于低质量的生成文本问题，我们开发了一种基于比较机制的分层波束搜索算法。该算法通过基于这些句子内容的相关性对参考句子进行重新排序来扩展。分层波束搜索算法包含 K 个最佳单词级波束搜索和 N 个最佳句子级波束搜索。

在词语级搜索算法中，将生成单词 y_t 的分数计算为：

$$\text{score}(y_t)=p(y_t)+\delta[\text{comp}(Y_{t-1}+y_t,s_*)-\text{comp}(Y_{t-1},s_*)] \tag{6-55}$$

其中，comp 代表一个函数，用于计算两个文本之间的语法重叠率，$Y_{t-1}=\{y_1,\cdots,y_{t-1}\}$，$s_*$ 是已生成的句子，δ 是加权因子。添加的项旨在增加所生成的摘要 Y_{t-1} 和原始文本的重叠。

在句子级，将句子波束宽度设置为 N，并使用 N 最佳句子波束来获取 N 个生成的句子，这些句子通过参考 N 个不同的原始句子(其得分最高且以前未被引用)而变得多样化。另外，我们希望生成更流畅的摘要，因此我们提出的比较机制首先根据所关注句子的内容相关性对其进行重新排序，然后计算出两个文本的三元组重叠率。

5．实验分析

在 CNN/Daily Mail 摘要数据集上评估该模型。我们使用 Hermann 等提出的标准拆分，即 CNN 的训练、验证和测试文档的数量分别为 90 266，1220，1093，Daily Mail 的训练、验证和测试文档的数量分别为 196 961，12 148，10 397。

采用 ROUGE F1 评估生成的摘要的性能。为了公平，正确地比较不同系统中不同长度的结果，我们采用全长 F_1 分数进行评估。使用 ROUGE-1 和 ROUGE-2 评估生成的摘要的信息性，使用 ROUGE-L 评估生成的摘要的流畅性。

1）参数设置

在这组实验中，测试基于 HITS 的注意力模型中的参数 μ 和 δ 的性能。为了提高效率，在 CNN/Daily Mail 测试集中随机抽取 1000 个样本进行实验。训练模型时，将步长为 0.1 的 μ 值从 0 调整为 1。ROUGE-2 得分如图 6-12 所示。

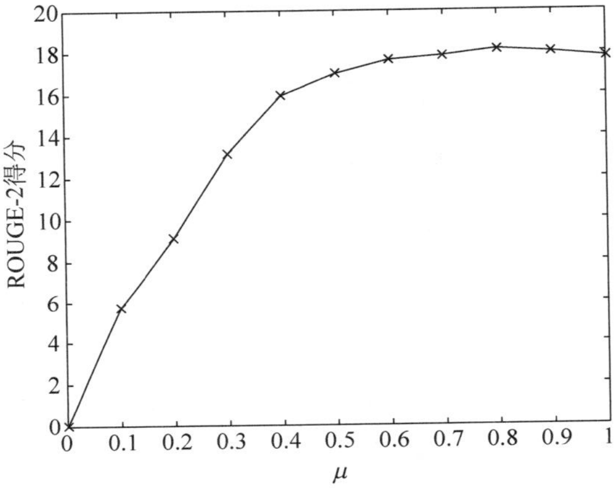

图 6-12　在 CNN/Daily Mail 的 1000 个随机样本中不同 μ 对应的 ROUGE-2 得分

然后调整参数 δ 以使生成的摘要具有良好的性能。当 $\delta=0$ 时，生成的摘要分数仅取决于解码算法。如图 6-13 所示，随着 δ 的变化，ROUGE-2 得分在开始时变化很快，然后变得稳定。这意味着尽管基于 HITS 的注意力模型能够获得原始文档的显著信息，但是生成的摘要性能仍然不够好。当采用集成比较机制来计算当前生成的摘要和原始文本中所涉及的句子之间的重叠时，可以进一步提高摘要的性能。图 6-13 还显示出了当使用适当的 δ 值时，有效地提高了在分级波束搜索中比较机制的性能。基于以上分析，我们认为 δ 值会显著影响所生成摘要的性能，并且可以在验证集上获得最佳值。

2）与其他摘要方法的比较

我们将该方法与以下文档摘要方法进行比较。

LEAD3：选择文档的前三个句子作为摘要。

LexRank：一种基于 PageRank 算法提取摘要的方法。

WordHITS：一种类似于 DocHITS 的提取摘要方法，通过将句子和单词视为 Hub 和 Authority 来使用单词级别的信息。

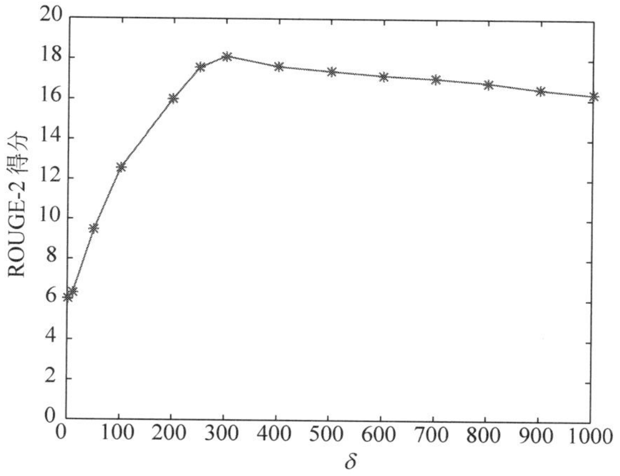

图 6-13 在 CNN/Daily Mail 的 1000 个随机样本中不同 δ 对应的 ROUGE-2 得分

REFRESH：一种用基于 ROUGE 优化的强化学习目标来生成摘要的方法。

NEUSUM：一种通过联合评分句子和选择句子的抽取式摘要方法。

SUMO：一种利用结构化注意的概念来基于迭代结构细化学习文档表示模型。

PGN：一个生成式文档摘要系统，该系统包含复制和覆盖机制。

AOA：一种生成式文档摘要方法，该方法优化了注意力机制。

表 6-4 显示了不同摘要方法在 CNN/Daily Mail 数据集上的性能。表 6-4 的上半部分列出了抽取式摘要方法的性能，表的下半部分将本节提出的方法与其他抽取式摘要方法进行了比较。本书提出的方法在 CNN/Daily Mail 数据集上获得了 18.13 ROUGE-2 F_1 得分。与三种无监督方法（LEAD3、LexRank 和 WordHITS）相比，本书的方法在一定程度上表现得更好。本书的方法还可以与三种基于神经网络的提取方法（REFRESH，NEUSUM 和 SUMO）相媲美。本书的方法在 ROUGE-1，ROUGE-2 和 ROUGE-L F_1 得分方面也比 PGN 和 AOA（两种抽象摘要方法）更好。这是因为 PGN 仅在传统注意力机制中考虑了复制和覆盖机制，而 AOA 考虑了如何优化上述注意力机制，而本书的方法在传统注意力机制中将句子级和单词级信息都进行了整合，并增加了 KL 散度和比较机制来增强抽取式摘要的性能。

表 6-4 不同摘要方法在 CNN/Daily Mail 测试集上的性能（带 * 的方法数据摘自相关论文）

方　法	ROUGE-1	ROUGE-2	ROUGE-L
LEAD3	39.64	17.73	36.28
LexRank	39.60	17.65	36.20
WordHITS	40.0	17.76	36.31
REFRESH*	40.0	18.2	36.6
SUMO*	41.0	18.4	37.2
NEUSUM*	41.59	19.01	37.98

续表

方　　法	ROUGE-1	ROUGE-2	ROUGE-L
PGN*	39.53	17.28	36.38
AOA*	40.29	17.76	36.78
我们的方法	40.76	18.13	36.85

6.4 自动摘要的评价方法

随着互联网的进步和科技的发展，自动摘要以其能提高人们的工作和学习效率而越来越受到人们的重视。在自动摘要技术被不断发展和改进的今天，如何对改进的摘要技术生成的自动摘要进行合理有效的评价，同样是自动摘要领域十分重要的研究课题。目前，自动摘要评价方法大致可以分为两类：①外部评价，在外部评价中，自动摘要的质量是根据生成摘要在完成某类具体任务中的效果来评价的。②内部评价，在内部评价中，评价直接基于对摘要的分析，包括与源文档自带的摘要进行比较，或与人类撰写的摘要内容比较。内部评价还包括摘要内容评估和摘要质量评价。摘要内容评估评价的是生成摘要识别关键主题的能力，而摘要质量评估则评价自动摘要的语法性、冗余度、主体性和一致性等指标。

6.4.1 内部评价法

内部评价的主要思想是将研究者提取到的摘要与“理想摘要”进行对比，根据两者的相似程度对生成摘要的效果进行评价。与“理想摘要”越接近，则说明研究者摘要的系统或方法的效果越好。“理想摘要”可以采用原文作者摘要，也可以采用专家抽取的原文句子。下面介绍几种应用比较广泛的内部评价方法。

1. 准确率和召回率

准确率(Precision)和召回率(Recall)是广泛应用于自然语言处理的评价任务中的两个度量值，常用作评价自动摘要效果的指标。摘要准确率反映的是生成摘要能够表现原文主要内容的准确程度，而摘要召回率反映的是摘要对原文主要内容的覆盖程度。具体公式如下：

$$\text{Precision}=\frac{\text{理想摘要与生成摘要共有的词语个数}}{\text{生成摘要中的词语个数}}\times 100\% \tag{6-56}$$

$$\text{Recall}=\frac{\text{理想摘要与生成摘要共有的词语个数}}{\text{理想摘要中的词语个数}}\times 100\% \tag{6-57}$$

由于原文摘要的作者并不一定使用原文中的句子来组成摘要，所以目前大多数研究者都是基于词汇级别对自动生成的摘要进行效果评价，也即上述两公式中分子部分不是理想摘要与生成摘要中共有句子个数，而变成理想摘要与生成摘要中共有词语个数。这种方法相较于原始的句子层面的比较，显然更加合理有效。

2. F-measure

F 值是均衡考察准确率和召回率两种指标的调和平均值。由于在具体的摘要效果评价过程中，准确率和召回率的表现具有一定的关联性：当准确率上升时，召回率容易出现下降的情况，反过来召回率上升时，准确率又容易下降。因此单凭准确率或召回率对摘要效果进行评价不具有绝对的客观性。F 值是一个能够考虑准确率和召回率两种度量的综合性指标，公式如下：

$$\text{F-measure} = \frac{2 \times \text{Precision} \times \text{Recall}}{\text{Precision} + \text{Recall}} \tag{6-58}$$

3. ROUGE

ROUGE 是自动摘要技术常用的基于统计 N-gram 的评价方法，通过计算机自动产生的摘要和人工摘要间重叠的单词来评价自动摘要效果。ROUGE 评测中常用的几个指标主要有四种。

ROUGE-N：系统自动生成的摘要和专家人工提取的理想摘要中 N-gram（N 元词）的 Recall 值，计算公式如下：

$$\text{ROUGE-N} = \frac{\sum\limits_{S \in \{\text{Reference Summaries}\}} \sum\limits_{\text{gram}_n \in S} \text{Count}_{\text{match}}(\text{gram}_n)}{\sum\limits_{S \in \{\text{Reference Summaries}\}} \sum\limits_{\text{gram}_n \in S} \text{Count}(\text{gram}_n)} \tag{6-59}$$

其中，分子表示的是系统摘要与人工生成的标准文摘同时出现 N-gram 的个数，分母表示的是理想摘要中出现的 N-gram 个数。

ROUGE-L 是以最长公共词子串来计算系统摘要和人工摘要的匹配程度，该评测指标认为生成摘要和标准摘要中的公共词子串越长，生成摘要的效果越好。ROUGE-W 是带权重的最长公共子序列。ROUGE-S 是建立在 ROUGE-L 的基础上，对连续的子串进行匹配的方法。这三种方法的计算过程都比较复杂。

6.4.2 外部评价法

外部评价法的主要思想是借助自动摘要系统完成某些文本挖掘领域的具体任务，如信息检索、自动问答、情感分析等，相对于内部评价法具有较少的主观性。通过摘要系统在具体任务中的表现来评价摘要效果容易实现对多个摘要系统做统一的大规模评测，然而这种方法通常每次只能针对一个任务，局限性相对较大，且不具有较大的迁移性。因此，这种方法通常用于技术成熟时期，对趋于完善的系统进行性能评测。

总之，两种评价方法各有其优缺点。外部评价法需要涉及具体的任务和具体的评价效果指标，每次评价只能针对某一个特定任务，十分耗费时间、人力和物力，局限性大，但是在对某几个特定的文摘系统做大规模性能测试时，却是行之有效的方法。而内部评价法涉及与“理想摘要”做对比，在待分析文档没有自带标准摘要时，获取理想摘要便成了一个难题。此时大多数学者通常采取对待分析文档人为构造摘要的方法，这种方法主观性比较大，但方法简洁易操作，也比较适合研究者对自己的摘要方法进行效果评价。由于内部评价方法可以直接对摘要进行评价，并且独立于应用环境，因此是目前国内外学者研究过程中最常使用的自动摘要评价方法。

习题

1. 抽取式摘要和生成式摘要的不同之处是什么？

2. 自动摘要评价方法可分为哪两类？

3. 抽取式摘要有哪些类型？

4. 近年流行的生成式摘要方法主要有哪些？

5. 已知有三个句子 A、B、C 作为结点构成有向有权图 G，其中，$B \rightarrow A$，$C \rightarrow A$，$C \rightarrow B$，阻尼系数 d 为 0.85，初始 $S(v_i)$ 值均为 $1(i=A,B,C)$，且边的权重分别为：$W_{BA}=0.6$，$W_{CA}=0.5$，$W_{CB}=0.7$。请利用 TextRank 方法（公式 6-1）进行 10 次迭代计算，分析各句子的重要性。

6. 如下为利用 TextRank 算法对某一篇新闻报道进行抽取式摘要的结果以及人工标注的"理想摘要"，试分别计算该抽取式摘要的 ROUGE-1、ROUGE-2 和 ROUGE-L 得分。

基于 TextRank 算法得到的抽取式摘要	Hurricane Gilbert swept toward the Dominican Republic Sunday, and the Civil Defense alerted its heavily populated south coast to prepare for high winds, heavy rains and high seas. The National Hurricane Center in Miami reported its position at 2 a. m. Sunday at latitude 16. 1 north, longitude 67. 5 west, about 140 miles south of Ponce, Puerto Rico, and 200 miles southeast of Santo Domingo. The National Weather Service in San Juan, Puerto Rico, said Gilbert was moving westward at 15 mph with a " broad area of cloudiness and heavy weather" rotating around the center of the storm. Strongwinds associated with Gilbert brought coastal flooding, strong southeast winds and up to 12 feet to Puerto Rico's south coast.
人工摘要	Hurricane Gilbert is moving toward the Dominican Republic, where the residents of the south coast, especially the Barahona Province, have been alerted to prepare for heavy rains, and high wind and seas. Tropical storm Gilbert formed in the eastern Carribean and became a hurricane on Saturday night. By 2 a. m. Sunday it was about 200 miles southeast of Santo Domingo and moving westward at 15 mph with winds of 75 mph. Flooding is expected in Puerto Rico and in the Virgin Islands. The second hurricane of the season, Florence, is now over the southern United States and downgraded to a tropical storm.

第 7 章

文本推荐技术

7.1 基于内容的推荐方法

7.1.1 概述

该方法主要是根据用户所阅读的内容进行推荐，也即对目标的阅读情况进行调查，用内容特征获得相关特征词，通过特征词构建相关兴趣模型，然后基于兴趣模型向用户推荐文本信息，如图 7-1 所示。这种方法在目前来讲应用角度较多，因为该方法简单，而且提取文本信息容易，推荐起来也较容易，而且在候选文本与兴趣模型的匹配方面容易实施，这样用户在需要阅读时，系统在推荐文本信息时会相对较快。

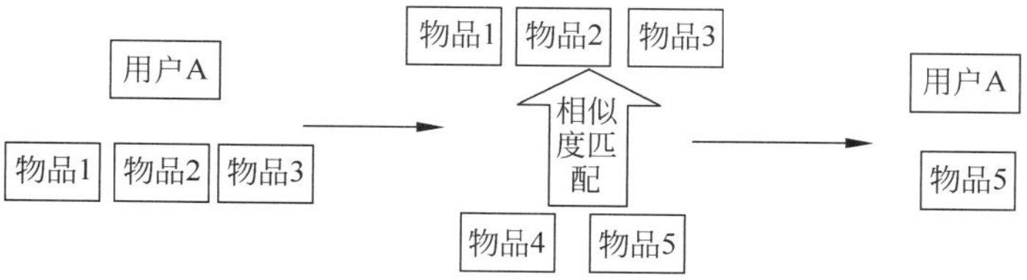

图 7-1 基于内容的推荐算法工作流程

(1) 物品是通过物品的内容特征来表示的，而物品的内容特征是从大多数用户的行为中分析和提取出来的。

(2) 根据用户过去所关注的文本信息，构建相关模型。

(3) 将需要向用户推荐的物品与构建的兴趣模型相比较，如果比较结果在某一范围之内，则可推荐。

7.1.2 存在的问题

该方法具有较高的解释性，而且根据不同用户的阅读行为，可以判断用户目前所需要的文本信息，也即具有较强的针对性。在用户需要获得的信息上，比较用户阅读过的信息，然后进行推荐，即时推荐新发布的信息，无须担心冷启动问题。虽然基于内容的推荐方法有着很多优点，但仍然存在缺陷。

1. 推荐多样性的不足

该方法有着极大的问题，多样性的缺乏就是其中之一，用户阅读过的信息能够被推荐，没有阅读过的信息根本不可能被推荐，这就显得缺乏多样性。由于内容推荐是根据用户先阅读过的信息进行推荐，所以存在一个问题，即如果用户没有阅读过或者是用户没有关注过的信息，则与之无法匹配到兴趣模型，这样的信息将无法推荐给用户，这就导致推荐多样性降低。

2. 用户的需求不能及时产生变化

用户对信息的需求是会变化的，并不是所有的时候都需要一样的信息。例如，一个农户随着季节的变化，耕种的作物会发生变化，也可能出现随着市场的需求大面积改变耕种作物的现象；如果农户的兴趣发生变化，根据传统的推荐模型继续向农户推荐信息，这样的信息对于农户并没有多大的用处。

7.2 基于协同过滤的推荐方法

7.2.1 基于用户的协同过滤推荐方法

该方法向用户推荐信息时需要对物品的相关特征进行把握，这些特征包括物品的颜色、购买记录、购买情况、购买数量以及其他用户对物品的评论等，这样就可以获得用户对该物品的兴趣度，得到用户对某一物品的兴趣度之后才可以确定是否要推荐，如果在这个过程中并没有获得物品的相关信息，则推荐不了。协同过滤对推荐方法的影响极为深远，所起到的作用也相对较大，人们在互联网上所看到的信息都是经过过滤的，例如，人们浏览香水栏目、购买牙膏、购买鞋子衣服等，这些信息都是经过过滤之后展示出来的，因为这些都是人们所需要的，所以系统自动展示出来，这也依赖于协同过滤方法。

基于用户的协同过滤工作机制如图 7-2 所示。

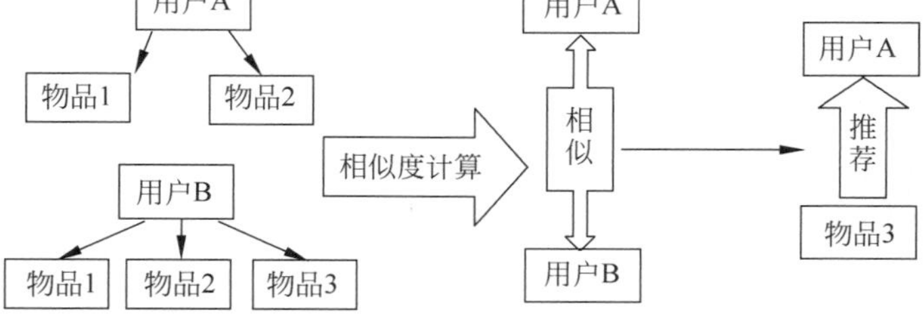

图 7-2 基于用户的协同过滤工作机制

(1) 依靠用户过去的行为习惯，以及购买习惯等组成相关用户集，利用这个用户集对比所需要推荐的信息是否符合这个集合的多数部分。

(2) 推荐文本信息时，将文本信息与上述用户集相互对比，如果相似度在一定的范围之内，即推荐给用户。

7.2.2 基于物品的协同过滤推荐方法

该过滤方法属于近邻推荐方法，是相邻的两个物品之间的推荐，而不是用户与用户间的相关性，如图 7-3 所示。

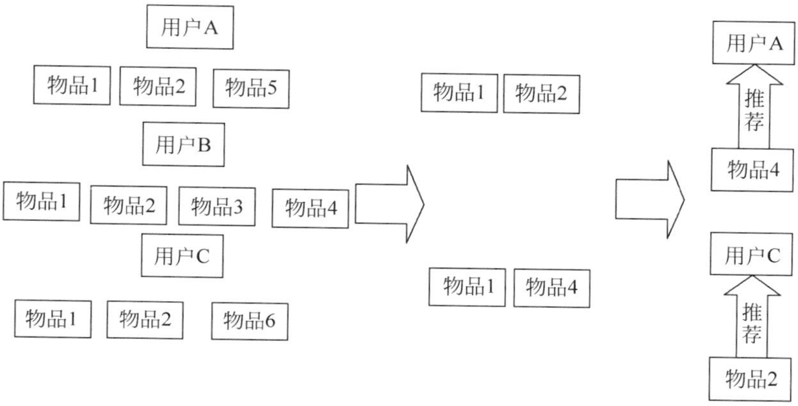

图 7-3 基于物品的协同过滤工作机制

7.2.3 存在的问题

尽管现今阶段的协同过滤操作简单、实现容易，但是却有着很多缺点，不仅个性化不强，多样性也不足，加之有着冷启动问题，这些缺点都给用户体验带来了极大的影响，具体如下。

1. 推荐个性化的不足

个性化不足，这主要是指推荐的信息是根据大多数用户的兴趣模型进行推荐的，也即针对个人来讲，可能对推荐的信息并不是很需要，没有个性针对，而个体与整体之间可能存在很大的差距，正是这个差距让推荐的信息可能不符合用户的要求。如果建立兴趣模型前甲与乙的兴趣相似，那么甲与乙则会被归于同一个兴趣模型中，这样就会受到极为严重的影响，会导致用户所得到的信息不准确，因为用户的兴趣不一定一样，对某一物品的关注不一定相同。例如，甲关注的是桃子，乙关注的是樱桃，但是甲和乙所阅读的文章不同，这样就导致了没有个性，系统不能针对个人进行推荐。

2. 冷启动问题

协同过滤存在冷启动问题，也即刚刚发布的信息还没有被太多的用户关注，而系统推荐信息是有大多数用户关注过的信息，如果这个信息需要被推荐就需要一段时间，这个时间就是给其他用户关注这些文本信息的一个缓冲区间，这样一来，系统就无法推荐刚刚发布的信息，就存在冷启动问题。如果一篇重要的农事信息发布后，由于冷启动问题可能会阅读量很少，而季节对农业来说会造成很大的影响，所以冷启动问题会给农业信息发布带来一定的影响。

3. 相似用户群的局限性

根据传统协同过滤方法在寻找相似用户的特点上可以看出，这种方法具有一定的缺点，因为在这一过程中，只是采用了用户的行为相似度，也即只是根据用户的行为进行推荐文本，如果两个用户同样关注的是给树浇水或者种植玉米，但是两个用户所关注的文献可能不是同一篇，这样系统给用户推荐文本信息时就可能推荐的不是同一篇文本，这样也就无法显示这两个用户是相似的。

7.3 混合推荐方法

实际应用中的推荐系统往往都是将方法混合在一起再进行推荐的，这样可以取长补短，提高系统的准确率。

通常来讲，混合推荐算法可以按照以下几种方式进行。

（1）使用多个推荐系统，对多个推荐算法的结果进行平均取值或者按权重将结果加合，以最终的结果进行推荐。但是一般这种方法需要多次在训练集中进行优化，以得到最优的权重方案。

（2）使用“因材施教”式的推荐策略，即对不同的环境、不同的物品、不同的情景使用不同的推荐策略，选择最佳的推荐算法对当前场景进行推荐。

（3）将多个推荐系统“串联”起来，即将系统分为多个模块，使用上一个推荐系统模块的结果进行本模块的推荐运算，再将此结果传递给下一个模块的推荐系统，每个模块计算的特征、结果等会和另一个模块共同运作，这样可以克服各个推荐系统的局限性，使推荐结果更加准确。

现在，大部分基于内容和社交网络的文本推荐系统都采用第3种方式，即用基于内容的推荐算法考虑物品特征的特性，同时基于社交网络为用户快速找到最近邻群，为用户提供良好的用户关系网络。

7.4 基于图表示学习的推荐方法

7.4.1 图表示学习方法

在一个图 $G=(V,E)$ 中，V 表示的是结点的集合，E 表示图中边的集合。用 $e_{i,j}=(v_i,v_j)\in E$ 表示结点 v_i 到结点 v_j 间的边。一般来讲，用邻接矩阵 $\boldsymbol{A}\in\boldsymbol{R}^{|v|*|v|}$ 进行存储，$\boldsymbol{A}_{i,j}\neq 0$ 表示用户 i 和用户 j 之间存在边，否则不存在边。利用邻接矩阵进行存储固然直观，但是当结点数激增到数十万乃至更大的量级上时，就加大了对存储空间的需求，

并且在计算复杂度上也难以让人满意，而这样规模的结点数在大数据时代尤为普遍。

利用稀疏矩阵进行存储似乎也是一个不错的解决办法，但是不同的稀疏矩阵类型适用于不同类型的计算任务，当一个任务具有多种需求的时候，就需要多种类型的稀疏矩阵，显然这会影响时间效率，也会增加系统的设计和开发难度。

图表示学习之所以成为当下研究的一个热点，是因为图表示学习在继承了图模型优势的同时，又降低了计算的时间成本和存储的空间成本。其核心思想如图 7-4 所示，是用一个低纬度稠密的向量来表示图中的结点，并且尽量保持原始图中的信息和结点的拓扑结构。如结点 i 可用一个维度为 d 的向量 z_i 来表示，其中，d 为隐空间的维度。利用图表示学习的手段大大降低了对存储的需求，结点间的关系也可以通过一般的距离公式进行计算，如欧氏距离和余弦距离。不但如此，当图中的结点发生变化时，采用图表示学习的方法也便于并行化和增量更新。

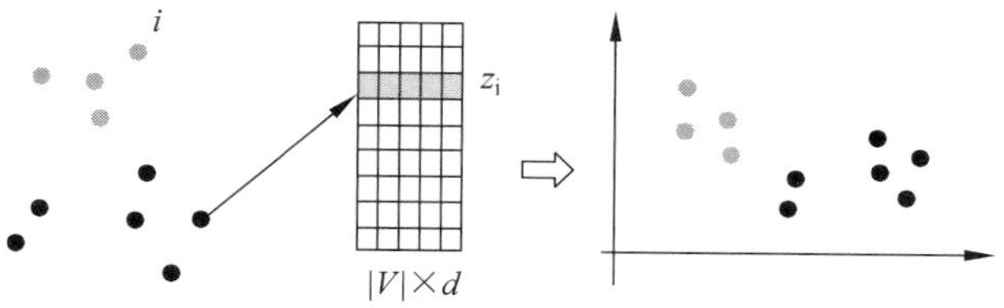

图 7-4 图表示学习的基本原理示意

图表示学习的模型按照采用方法的不同主要可以分为两种类型：一是基于分解模型的图表示学习算法，二是建立在随机游走策略基础上的图表示学习算法。接下来将从依次介绍这两种类型中的一些具有代表性的算法。

1. 基于分解模型的图表示学习算法

Laplace 特征表算法是基于分解模型的早期图表示学习中非常具有代表性的方法，该模型假设当两个结点存在连接时它们的图表示向量应该尽可能接近，具体形式如下：

$$\min \| z_i - z_j \|^2$$

其中，z_i 与 z_j 为用户的低维稠密表示，其模型的损失函数形式为：

$$L = \sum_{(v_i, v_j) \in G} \| z_i - z_j \|^2 \cdot \mathrm{dist}(v_i, v_j) \tag{7-1}$$

式(7-1)中的 $\mathrm{dist}(v_i, v_j)$表示的是在原始图结构当中结点的距离。模型保证了原始图结构中相连的结点通过图表示学习到的向量也尽量相似。基于分解模型下的图表示学习的基本假设是建立在当两个结点的连接强度越大则两个结点的表示向量的内积越大。基于这种假设的代表模型包括 GraRep、GF 和 HOPE，三者的损失函数可以概括表示成如下形式：

$$L = \sum_{(v_i, v_j) \in G} \| z_i^{\mathrm{T}} z_j - \mathrm{dist}(v_i, v_j) \|^2 \tag{7-2}$$

式(7-2)写成矩阵的形式为(近似等于)：

$$L \approx \| \boldsymbol{Z}^{\mathrm{T}} \boldsymbol{Z} - \boldsymbol{S} \| 2$$

其中，$\boldsymbol{Z}$ 表示的是所有结点表示所组成的矩阵，$\boldsymbol{S}$ 即定义图中结点距离(相似度)的相似度矩阵。三种模型的不同之处就在于对初始图结构中结点距离的定义方式不同，定义方式见表 7-1。

表 7-1　图结构中原始结点相似度的定义

距离测量方式	M_g	M_l
Katz	$I-\beta\cdot A$	βA
PageRank	$1-\alpha P$	$(1-\alpha)\cdot I$
Common neighbors	I	A^2
Adamic-Adar	I	$A\cdot D\cdot A$

对于在图上的相似度矩阵而言，可以写成 $S=M_g^{-1}\cdot M_l$。表 7-1 中所罗列的就是集中常见的结点距离(相似度)度量方法。GF 算法适用于对一阶邻近的选取，GraRep 则针对的是图中具有高阶近邻相似的测量，而 HOPE 则是一种适用算法。但是三种方法的基本假设是一致的，即通过最小化具有近邻关系的结点对之间的结点表示的内积。

2. 基于随机游走策略的图表示学习算法

基于随机游走策略的图表示学习在近几年来表现亮眼，这种模型的核心思想是优化那些通过随机游走采样发现它们在同一条路径上的结点的表示。这种基于随机游走的图表示学习方法灵活度高、能充分体现图的传播性，并且能够采集到更丰富的链式信息。不仅如此，随机游走所产生序列的过程是一个可拆分的任务，因为结点的采集只与结点的局部近邻有关，该类型的方法有利于并行处理，适于布置在分布式系统上，具有很高的应用价值。在 2014 年 SIGKDD 会议上提出的 DeepWalk 算法开创性地将自然语言处理中 Word2Vec 的思想引入到图表示学习中来，也开创了基于随机游走模型的图表示学习方法的研究思路，后续一系列工作都是建立在 DeepWalk 算法的基础上的。

DeepWalk 算法之所以借鉴 Word2Vec 的思想，是因为在研究中发现在通过随机游走产生的序列与文档中词频都服从指数分布，因此可以把随机游走生成的结点序列看作一个句子，把每个结点看作一个单词，应用自然语言处理中词表示学习算法优化得到每个结点的低维表示。其具体形式为，在随机游走生成一个序列后，对长度为 w 的窗口中任意一个结点 v_i 而言，令其生成所在窗口中其他结点的概率最大化，可以表示成如下形式：

$$\max \sum_{v_i \in V} P(N(v_i) \mid z_i)$$

其中，$N(v_i)$表示的则是结点 i 所在窗口中其他结点的集合，其中 $P(\cdot)$使用 Softmax() 函数来表示，于是有：

$$P(N(v_i) \mid z_i) = \prod_{j \in N(v_i)} \frac{e^{z_i^{\mathrm{T}} z_j}}{\sum_{v_k \in V} e^{z_i^{\mathrm{T}} z_k}} \tag{7-3}$$

最后对式(7-3)取负对数得到最后的损失函数，如下：

$$L = -\sum_{v_i \in V} \lg \prod_{j \in N(v_i)} \frac{e^{z_i^{\mathrm{T}} z_j}}{\sum_{v_k \in V} e^{z_i^{\mathrm{T}} z_k}} \tag{7-4}$$

可以看到，相较于基于分解模型的图表示学习，DeepWalk模型能够更加灵活地选取近邻结点，因此学习到的结点表示能够保留更多初始图中的结构信息。从式(7-4)中也可以看到，对于基于随机游走策略的图表示学习而言，如何使随机游走所产生的结点序列具有较高的质量，也就是更好地寻找结点间相似性的判断，这是尤为重要的。2016年，由Aditya提出的Node2Vec算法就是在随机游走策略的层面提出对图表示学习模型的改进，该算法通过引入参数 p 和 q 来调整随机游走过程生成结点序列的方式，并提出对于结点的相似性的新的假设。Node2Vec算法提出近邻上的相似和结构上的相似，如图7-5所示。

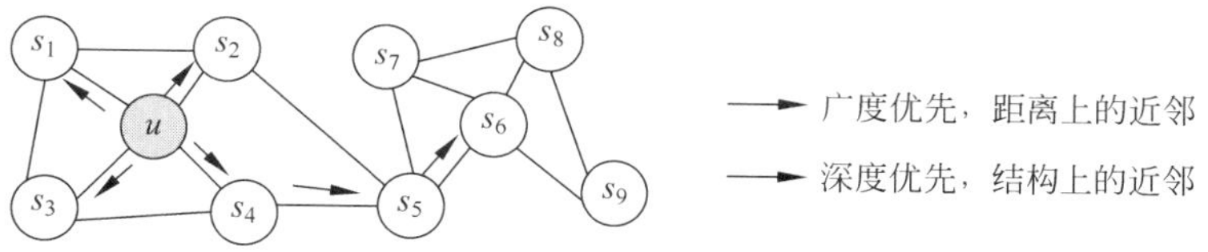

图7-5　结点 u 的广度优先和深度优先随机游走策略

如图7-5所示，结点 u 与 S_1、S_2、S_3 和 S_4 是在距离上的近邻，可以通过广度优先搜索的方式进行游走，而 S_6 则与结点 u 在结构上更为相似，可以通过深度优先搜索的策略来生成具有这种相似性结点的序列。根据参数 p 和 q 的设定来决定随机游走的跳转概率，如图7-6所示。

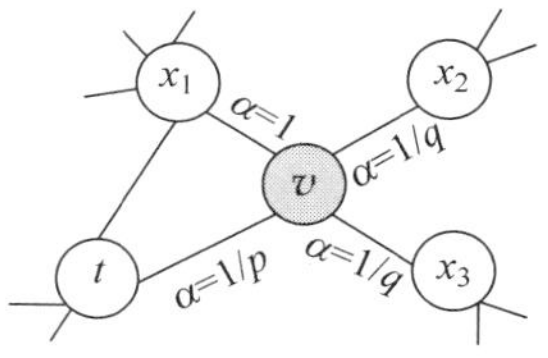

图7-6　Node2Vec模型中参数的影响

当参数 p 越大则更有可能跳转回上次跳转的结点，而 q 的数值则决定下一次跳转是否向外部跳转，当 $q>1$ 时随机游走的过程更倾向于做深度搜索，而当 $q<1$ 时则更有可能跳转到结点距离上的近邻，更类似于广度优先搜索的策略。对于随机游走结点间转移概率的影响，具体形式为 $\pi_{tx}=\alpha_{pq}(t,x)\cdot w_{vx}$，其中，$w_{vx}$ 表示结点 v 和结点 x 之间的权重，而 $\alpha_{pq}(t,x)$ 的具体形式为：

$$\alpha_{pq}(t,x)=\begin{cases}\dfrac{1}{p}, & \mathrm{d}x=0\\ 1, & \mathrm{d}x=1\\ \dfrac{1}{q}, & \mathrm{d}x=2\end{cases} \tag{7-5}$$

Node2Vec算法提升了图表示学习的机动性，能够根据任务的需求进行选择，因此能够学习到更好的结点表示。

7.4.2　基于图表示学习的推荐

图表示学习模型自身具有很大的优势，因此在各个任务场景中也得到了广泛的应用。YouTube作为世界上最大的视频网站，在其推荐系统中大量地使用了图表示学习技术，把用户的历史信息、个人信息，还有视频的属性信息、标签信息都使用基于深度学习的图表示学习技术进行了向量化。可以看到，在整个系统进行推荐的过程中，几乎都是围绕着低纬向量之间的计算展开的。YouTube 通过对图表示学习的应用，不仅提高了系统计算的效率，同时也提高了推荐的准确率。

淘宝作为国内最大的 C2C 电商平台，数以万计的商家在淘宝上进行销售，但是由于每个用户的浏览记录都过于稀疏，导致采用传统的基于物品的协同过滤算法生成的推荐列表当中，绝大多数商家的商品召回率极低，为了在一定程度上解决这个问题，淘宝的工程师们提出了 APP 算法。APP 是基于随机游走策略的图表示学习算法的一种改进。APP 算法对图的非对称性进行了建模，把每个图中的结点都以两个低纬向量表示，然后通过两个点积来衡量结点间的相似度，如图 7-7 所示。

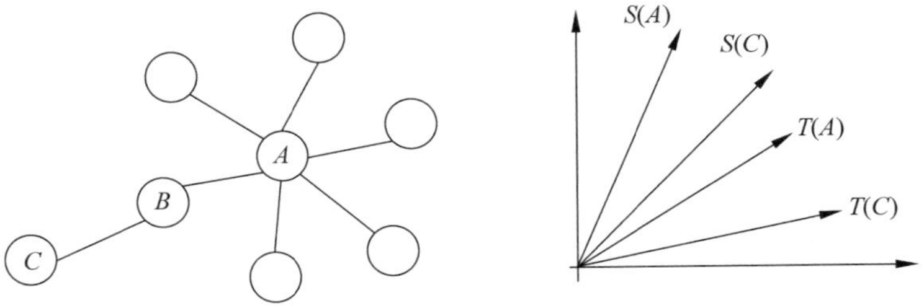

图 7-7　APP 算法示意图

从图 7-7 中可以看到，A 结点对 C 结点相比于 C 结点对 A 结点重要，在模型当中通过 APP 算法对结点 A 和结点 C 都分别学习得到两个表示向量，即图中的 $S(A)$，$S(C)$，$T(A)$，$T(C)$，利用余弦相似度来计算，明显可以得到 $\cos(A,C)<\cos(C,A)$。

Zhang 等在 2017 年基于 CUNE 模型通过用户的历史评分信息构建了隐式社交网络，并通过基于随机游走的图表示学习方法对用户进行了低维表示。最后结合矩阵分解模型构造了推荐算法，并在推荐场景下的评分任务和 Top K 列表推荐任务中都有不错的提升。CUNE 模型与纯粹的基于矩阵分解方法最大的不同在于构造用户间的网络结构关系并进行了学习，这为后续的工作提供了一个很好的切入点。

7.4.3　基于 DeepWalk 异构文献网络表示学习的个性化全局引文推荐方法

1. 异构文献网络的构建

首先构建一个包含文献、作者和来源的异构文献网络 $G=\langle V,E\rangle$（如图 7-8 所示），其中，V 表示异构文献网络中的结点集合，即 $V=V_P\cup V_A\cup V_V$。$V_P=\{p_i\}(1\leqslant i\leqslant n_p)$表示文献结点集合，$n_p$ 表示文献的数目；$V_A=\{a_j\}(1\leqslant j\leqslant n_a)$ 表示作者结点集合，n_a 表示作者的数目；$V_V=\{v_l\}(1\leqslant l\leqslant n_v)$表示来源结点集合，$n_v$ 表示来源的数目；E 表示异构文献网络中的边集合 $E=\langle E_{PP},E_{AA},E_{VV},E_{PA},E_{AV},E_{PV}\rangle$，其中，$E_{PP}=\{e_{ij},p_i,p_j\in V_P\}$，$E_{AA}=\{e_{ij},a_i,a_j\in V_A\}$，$E_{VV}=\{e_{ij},v_i,v_j\in V_V\}$，$E_{PA}=\{e_{ij},p_i\in V_P,a_j\in V_A\}$，$E_{AV}=\{e_{ij},a_i\in V_A,v_j\in V_V\}$和 $E_{PV}=\{e_{ij},p_i\in V_P,v_j\in V_V\}$分别表示文献结点之间的边、作者结点之间的边、来源结点之间的边、文献结点和作者结点之间的边、作者结点和来源结点之间的边，以及文献结点和来源结点之间的边。

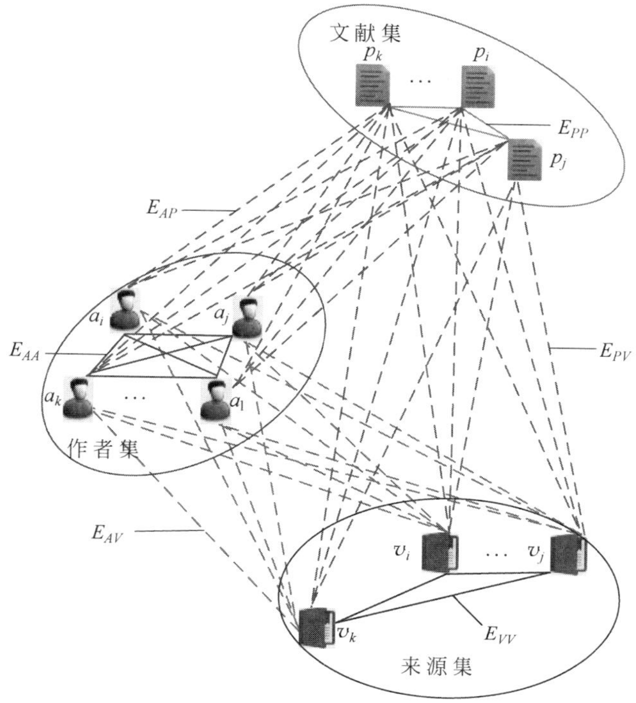

图 7-8 异构文献网络

2. 基于 DeepWalk 的异构文献网络表示学习模型

基于异构文献网络，我们提出基于 DeepWalk 的异构文献网络表示学习模型，该模型的结构如图 7-9 所示。其中，结点-结点关系建模是基于相互连接的结点在概率上互相依赖的假设，从随机游走序列中学习网络结构关系；结点-内容相关性建模是构建文档中词语的上下文信息；模型中的结点 v_1 将上述两个建模关系进行耦合，表明 v_1 的向量表示是由随机游走序列和结点内容信息共同影响得到，w_i 表示结点 v_1 的某个邻居结点对应的词语。

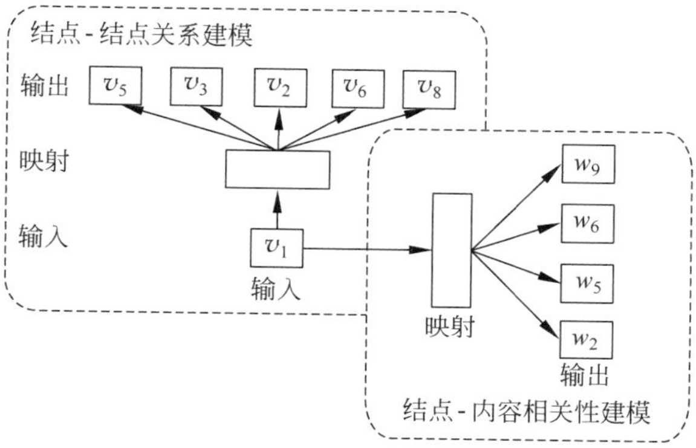

图 7-9 基于 DeepWalk 的异构文献网络表示学习模型

1)结点-结点关系建模

结点-结点关系建模分为同构结点关系建模和异构结点关系建模两部分。

(1) 同构结点关系建模。

首先对文献结点关系进行建模研究，受 Node2Vec 算法的启发，我们在异构文献网络 G 中构建一个偏随机游走序列，将每个偏随机游走路线作为一个句子，路线中的每个结点作为神经语言模型中的一个词语，应用 Node2Vec 算法在生成的偏随机游走库中训练 Skip-gram 模型，并为每个文献结点获取一个分布式向量表示。对于所有偏随机游走中的一个结点 p_i，最大化结点 p_i 邻居结点概率的目标函数为：

$$L_1=\sum_{i=1}^{n_p}\sum_{d\in D_1}\lg P(N(p_i)\mid v_{p_i}) \tag{7-6}$$

其中，D_1 表示基于文献结点生成的偏随机游走库，$\boldsymbol{v}_{p_i}$ 为结点 p_i 的向量表示，$N(p_i)\subset V_P$ 表示结点 p_i 的邻居文献结点。

类似地，还可以对作者结点关系和来源结点关系建模，分别得到目标函数 L_2 和 L_3。因此同构结点的关系建模可表示为：

$$L_{\text{intra}}=L_1+L_2+L_3 \tag{7-7}$$

(2) 异构结点关系建模。

构建的异构文献网络中不仅包含同构结点之间的关系，还包含文献结点、作者结点和来源结点这三类异构结点之间的关系。接下来将描述作者结点与文献结点之间的关系建模问题。

作者结点与文献结点之间的关系建模可表示为：

$$L_4=\sum_{i=1}^{n_a}\sum_{d\in D_4}\lg P(N_P(a_i)\mid \boldsymbol{v}_{a_i}) \tag{7-8}$$

其中，D_4 表示基于文献结点的生成偏随机游走库，这些文献结点也是作者结点 a_i 的邻居文献结点。$N_p(a_i)\subset V_P$ 表示作者结点 a_i 的邻居文献结点。

相应地，我们能够对作者结点与来源结点之间的关系，以及文献结点和来源结点之间的关系进行建模，并分别得到相应的目标函数 L_5 和 L_6。因此，异构文献网络的异构结点间关系建模可表示为：

$$L_{\text{inter}}=L_4+L_5+L_6 \tag{7-9}$$

综上，基于异构文献网络的结点-结点关系建模可表示为：

$$L_{\text{vertex}}=L_{\text{intra}}+L_{\text{inter}} \tag{7-10}$$

2) 结点-内容相关性建模

在对异构文献网络建模时，除了需要考虑结点之间的关系，还要考虑结点与内容之间的相关性。对文献结点与内容之间的相关性进行分析，收集与每个文献结点相关的文本内容，文献结点与内容之间的相关性可表示为下述目标函数：

$$L_7=\sum_{i=1}^{n_p}\sum_{d\in D_7}\lg P(N_W(p_i)\mid \boldsymbol{v}_{p_i}) \tag{7-11}$$

式中 D_7 是基于词语结点的生成偏随机游走库，这些词语也是给定当前文献结点 p_i

的邻居词语，$N_W(p_i)$是文献结点 p_i 的邻居词语结点。

同样地，可以对作者结点与内容之间的相关性，以及来源结点与内容之间的相关性进行分析建模，分别得到相应的目标函数 L_8 和 L_9。

基于上述分析，结点-内容相关性建模可被表示为：

$$L_{\text{content}} = L_7 + L_8 + L_9 \tag{7-12}$$

将结点-结点关系和结点-内容关系融合到一个框架中，并最大化下述函数获取异构文献网络中每个结点的向量表示：

$$L = \beta L_{\text{vertex}} + (1-\beta) L_{\text{content}} \tag{7-13}$$

β 用于平衡网络结构和文本内容信息的权重，式(7-13)中第一项表明文献结点、作者结点和来源结点之间能够相互增强信息，第二项表明文本信息、文献信息、作者信息以及来源信息能够进一步传播异构文献网络中结点 a_i，p_i 和 v_i 的向量表示影响。基于此，异构文献网络中的结点表示向量将会被网络结构和文本信息同时增强。

3. 基于异构文献网络表示学习的个性化全局引文推荐算法

将用户提交的查询文档 q 表示为用户 q_a 和查询文本 q_t，即 $q=[q_a, q_t]$。将 q_t 作为测试文献，文献数据集中的文献作为训练文献。给定查询文档 q，将训练文献和测试文献中的词语序列、训练文献的所有作者、测试文献的用户以及训练文献的来源作为异构文献网络表示模型的输入，对模型进行学习，得到文献、作者、来源及用户的向量表示。基于这些向量，计算查询文档 q 和训练文献 $p_i(i=1,2,\cdots,n_p)$之间的相似度分值 $\boldsymbol{r}_q=[\boldsymbol{r}_{qp_1}, \boldsymbol{r}_{qp_2},\cdots,\boldsymbol{r}_{qp_i},\cdots,\boldsymbol{r}_{qp_{n_p}}]$，其中，$\boldsymbol{r}_q=\boldsymbol{V}_{\text{PR}}\boldsymbol{v}_{q_t}^{\text{T}}+\boldsymbol{V}_{\text{AR}}\boldsymbol{v}_{q_a}^{\text{T}}$，$\boldsymbol{V}_{\text{PR}}=[\boldsymbol{v}_{p_1};\boldsymbol{v}_{p_2};\cdots;\boldsymbol{v}_{p_{n_p}}]$是训练文献的向量表示，$\boldsymbol{v}_{q_t}$ 是查询文本的向量表示，$\boldsymbol{V}_{\text{AR}}=[\boldsymbol{v}_{a_1};\boldsymbol{v}_{a_2};\cdots;\boldsymbol{v}_{a_i};\cdots;\boldsymbol{v}_{a_{n_a}}]$是训练文献作者的向量表示，$\boldsymbol{v}_{q_a}$ 是用户的向量表示。训练文献根据相关性分值 $\boldsymbol{r}_{qp_i}$ 进行排序，排序靠前的训练文献组成引文推荐列表返回给用户。尽管来源的向量表示并没有在引文推荐过程中使用，但是它能够在异构文献网络表示模型的学习过程中增强作者向量表示和文献向量表示的性能。

7.5 推荐系统的评价

7.5.1 评价指标

近年来，推荐模型的数量和类型都在快速增长，推荐系统的评价指标作为衡量推荐模型优劣的重要依据也成为研究热点之一。推荐系统评价指标多种多样，根据不同的划分标准可以分为推荐预测准确度指标、分类准确度指标、多样性指标等。其中，预测准确度包括均方根误差(RMSE)和平均绝对误差(MAE)，是学术中最常用的评价指标，主要通过计算机预测评分与真实评分之间的误差大小来评估推荐结果的准确性，其值越小，则说明推荐精度越高。公式如下：

$$\text{RMSE}(T) = \sqrt{\frac{\sum_{i,j\in T}(R_{ij} - \hat{R}_{ij})^2}{|T|}}$$

$$\text{MAE}(T)=\frac{\sum_{i,j\in T}|R_{ij}-\hat{R}_{ij}|}{|T|}$$

其中，R_{ij} 表示用户 i 对物品 j 的实际评分，$\hat{R}_{ij}$ 表示的是预测出来的评分，$|T|$ 是测试集评分总数。均方根误差（RMSE）是比平均绝对误差（MAE）更加细致的误差评分指标，更关注评分预测的稳定性。

7.5.2 基于 DeepWalk 异构文献网络表示学习的个性化全局引文推荐方法的实验结果分析

该方法的初衷是希望获得网络中每个结点更有意义的向量表示，然后基于这些结点的向量表示进行引文推荐。因此，我们将该方法与其他五种网络表示方法进行了比较：①DeepWalk，它利用网络结构信息学习文献向量表示；②LINE，保留局部和全局网络结构，以学习文献向量表示；③Node2Vec，它将文献定点映射到一个低维向量空间，该空间将最大化保留每个文献顶点邻域的可能性；④TriDNR，它同时考虑文献网络结构和文献顶点内容来学习文献网络表示；⑤Doc2Vec，它使用神经网络模型将可变长度的文本映射为固定长度的分布向量。在使用上述不同方法获得网络表示之后，可以进行后续引文推荐任务。

在不失一般性的前提下，在这组实验中，仅关注手稿文本信息，忽略手稿作者信息，即 $q_1=[q_t]$。表 7-2 比较了其他五种基于网络表示的推荐方法和我们提出的方法在 AAN 和 DBLP 数据集上的性能。

表 7-2 AAN 和 DBLP 数据集上基于网络表示的引文推荐方法的比较

Dataset	Approach	MAP	MRR	Recall@20	Recall@40	Recall@60	Recall@80	Recall@100
AAN	我们的方法，q_1	0.272	0.296	0.568	0.659	0.707	0.718	0.762
	TriDNR	0.259	0.273	0.551	0.648	0.689	0.702	0.753
	Doc2Vec	0.246	0.265	0.540	0.631	0.675	0.689	0.741
	Node2Vec	0.237	0.251	0.533	0.623	0.662	0.673	0.729
	LINE	0.225	0.240	0.521	0.617	0.651	0.662	0.713
	DeepWalk	0.214	0.228	0.509	0.603	0.640	0.651	0.700
DBLP	我们的方法，q_1	0.268	0.295	0.537	0.630	0.661	0.682	0.729
	TriDNR	0.253	0.271	0.518	0.621	0.650	0.671	0.715
	Doc2Vec	0.245	0.263	0.509	0.613	0.641	0.659	0.703
	Node2Vec	0.234	0.250	0.497	0.601	0.632	0.647	0.690
	LINE	0.223	0.239	0.483	0.587	0.621	0.635	0.679
	DeepWalk	0.214	0.226	0.471	0.573	0.610	0.622	0.667

表 7-2 显示了基于 DeepWalk 的推荐方法和基于 LINE 的推荐方法效果不好。这主要可以归因于文献网络结构相当稀疏并且仅包含有限的信息。Node2Vec 的性能优于 DeepWalk 和 Line，这可以归功于 Node2Vec 的搜索策略，该策略通过两个参数 p 和 q 研究网络邻域时非常灵活且可控。实验结果表明，Doc2Vec 比 Node2Vec 表现更好，因为与

网络结构相比，文本内容能够包含更丰富的信息。基于 TriDNR 的推荐方法显示出比 Doc2Vec 更好的性能，因为它不仅考虑了论文引文结构，还考虑了论文顶点内容信息。可以看出，我们提出的引文推荐方法显示出最佳的性能，因为它不仅利用了论文、作者和地点之间的内部关系和相互关系，而且利用了论文内容、作者内容和地点内容相关性。

习题

1．基于协同过滤的推荐方法可以分为几种？

2．举例说明图表示学习的推荐方法应用。

3．如何评价推荐系统的性能？

4．推荐算法分为两种，一种是根据用户推荐，一种是根据商品推荐。根据用户推荐主要是找出和这个用户兴趣相近的其他用户，再推荐其他用户也喜欢的东西给这个用户，而根据商品推荐则是根据喜欢这个商品的人也喜欢哪些商品去进行推荐，现在很多是基于这两种算法的混合应用。在 movielens 网站上，有许多用户对电影的评价数据，请至 https://grouplens.org/datasets/movielens/下载相关数据，采用合适的推荐算法，完成以下两个推荐任务。

（1）为 ID 为 7 的用户推荐出兴趣相近的用户，生成推荐列表。

（2）为 ID 为 7 的用户推荐出可能感兴趣的电影，生成推荐列表。

第 8 章

网页链接分析

8.1 超链和页面内容的关系

万维网上任何一个站点或页面都不会是孤立的，都通过其中的超链同其他相关联的站点或页面相链接，通过这种链接方式相聚类。但主题相同的所有站点或页面不一定会围绕一个中心(Hub)相聚集，也就是说，一个主题会存在多个聚集中心。聚集中心的站点或页面之间的链接关系最为密切，内容也最为相似，随着内容相似度的降低，相互连接关系也会逐渐减少。另外，内容上的关联关系也会随着链接次数的增加而降低，会从一个主题逐渐演化为另外一个主题。

一个网站如果链接了许多权威网站，那么它就是一个中心网站(Hub)：如果一个网站被许多中心网站链接，那么它就是一个权威网站(Authority)，分别如图 8-1 和图 8-2 所示。

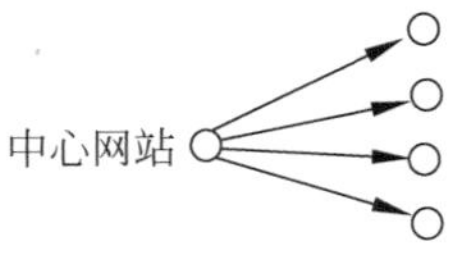

图 8-1　中心网站

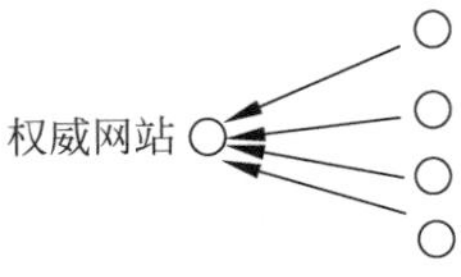

图 8-2　权威网站

Web 页之间的超链接结构中包含许多有用的信息。当网页 A 到 B 存在一个超链接时，则说明网页 A 的作者认为网页 B 的内容非常重要，且两个网页的内容具有相似性的主题。因此，指向文档的超链接体现了该文档的被引用情况。如果大量的链接都指向了同一个网页，就认为它是一个权威页。这就是类似于论文对参考文献的引用，如果某一篇文章经常被引用，就说明它非常重要。这种思想有助于对搜索引擎的返回结果进行相关度排序。

8.2 特征提取和特征表示

Web 文本信息采集是指利用计算机软件技术，针对定制的目标 Web 站点，实时进行信息采集、抽取、挖掘、处理，从而为智能搜索引擎提供数据输入的整个过程。将文本信息采集到本地后，挖掘工作真正开始，特征提取是挖掘工作的基础，由于采集回来的都是非结构化或是带有 HTML 简单标识的半结构化文本，如<title></title>标识之间的是全文的标题，但这些标识能够提供的信息非常有限，无法使计算机理解全文内容，需要将文本转换成计算机能够理解的结构化数据，即用文本的特征来表示文本本身。文本特征包括描述性特征和语义性特征，描述性特征指文本的物理特征，如日期、大小、类型等；语义性特征指文本的内容特征，如文本作者、标题、摘要、内容等。文本挖掘要做的是提取文本的内容特征。

特征提取之前要对文本进行词条切分。词条切分的方法有很多，在数字图书馆中，文本挖掘的专业性很明确，可以考虑将专业词表用于文本的切分中。基本思路是：将文本 d 先根据 HTML 标识以及标点进行粗切分，然后采用禁用词表将“的、地、得、了、如果”等无实际意义的虚词去掉，获得短语集合 $P(p_1,\cdots,p_i,\cdots,p_n)$，再将短语逐个与专业词表 T 中的词条$(t_1,\cdots,t_i,\cdots,t_n)$进行匹配。取 t_i 作为文本特征词条。经典的文本表示模型是向量空间模型(Vector Space Model，VSM)，由 Salton 等于 20 世纪 60 年代末提出，并成功地应用于著名的 SMART 文本检索系统。向量空间模型对文本进行简化表示，认为特征之间是相互独立的而忽略其依赖性，将文档内容用它所包含的特征词来表示：$d_i=(t_{i1},t_{i2},\cdots,t_{iN})$，其中，$t_{ik}$ 是文档d_i的第k 个特征词，$1\leqslant k\leqslant N$。两个文档 d_1 和 d_2之间内容的相似程度 $\mathrm{Sim}(d_1,d_2)$通过计算向量之间的相似性来度量。最常用的相似性度量方式是余弦距离。

8.3 不同搜索阶段的分析

首先进行信息搜索，通常是基于文本的搜索，得到大约二百个网页，作为结构挖掘的基础，也称为网页的根集(Root Set of Page)。这些网页之间的链接不是特别紧密，甚至有可能没有包括与搜索词相关的权威网站，因为许多权威网站并没有把人们常常使用的搜索词作为主题词，但在搜索到的网页的根基中至少会有些链接可以找到用户所需要的页面。结构挖掘有以下 3 个不同的阶段。

(1) 用基于内容的搜索引擎形成文件的根集。首先要将搜索词中的虚词拿到，去掉复数和动词的变化形式，选定特定的搜索策略进行搜索。得到的结果按其与搜索词的关联程度打分排序，通常取排在前面的一定数量的页面。

(2) 在根集的基础上建立候选集。首先要将根集页面链出去的所有页面形成一个膨胀的集合，再从中剔出只起导航作用的链接，最后还要注意避免网页之间的欺骗链接。

(3) 根据网页在这些集合中的分量来划分哪些为中心页面，哪些为权威页面，并将其排序。这个阶段同时可以将网页分组。一个重要的中心网页常常链接许多重要的权威网页；反过来一个重要的权威网页也常常被链接到许多重要的中心网页上，而且它们还可以互相增强，互相调整其重要程度。

8.4 PageRank 算法

1998 年对 Web 搜索和 Web 链接分析来说是非常重要的一年，PageRank 和 HITS 算法都是在这一年被提出来的。其中，PageRank 算法在 1998 年 4 月举行的第七届国际万维网大会(WWW7)上由斯坦福大学的 Sergey Brin 和 Larry Page 提出，基于这种算法他们创立了搜索引擎 Google。而 HITS 算法在 1998 年 1 月举行的第九届年度 ACM-SUAM 离散算法研讨会(SODA)上由 Jon Kleonberg 提出。实际上，这两种算法的主要思想非常相似，它们之间的不同之处在后来演变成了非常巨大的区别。从这一年开始，PageRank 逐渐成了 Web 搜索界分析模型的统治者，这一部分要归功于它的非查询相关的网页分析方式和抵抗网页作弊的能力，另一部分则要归功于 Google 的商业成功。下面对两个比较典型的算法逐一介绍。

PageRank 算法依赖于 Web 的自然特性，它利用 Web 的庞大链接结构来作为单个网页质量的参考。本质上，PageRank 算法将网页 X 指向网页 Y 的链接当作一种投票行为，由网页 X 投给网页 Y。然而，PageRank 算法并不只是考虑网页的得票数，也就是指向该网页的链接数。它也会分析那些投票的网站。那些重要网站投出的选票使得接收这些选票的网页更加重要。

8.4.1 PageRank 算法定义

PageRank 是一种静态的网页评级算法，因为它为每个网页离线计算 PageRank 值而且该值与查询内容无关。既然 PageRank 算法基于社会网络中对于权威的度量，那么每张网页的 PageRank 值就可以作为该网页的权威值。我们现在将推导 PageRank 公式。首先解释一些 Web 领域的概念。

网页 i 的链入链接(In-links)：从其他网页指向网页 i 的超链接。通常情况下，不考虑来自同一网站的链接。

网页 i 的链出链接(Out-links)：从网页 i 指向其他网页的超链接。通常情况下，不考虑指向同一网站内网页的链接。

从权威的视角，我们用下面的条件来推导出 PageRank 算法。

(1) 从一个网页指向另一个网页的超链接是一种对目标网站权威的隐含认可。这就是说，如果一个网页的链入链接越多，则它的权威就越高。

(2) 指向网页 i 的网页本身也有权威值。一个拥有高权威值的网页指向 i 比一个拥有低权威值的网页指向 i 更加重要。也就是说，如果一个网页被其他重要网页所指向，那么该网页也很重要。

根据社会网络中的等级权威值，网页 i 的重要程度(它的 PageRank 值) 由指向它的其他网页的 PageRank 值之和决定。由于一个网页可能指向许多其他网页，那么它的 PageRank 值将被所有它所指向的网页共享。请注意这里与等级权威的区别，等级权威是不共享的。

为了将上面的思想公式化，我们将整个 Web 看作一个有向图 $G=(V,E)$，其中，V 是所有结点（即网页）的集合，而 E 是所有有向边（即超链接）的集合。假设 Web 上所有网页的数为 n（即 $n=|V|$），网页 i（用 $P(i)$表示）的 PageRank 值如下定义：

$$p(i)=\sum_{(j,i)\in E}\frac{p(j)}{O_j} \tag{8-1}$$

其中，O_j 是网页 j 的链出链接数目。根据数学方法，可以得到一个有 n 个线性等式和 n 个未知数的系统。我们可以用一个矩阵来表示所有的等式。用 P 表示 PageRank 值的 n 维列向量，如：

$$\boldsymbol{P}=(\boldsymbol{P}(1),\boldsymbol{P}(2),\cdots,\boldsymbol{P}(n))^{\mathrm{T}} \tag{8-2}$$

而 $\boldsymbol{A}$ 是表示图的邻接矩阵，有：

$$\boldsymbol{A}_{ij}=\begin{cases}\dfrac{1}{O_i}, & i,j\in E\\ 0, & \text{其他}\end{cases} \tag{8-3}$$

我们可以写出一个有 n 个等式的系统：

$$\boldsymbol{P}=\boldsymbol{A}^{\mathrm{T}}\boldsymbol{P} \tag{8-4}$$

这是一个**特征系统**的特征等式，其中，$\boldsymbol{P}$ 的解是相应特征值为 1 的**特征向量**。由于这是一个循环定义，因此需要一个迭代算法来解决它。在某些条件（后面将进行简单讨论）满足的情况下，1 是最大的特征值且 PageRank 向量 $\boldsymbol{P}$ 是**主特征向量**。一个称为**幂迭代**的数学方法可以用来解出 $\boldsymbol{P}$。

然而，由于 Web 图并不一定能够满足这些条件，因此等式 $\boldsymbol{P}=\boldsymbol{A}^{\mathrm{T}}\boldsymbol{P}$ 并不一定有效。为了介绍这些条件以及改进这个等式，我们基于马尔可夫链重新推导该等式。

在马尔可夫链模型中，每张网页或者说网络图中的每个结点都被认为是一个状态。一个超链接就是从一个状态到另一个状态的带有一定概率的转移。也就是说，这种框架模型将网页浏览作为一个随机过程。它将一个网页浏览者的随机浏览 Web 的行为作为马尔可夫链中的一个状态转移。我们用 O_i 来代表每个结点 i 的链出链接数。如果 Web 浏览者随机单击网页 i 中的链接，并且浏览者既不单击浏览器中的后退键也不直接在地址栏中输入地址，每个转移的概率是 I/O_i。如果用 $\boldsymbol{A}$ 来表示状态转移概率矩阵的话，可以得到如下方阵：

$$\boldsymbol{A}=\begin{pmatrix}A_{11} & A_{12} & \cdots & A_{1n}\\ A_{21} & A_{22} & \cdots & A_{2n}\\ \vdots & \vdots & \ddots & \vdots\\ A_{n1} & A_{n2} & \cdots & A_{nn}\end{pmatrix}$$

A_{ij} 代表在状态 i 的浏览者（正在浏览网页 i 的浏览者）转移到状态 j（浏览网页 j）的概率。

如果给出一个浏览者在每个状态(网页)的**初始概率分布**向量 $\boldsymbol{P}_0=(p_0(1),p_0(2),\cdots,p_0(H))^{\mathrm{T}}$ 以及一个 $n\times n$ 的**转移概率矩阵 A**,可以得到:

$$\sum_{i=1}^{n} p_0(i)=1 \tag{8-5}$$

$$\sum_{j=1}^{n} \boldsymbol{A}_{ij}=1 \tag{8-6}$$

式(8-6)对于某些网页来说可能是不成立的,因为这些网页可能没有链出链接。如果矩阵 **A** 满足等式(8-6),就可以称 **A** 是一个马尔可夫链的**随机矩阵**。我们先假设 **A** 是一个随机矩阵,然后在后面再解决它不是随机矩阵的情况。

在一个马尔可夫链中,一个大家都很关注的问题是:如果一开始给出一个初始的概率分部 $\boldsymbol{P}_0$,那么 n 步转移之后的马尔可夫链在每个状态 j 的概率是多少?可以用以下公式表示在1步后(一个状态转移后)系统(或者**随机浏览者**)在状态 j 的概率:

$$\boldsymbol{P}_1(j)=\sum_{i=1}^{n} \boldsymbol{A}_{ij}(1)\boldsymbol{P}_0(i) \tag{8-7}$$

其中,$\boldsymbol{A}_{ij}(1)$是一步转移后从 i 到 j 的概率,且 $\boldsymbol{A}_{ij}(1)=\boldsymbol{A}_{ij}$。我们写出一个矩阵表示它:

$$\boldsymbol{P}_1=\boldsymbol{A}^{\mathrm{T}}\boldsymbol{P}_0 \tag{8-8}$$

一般来说,在 k 步(k 次转移)后的概率分布是:

$$\boldsymbol{P}_k=\boldsymbol{A}^{\mathrm{T}}\boldsymbol{P}_{k-1} \tag{8-9}$$

式(8-9)与式(8-8)非常类似。我们达到了预期的目标。

根据马尔可夫链的各定理,如果矩阵 **A 不可约**且是**非周期**的,那么由**随机转移矩阵 A** 定义的有限马尔可夫链具有唯一的**静态概率分布**。我们将在接下来的推导中定义这些数学术语。

静态概率分布意味着经过一系列的状态转移之后,不管所选择的初始状态 $\boldsymbol{P}_0$ 是什么,$\boldsymbol{P}_k$ 都会收敛到一个稳定的状态概率向量$\boldsymbol{\pi}$,即

$$\lim_{x\to\infty} P_k=\boldsymbol{\pi} \tag{8-10}$$

当到达稳定状态时,有 $\boldsymbol{P}_k=\boldsymbol{P}_{k+1}=\boldsymbol{\pi}$,于是 $\pi=\boldsymbol{A}^{\mathrm{T}}\boldsymbol{\pi}$,其中,$\boldsymbol{\pi}$ 是 $\boldsymbol{A}^{\mathrm{T}}$ **特征值**为1的**主特征向量**。在PageRank算法中,π 被用作PageRank向量 $\boldsymbol{P}$。于是,再次得到了式(8-8),在这里将其重写为式(8-11):

$$\boldsymbol{P}=\boldsymbol{A}^{\mathrm{T}}\boldsymbol{P} \tag{8-11}$$

将静态概率分布$\boldsymbol{\pi}$ 作为PageRank向量是一种有道理并且相当直接的想法,因为它反映了一个随机浏览者访问网页的长期概率。如果一个网页被访问的概率高,那么相应的它的权威就应该高。

现在回到现实世界中的Web范畴来考虑上述条件是否成立,例如,矩阵 **A** 是否是随机矩阵以及它是否不可约和是否非周期。实际上,这些条件都不满足。因此,需要将理想情况下的式(8-11)扩展,以便得到一个"实际的PageRank模型"。现在来分别考虑下面的每个条件。

首先,A 不是一个**随机(转移)矩阵**。随机矩阵是一个有限马尔可夫链的转移矩阵,它的每一行数据都是非负实数且该行数据之和应该为 1(如式(8-6))。这要求每个 Web 网页都应该至少有一个链出链接。这在真实的 Web 网页上并不能够得到完全满足,因为有很多网页没有链出链接,反映到转移矩阵 $\boldsymbol{A}$ 上,表现为其某行数据全为 0。这种页面被称为**悬垂页**。

【例 8-1】 图 8-3 展示了一个超链接图的例子。

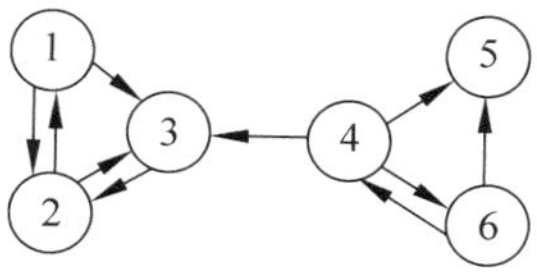

图 8-3　一个超链接图的例子

如果假设 Web 浏览者单击每个页面的概率是完全随机的话,能够得到下面的转移概率矩阵:

$$\boldsymbol{A}=\begin{pmatrix} 0 & \frac{1}{2} & \frac{1}{2} & 0 & 0 & 0 \\ \frac{1}{2} & 0 & \frac{1}{2} & 0 & 0 & 0 \\ 0 & 1 & 0 & 0 & 0 & 0 \\ 0 & 0 & \frac{1}{3} & 0 & \frac{1}{3} & \frac{1}{3} \\ 0 & 0 & 0 & 0 & 0 & 0 \\ 0 & 0 & 0 & \frac{1}{2} & \frac{1}{2} & 0 \end{pmatrix} \tag{8-12}$$

举个例子,$\boldsymbol{A}_{12}=\boldsymbol{A}_{13}=1/2$,因为结点 1 有两个链出链接。我们看出 $\boldsymbol{A}$ 并非一个随机矩阵,因为它的第五行全为 0,也就是说,页面 5 是一个悬垂页。

可以用多种方法解决这个问题,以便将 $\boldsymbol{A}$ 转换为一个随机转移矩阵。在这里只描述以下两种方法。

(1) 在 PageRank 计算中,将那些没有链出链接的页面从系统中移除,因为它们不会直接影响到其他页面的评级。而那些从其他网页指向这些页面的链出链接也将被移除。当 PageRank 被计算出来后,这些网页和指向它们的链接就可以被重新加入进来。利用式(8-11),它们的 PageRank 值能够很容易被计算出来。注意,那些被移除链接的网页的转移概率只会受到轻微而非巨大的影响。

(2) 为每个没有链出链接的页面 i 增加一个指向所有其他 Web 网页的外链集。这样,假设是统一概率分布的情况下,网页 i 到任何其他网页的概率都是 $1/n$。于是,就可以将全 0 行替换为 $\boldsymbol{e}/\boldsymbol{n}$,其中,$\boldsymbol{e}$ 是一个全 1 的 n 维向量。

如果使用第二种方法,即给页面 5 加上一个指向所有其他页面的链接集,从而使 $\boldsymbol{A}$ 变为一个随机矩阵,那么就能得到:

$$\boldsymbol{A}=\begin{pmatrix} 0 & \frac{1}{2} & \frac{1}{2} & 0 & 0 & 0 \\ \frac{1}{2} & 0 & \frac{1}{2} & 0 & 0 & 0 \\ 0 & 1 & 0 & 0 & 0 & 0 \\ 0 & 0 & \frac{1}{3} & 0 & \frac{1}{3} & \frac{1}{3} \\ \frac{1}{6} & \frac{1}{6} & \frac{1}{6} & \frac{1}{6} & \frac{1}{6} & \frac{1}{6} \\ 0 & 0 & 0 & \frac{1}{2} & \frac{1}{2} & 0 \end{pmatrix} \tag{8-13}$$

下面假设已经采取了任意一种办法使得 **A** 成为随机矩阵。

其次,**A** 不是不可约的。不可约意味着 Web 图 G 是强连通的。

定义 8.1　强连通:一个有向图 $G=(V,E)$是强连通的当且仅当对每一个 $u,v\in V$ 的结点对,都有一条从 u 到 v 的路径。

一个由矩阵 **A** 表示的一般意义上的 Web 图不是不可约的,因为对于某一个结点对 u 和 v 来说,可能没有一条从 u 到 v 的路径。这个问题和接下来将要发生的问题可以使用同一种策略解决。

最后,**A** 不是**非周期**的。一个马尔可夫链中的周期状态 i 意味着该链的转移需要经过一个有向环。

定义 8.2　非周期:如果存在一个大于 1 的整数 k,使得所有从状态 i 出发且回到状态 i 的路径长度都是 k 的整数倍的话,则状态 i 就是周期的,且周期是 k。如果一个状态不是周期的,那么它就是**非周期**的。如果一个马尔可夫链中的所有状态都是非周期的,那么该链就是非周期的。

【例 8-2】　图 8-4 展示了一个周期 $K=3$ 的马尔可夫链。它的转移矩阵在左边给出。每个该链中的状态的周期都是 3。例如,如果从状态 1 出发,回到状态 1 的路径只能是 1-2-3-1 或者该路径的多次重复,假设重复了 h 次。于是任何回到状态 1 的路径都要经过 $3h$ 次转移。在 Web 上有很多类似的情况。

$$\boldsymbol{A}=\begin{bmatrix} 0 & 1 & 0 \\ 0 & 0 & 1 \\ 1 & 0 & 0 \end{bmatrix}$$

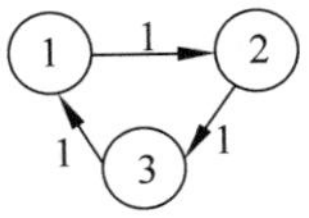

图 8-4　一个周期 $K=3$ 的马可夫链

用同一种策略来解决上面的两个问题非常简单。给每一个页面增加指向所有页面的链接,并且给予每个链接一个由参数 d 控制的转移概率。

这样转移矩阵变成了不可约的,因为原来的图显然已经变成强连通的了。图 8-4 中的情况也不存在了,因为现在从状态 i 出发再回到状态 i 有了各种可能长度的路径,于是它也就变成了非周期的。这就是说,一个随机浏览者为了到达一个状态,不再需要经过一个固定的环。在经过这个变化过程后,得到了一个改进的 PageRank 模型。在这个模型中,在任何一个网页上,一个随机的浏览者将有以下两种选择。

(1) 他会随机选择一个链出链接继续浏览的概率是 d。

(2) 他不通过单击链接,而是跳到另一个随机网页的概率是 $1-d$。

式(8-14)给出了这个改进的模型:

$$P=((1-d)\boldsymbol{E}/n+d\boldsymbol{A}^{\mathrm{T}})P \tag{8-14}$$

其中,$\boldsymbol{E}$ 是 $\boldsymbol{ee}^{\mathrm{T}}$($e$ 是全 1 的列向量),于是 $\boldsymbol{E}$ 是一个全为 1 的 $n\times n$ 方阵。跳到一个特定页面的概率是 $1/n$。其中,n 是整个 Web 图中的结点数量。请注意式(8-14)假设 $\boldsymbol{A}$ 已经被转换为一个随机矩阵。

【例 8-3】 如果依照图 8-3 中的例子和等式(8-13)(这里将 $\bar{\boldsymbol{A}}$ 用作 $\boldsymbol{A}$),扩大后的转移矩阵是:

$$(1-d)\boldsymbol{E}/n+d\boldsymbol{A}^{\mathrm{T}}=\begin{pmatrix} \frac{1}{60} & \frac{7}{15} & \frac{1}{60} & \frac{1}{60} & \frac{1}{6} & \frac{1}{100} \\ \frac{7}{15} & \frac{1}{60} & \frac{11}{12} & \frac{1}{60} & \frac{1}{6} & \frac{1}{60} \\ \frac{7}{15} & \frac{7}{15} & \frac{1}{60} & \frac{19}{60} & \frac{1}{6} & \frac{1}{60} \\ \frac{1}{60} & \frac{1}{60} & \frac{1}{60} & \frac{1}{60} & \frac{1}{6} & \frac{7}{15} \\ \frac{1}{60} & \frac{1}{60} & \frac{1}{60} & \frac{19}{60} & \frac{1}{6} & \frac{7}{15} \\ \frac{1}{60} & \frac{1}{60} & \frac{1}{60} & \frac{19}{60} & \frac{1}{60} & \frac{1}{60} \end{pmatrix} \tag{8-15}$$

其中,$(1-d)\boldsymbol{E}/n+d\boldsymbol{A}^{\mathrm{T}}$ 是一个**随机矩阵**(经过转置)。根据上面的讨论,它也是不可约的和非周期的。在这里取 $d=0.9$。

如果缩放等式(8-14)以使得 $e^{\mathrm{T}}p=n$,就得到了:

$$\boldsymbol{P}=(1-d)e+d\boldsymbol{A}^{\mathrm{T}}\boldsymbol{P} \tag{8-16}$$

在缩放式之前,有 $e^{\mathrm{T}}\boldsymbol{P}=I$(例如,如果我们回忆起 $\boldsymbol{P}$ 是马尔可夫链的静态概率向量 $\boldsymbol{\pi}$,那么 $\boldsymbol{P}(1)+\boldsymbol{P}(2)+\cdots+\boldsymbol{P}(n)=1$)。缩放等效为给式(8-11)两边同时乘以 n。

这就给出了计算每个页面的 PageRank 值的公式,如式(8-17)所示:

$$\boldsymbol{P}(i)=(1-d)+d\sum_{j=1}^{n}\boldsymbol{A}_{ji}\boldsymbol{P}(j) \tag{8-17}$$

这个公式等同于式(8-18):

$$\boldsymbol{P}(i)=(1-d)+d\sum_{(j,i)\in E}\frac{\boldsymbol{P}(j)}{O_j} \tag{8-18}$$

参数 d 称为**衰减系数**,被设定在 0 和 1 之间,d 被设为 0.85。

PageRank 值的计算可以采用著名的**幂迭代方法**,它能够计算出特征值为 1 的主特征向量。该算法是比较简单的,在图 8-5 中给出。算法可以由任意指派的初始状态开始。该迭代在 PageRank 值不再明显变化或者收敛的时候结束。在图 8-5 中,当剩余向量的 1-norm 小于预设的阈值 ε 时,迭代停止。注意向量的 1-norm 就是其所有分量绝对值的和。

PageRank-Iterate(G)

$p_0 \leftarrow e/n$

$k \leftarrow 1$

Repeat

$\boldsymbol{P}_k \leftarrow (1-d)e + d\boldsymbol{A}^{\mathrm{T}}\boldsymbol{P}_{k-1}$;

$k \leftarrow k+1$;

until $\| p_k - p_{k-1} \|_1 < \varepsilon$

Return $\boldsymbol{P}_k$

图 8-5　PageRank 的幂迭代方法

因为只对网页的排序等级感兴趣，实际的收敛是不必要的。也就是说，实际上只需要更少数量的迭代。

8.4.2　PageRank 算法的优点和缺点

PageRank 算法最主要的优点便是它防止作弊的能力。一个网页之所以重要是因为指向它的网页重要。一个网页的拥有者很难将指向自己的链入链接强行添加到别人的重要网页中，因此想要影响 PageRank 的值是非常不易的。然而，仍然有相关报道显示，有方法能够影响 PageRank 的值。识别和打击作弊是 Web 搜索中非常重要的一项工作。

PageRank 算法的另一个优点是其是从全局出发的度量以及其非查询相关的特性。也就是说，所有网页的 PageRank 值是离线计算并被保存下来的，而并不是在用户查询的时候才进行计算的。在进行搜索的时候，只需要进行一个简单的查询，然后再结合其他策略就能够进行网页评级了。所以，在搜索的时候非常有效率。以上两个优点对 Google 的巨大成功做出了重大的贡献。

然而，非查询相关的特性也是 PageRank 算法遭受批评的主要原因之一。它不能分辨网页在广泛意义上是权威的还是仅在特定的查询话题上是权威的。Google 也许有其他的办法来解决这个问题，当然由于其封闭性我们无法知晓。另外一个遭受批评的特性是它没有考虑时间。最后需要重申的一点是，基于链接的排序算法并不是所用的唯一策略，搜索引擎会用许多其他策略，包括信息检索方法、启发式方法、经验参数等。然而它们的细节都没有发布过。另外需要重申的是，PageRank 算法不是唯一的基于链接的静态全局排序算法，所有主要的搜索引擎，如 Bing 和 Yahoo！ 也有它们自己的算法。研究人员也提出了一些其他不是基于链接的排序算法，如 BrowseRank，它是基于从用户搜索日志建立浏览图的。

8.4.3　基于 LexRank 的多文档自动摘要方法

1. 特征向量中心性与 LexRank

在计算程度中心时，我们将每一条边当作一个候选，来决定每个结点的中心值。这是一个完全平等的方法,每一个候选的重要性都是一样的。然而,在许多类型的社会关系网中,并不是所有的关系都被看作平等的。例如,考虑一个通过友谊关系相互联系的人们的社交网络,一个人的声望不仅取决于他有多少朋友,还取决于他的朋友是谁。

同样的想法也可以应用在摘要提取中。程度中心可能会在某些情况下存在一种情况,即那些不需要考虑的语句互相投票并提高其核心地位,这将对生成摘要的质量产生负面影响。举一个极端的例子,考虑带噪声的群集,其中所有文档都相互关联,只有其中一个是关于一个稍有不同的主题。很明显,本文不会希望得到任何不相关的语句包含在该群集的泛型摘要中。但是,假定无关的文档中包含一些语句是非常重要的,则只考虑该文档中的候选语句。

这些语句会人工地获得高分,基于一组特定的语句集合。为了避免这种情况的出现,可通过限制候选语句的来源,并考虑将候选结点的中心度也纳入在加权图中。Erkan 和 Radev 设计了一个简单的公式,思路在于考虑每个结点的中心度值,并且将该值发至其相邻结点,该公式可描述如下:

$$p(u)=\sum_{v\in \operatorname{adj}[u]}\frac{p(v)}{\deg(\nu)} \tag{8-19}$$

其中,$p(u)$表示结点 u 的中心度;$\operatorname{adj}[u]$表示 u 的相邻结点集;$\deg(v)$表示结点 v 的程度。也可将式(8-19)转换为矩阵符号形式,可描述如下:

$$p=\boldsymbol{B}^{\mathrm{T}}p \tag{8-20}$$

$$\text{或}\quad \boldsymbol{p}^{\mathrm{T}}\boldsymbol{B}=\boldsymbol{p}^{\mathrm{T}} \tag{8-21}$$

其中,矩阵 $\boldsymbol{B}$ 来源于相似度图的邻接矩阵,通过执行每个元素除以对应行总和获得,即:

$$\boldsymbol{B}(i,j)=\frac{\boldsymbol{A}(i,j)}{\sum_{k}\boldsymbol{A}(i,k)} \tag{8-22}$$

注:行总和等于相应结点的程度。由于每个语句是至少类似其自身,所以该行的求和值均不为零。式(8-22)所示表示矩阵 $\boldsymbol{B}$ 对应特征值为 1 的左特征向量 $\boldsymbol{p}^{\mathrm{T}}$。为了保证这种特征向量存在并且被唯一地标识和计算,本文需要一些数学理论的支持。

设一个随机矩阵 $\boldsymbol{X}$,是马尔可夫链对应的转换矩阵。随机矩阵内的元素 $\boldsymbol{X}(i,j)$指定了由状态 i 至状态 j 在相应的马尔可夫链的过渡概率。根据概率论公理,随机矩阵中的所有行都应增加至 1。$\boldsymbol{X}^n(i,j)$表示由状态 i 至状态 j 在 n 次转换的概率。若满足如下条件,则马尔可夫链随机矩阵将汇聚到一个固定分布。

$$\lim_{n\to\infty}\boldsymbol{X}^n=\boldsymbol{1}^{\mathrm{T}}\boldsymbol{r} \tag{8-23}$$

其中,$\boldsymbol{1}=(1,1,\cdots,1)$;向量 $\boldsymbol{r}$ 表示调用的马尔可夫链的平稳分布。随机游走的概念,可以用来理解该平稳分布。$\boldsymbol{r}$ 的每个元素提供了渐近概率。

马尔可夫链是不能缩减的(如果任何一个状态是可以从另一个状态转换来的话),即对于所有 i,j 存在 n,使得 $\boldsymbol{X}^n(i,j)\neq 0$。

马尔可夫链是非周期性的,若对于任一 i,存在 $\gcd\{n: \boldsymbol{X}^n(i,j)>0\}=1$。根据贝隆-弗洛宾尼斯定理,不能缩减和非周期的马尔可夫链必将聚合到一个独特的平稳分布。如果马尔可夫链具有可还原或周期性的组件,随机游走因此被困住,而且从没有到访过其他部分的图。

表 8-1 列出了 DUC2004 数据集中 d1003t 的 11 个句子,表 8-2 列出了上述 11 个句子的句内余弦相似度,图 8-6 展示了表 8-2 中聚类的加权余弦相似图,图 8-7 中的三个图分别为表 8-2 中相似度阈值为 0.1、0.2 和 0.3 的相似图。

表 8-1 DUC 2004 中 d1003t 中的句子

SNo	ID	Text
1	d1s1	Iraqi Vice President Taha Yassin Ramadan announced today, Sunday, that Iraq refuses to back down from its decision to stop cooperating.
2	d2s1	Iraqi Vice president Taha Yassin Ramadan announced today, Thursday, that Iraq rejects cooperating with the United Nations except on the issue of lifting the blockade imposed upon it since the year 1990.
3	d2s2	Ramadan told reporters in Baghdad that "Iraq cannot deal positively with whoever represents the Security Council unless there was a clear stance on the issue of lifting the blockade off of it.
4	d2s3	Baghdad had decided late last October to completely cease cooperating with the inspectors of the United Nations Special Commission (UNSCOM), in charge of disarming Iraq's weapons, and whose work became very limited since the _fth of August, and announced it will not resume its cooperation with the Commission even if it were subjected to a military operation.
5	d3s1	The Russian Foreign Minister, Igor Ivanov, warned today, Wednesday against using force against Iraq, which will destroy, according to him, seven years of di_cult diplomatic work and will complicate the regional situation in the area.
6	d3s2	Ivanov contended that carrying out air strikes against Iraq, who refuses to cooperate with the United Nations inspectors, "will end the tremendous work achieved by the international group during the past seven years and will complicate the situation in the region."
7	d3s3	Nevertheless, Ivanov stressed that Baghdad must resume working with the Special Commission in charge of disarming the Iraqi weapons of mass destruction (UNSCOM).
8	d4s1	The Special Representative of the United Nations Secretary-General in Baghdad, Prakash Shah, announced today, Wednesday, after meeting with the Iraqi Deputy Prime Minister Tariq Aziz, that Iraq refuses to back down from its decision to cut o_ cooperation with the disarmament inspectors.
9	d5s1	British Prime Minister Tony Blair said today, Sunday, that the crisis between the international community and Iraq\did not end" and that Britain is still\ready, prepared, and able to strike Iraq."
10	d5s2	In a gathering with the press held at the Prime Minister's o_ce, Blair contended that the crisis with Iraq will not end until Iraq has absolutely and unconditionally respected its commitments" towards the United Nations.
11	d5s3	A spokesman for Tony Blair had indicated that the British Prime Minister gave permission to British Air Force Tornado planes stationed in Kuwait to join the aerial bombardment against Iraq.

表 8-2 DUC2004 中 d1003t 的句内余弦相似度

	1	2	3	4	5	6	7	8	9	10	11
1	1.00	0.45	0.02	0.17	0.03	0.22	0.03	0.28	0.06	0.06	0.00
2	0.45	1.00	0.16	0.27	0.03	0.19	0.03	0.21	0.03	0.15	0.00
3	0.02	0.16	1.00	0.03	0.00	0.01	0.03	0.04	0.00	0.01	0.00
4	0.17	0.27	0.03	1.00	0.01	0.16	0.28	0.17	0.00	0.09	0.01
5	0.03	0.03	0.00	0.01	1.00	0.29	0.05	0.15	0.20	0.04	0.18
6	0.22	0.19	0.01	0.16	0.29	1.00	0.05	0.29	0.04	0.20	0.03
7	0.03	0.03	0.03	0.28	0.05	0.05	1.00	0.06	0.00	0.00	0.01
8	0.28	0.21	0.04	0.17	0.15	0.29	0.06	1.00	0.25	0.20	0.17
9	0.06	0.03	0.00	0.00	0.20	0.04	0.00	0.25	1.00	0.26	0.39
10	0.06	0.15	0.01	0.09	0.04	0.20	0.00	0.20	0.26	1.00	0.12
11	0.00	0.00	0.00	0.01	0.18	0.03	0.01	0.17	0.38	0.12	1.00

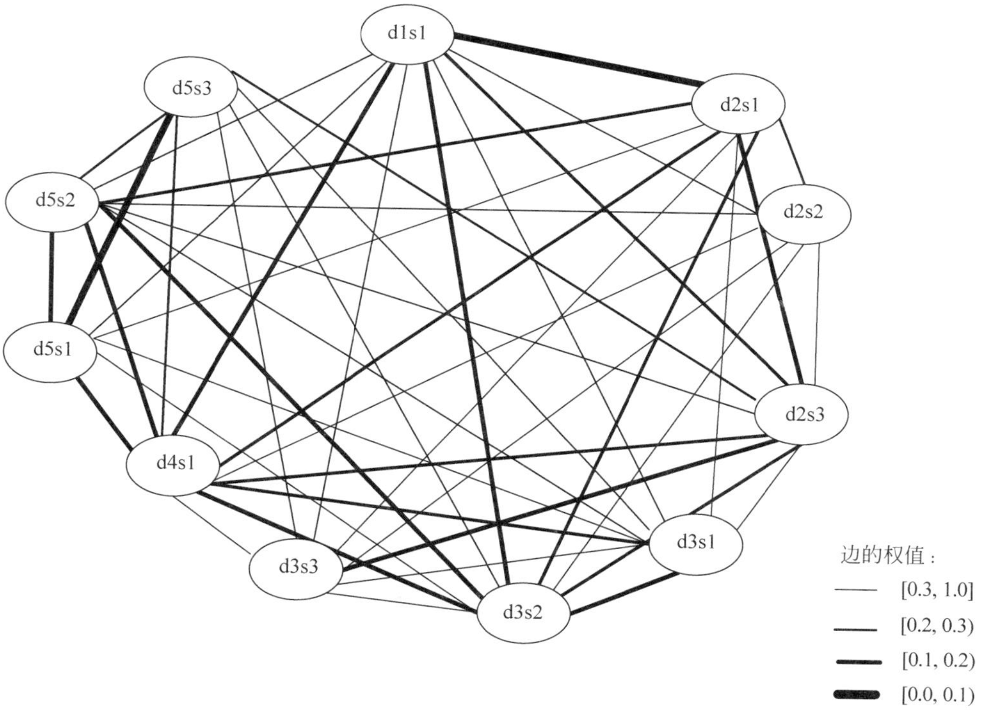

图 8-6 表 8-2 中聚类的加权余弦相似图

式(8-20)中相似度矩阵 $\boldsymbol{B}$ 满足随机矩阵属性，作者把它当作一个马尔可夫链。中心度向量 $\boldsymbol{p}$ 对应于 $\boldsymbol{B}$ 的平稳分布。不过，作者需要确保相似矩阵总是不可缩减和非周期的。为了解决此问题，学者佩奇建议保留一些低概率的结点可以跳转到图中的任何结点。通过这种方式随机游走可以逃避周期性或已断开连接的组件，使得图形实现不可缩减与非周期性。如果为跳转到图中的任意结点分配一个统一的概率，将得到式(8-20)的修改版本，称为 PageRank，具体可描述为：

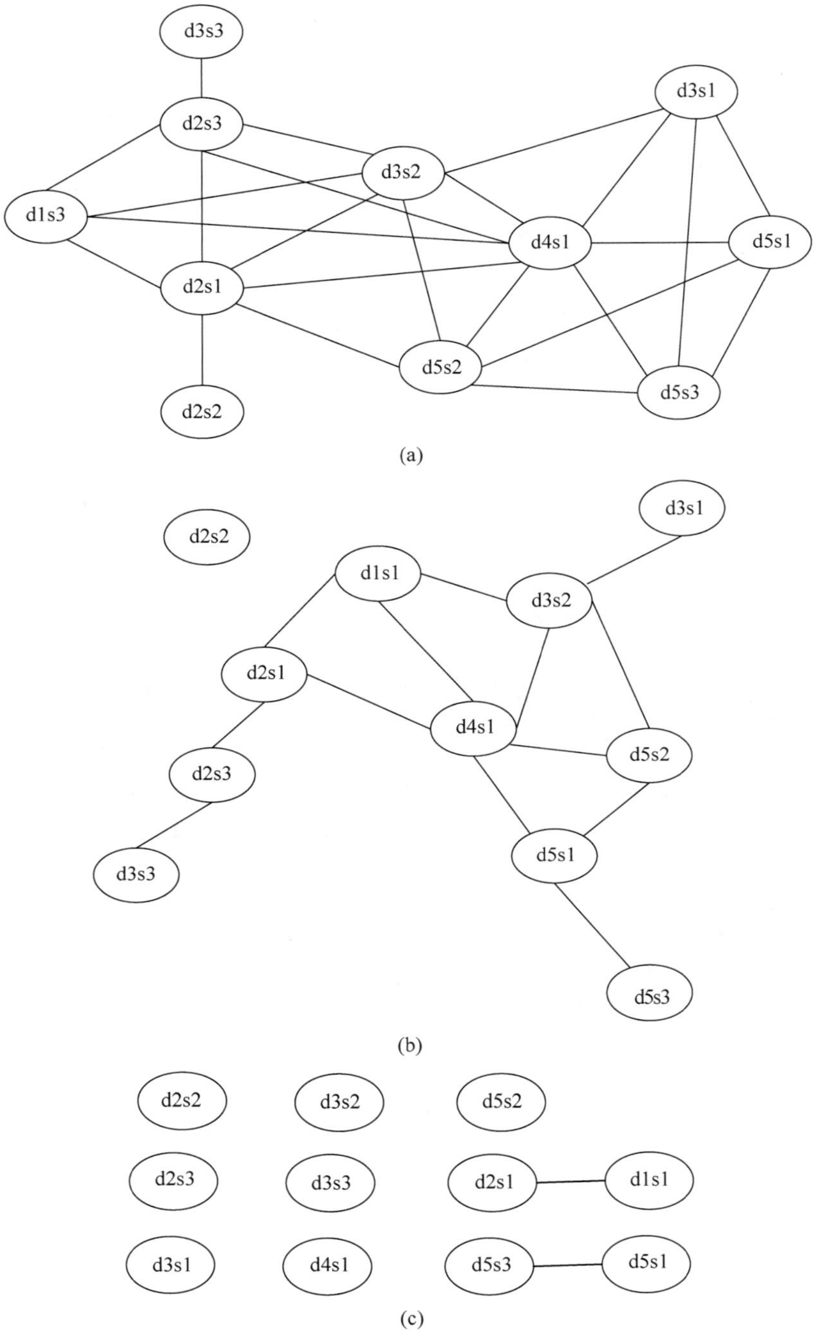

图 8-7　分别对应于表 8-2 中相似度阈值 0.1、0.2 和 0.3 的相似图

$$p(u)=\frac{d}{N}+(1-d)\sum_{v\in \mathrm{adj}[u]}\frac{p(v)}{\deg(\nu)} \tag{8-24}$$

其中，N 表示图中的结点总数；d 表示阻尼系数，通常选择区间为[0.1，0.2]。式(8-24)

可转换为矩阵形式：

$$p=[\mathrm{d}\boldsymbol{U}+(1-d)B]^{\mathrm{T}}p \tag{8-25}$$

其中 $\boldsymbol{U}$ 是所有元素都等于 $1/N$ 的方阵，得到的马尔可夫链的转移核 $[d\boldsymbol{U}+(1-d)\boldsymbol{B}]$ 是两个核 $\boldsymbol{U}$ 和 $\boldsymbol{B}$ 的混合。这条马尔可夫链上的随机游走者以概率 $1-d$ 选择当前状态的相邻状态，或者以概率 d 跳转到图中的任何状态(包括当前状态)。PageRank 公式最早被提出用于衡量 Web 页面的重要性，目前它仍然是 Google 搜索引擎的底层机制。

综合马尔可夫链的收敛性，这里设计一种简单的迭代算法，称为能量算法，以计算平稳分布。该算法始于均匀分布。在每次迭代中，特征向量都会更新一次，通过与随机矩阵转置相乘。由于马尔可夫链是不可缩减和非周期性的，该算法必然可以获得终止。算法描述如下。

算法 8-1：计算马尔可夫链平稳分布的算法

input：a stochastic，irreducible and aperiodic matrix $\boldsymbol{M}$，matrix size N，error tolerance ε

output：eigenvector $\boldsymbol{P}$

```
P_0 = 1/N;
t = 0;
repeat
    t = t + 1;
    P_t = M^T P_{t-1};
    δ = ‖P_t − P_{t-1}‖
until δ < ε;
return P_t;
```

与原来的 PageRank 方法不同，语句的相似度图是连通的，因为余弦的相似性是对称的关系。但这种不同并不会使平稳分布的计算方法有任何变化。本文称这种新的语句相似度计算方法为词汇 PageRank 或 LexRank。下述算法过程描述了如何计算一组给定的语句对应的 LexRank 分数。算法 8-2 总结了如何计算一组给定句子的 LexRank 分数。注：程度中心度分数同样被计算了(程度数组形式)，作为该算法的附属产品。表 8-2 显示了图 8-7 中设置阻尼系数为 0.85 的图表的 LexRank 得分。为了便于比较，表中还列出了每个句子的质心得分。所有的数字被归一化，使得排名最高的句子得到分数 1。从图中可以明显看出，阈值选择影响了某些句子的词汇量排名。

算法 8-2：计算词条等级分数

input：an array S of n sentences，cosine threshold t

output：an array L of LexRank scores

```
Array CosineMatrix[n][n];
Array Degree[n];
Array L[n];
```

```
4   for i ← 1 to n do
5       for j ← 1 to n do
6           CosineMatrix[i][j] = idf−modified−cosine(S[i],S[j]);
7           if CosineMatrix[i][j] > t then
8               CosineMatrix[i][j] = 1;
9               Degree[i] + +;
10          end
11          else
12              CosineMatrix[i][j] = 0;
13          end
14      end
15  end
16  for i←1 to n do
17      for j←1 to n do
18          CosineMatrix[i][j] = CosineMatrix[i][j]=Degree[i];
19      end
20  end
21  L = PowerMethod(CosineMatrix,n,ε);
22  return L;
```

表 8-3 给出了图 8-7 中各结点的 LexRank 得分。所有的值都是标准化的,因此每列的最大值是 1。语句 d4s1 是阈值 0.1 和 0.2 的最中心页面。

表 8-3　各结点的 LexRank 得分

ID	LR(0.1)	LR(0.2)	LR(0.3)	Centroid
d1s1	0.6007	0.6944	1.0000	0.7209
d2s1	0.8466	0.7317	1.0000	0.7249
d2s2	0.3491	0.6773	1.0000	0.1356
d2s3	0.7520	0.6550	1.0000	0.5694
d3s1	0.5907	0.4344	1.0000	0.6331
d3s2	0.7993	0.8718	1.0000	0.7972
d3s3	0.3548	0.4993	1.0000	0.3328
d4s1	1.0000	1.0000	1.0000	0.9414
d5s1	0.5921	0.7399	1.0000	0.9580
d5s2	0.6910	0.6967	1.0000	1.0000
d5s3	0.5921	0.4501	1.0000	0.7902

8.5　HITS 算法

HITS(Hypertext Induced Topic Search)与 PageRank 算法采用的静态分级算法不同,HITS 是查询相关的。当一个用户提交了一个查询请求以后,HITS 首先展开一个由搜索引擎返回的相关网页列表，然后给出两个扩展网页集合的评级，分别是权威等级和中心等级。

HITS 算法的关键思想是，一个优秀的中心页必然会指向很多优秀的权威页，一个优秀的权威页必然会被很多优秀的中心页指向。也就是说，权威页和中心页有一种互相促进的关系。图 8-8 展示了一个密集链接的中心网页和权威网页的集合(一个二分子图)。

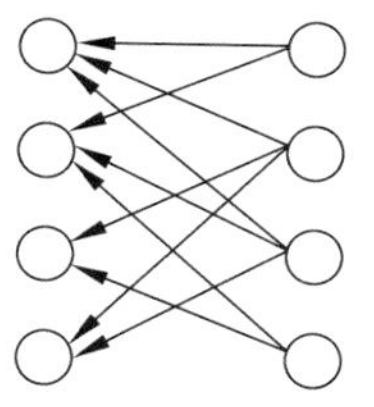

图 8-8 一个权威网页和中心网页的密集链接的集合

下面首先给出 HITS 算法，同时，在 HITS 和文献计量学研究领域中的引文耦合之间建立一种联系。这样就能讨论 HITS 的缺点和优点了，而且还能够讨论克服这些缺点的方法。

8.5.1 HITS 算法定义

在描述 HITS 算法之前，首先描述 HITS 算法是怎样收集待评级的页面的。给出一个宽泛的查询字段 q，HITS 将根据如下描述来搜集页面集合。

(1) 它将搜索字段 q 送至搜索引擎系统，然后收集 t(在多数文中采用 $t=200$)个排名最高的网页，这些网页都是与查询字段 q 高度相关的。这个集合称为**根集** W。

(2) 然后它通过将指向 W 集内部的网页或者 W 集内部网页指向的外部网页加入 W 集的方式来扩充 W。这将得到一个更大的集合，称之为 S。然而，这个集合可能相当大。算法通过限制每个 W 集内部的网页，仅允许它们最多将 k(在多数文中采用 $k=50$)个指向自己的网页带入 S 来限制 S 集的大小。集合 S 被称为基集。

接着 HITS 对 S 集内部的每张网页进行处理，对每张 S 集内部的网页指定一个**权威分值**和一个**中心分值**。假设待考察的网页数目为 n。再次使用 $G=(V,E)$来表示 S 的有向链接图。V 是网页集(结点)而 E 是有向边的集合(有向链接)。用 L 来表示图的邻接矩阵。

$$L_{ij}=\begin{cases}1, & (i,j)\in E\\ 0, & \text{其他}\end{cases} \tag{8-26}$$

每张网页 i 的权威分值被表示为 $a(i)$，而中心分值被表示为 $h(i)$。两种分值的相互增益关系可以被表示为：

$$a(i)=\sum_{(j,i)\in E}h(j) \tag{8-27}$$

$$h(i)=\sum_{(i,j)\in E}a(j) \tag{8-28}$$

将它们写成矩阵形式，用 $\boldsymbol{a}$ 来表示所有权威分值的列向量，$a=(a(1),a(2),\cdots,a(n))^{\mathrm{T}}$，用 $\boldsymbol{h}$ 来表示所有中心分值的列向量，$h=(h(1),h(2),\cdots,h(n))^{\mathrm{T}}$，

$$\boldsymbol{a}=\boldsymbol{L}^{\mathrm{T}}\boldsymbol{h} \tag{8-29}$$

$$\boldsymbol{h}=\boldsymbol{L}\boldsymbol{a} \tag{8-30}$$

计算权威分值和中心分值的方法基本上和计算 PageRank 分值所采用的幂迭代方法相同。如果使用 $\boldsymbol{a}_d$ 和 $\boldsymbol{h}_k$ 来表示第 k 次迭代中的权威分值和中心分值，那么得到最终解决

方案的迭代公式是：

$$\boldsymbol{a}_k = \boldsymbol{L}^{\mathrm{T}}\boldsymbol{L}\boldsymbol{a}_{k-1} \tag{8-31}$$

$$\boldsymbol{h}_k = \boldsymbol{L}\boldsymbol{L}^{\mathrm{T}}\boldsymbol{h}_{k-1} \tag{8-32}$$

初始情况为：

$$\boldsymbol{a}_0 = \boldsymbol{h}_0 = (1,1,\cdots,1) \tag{8-33}$$

注意式(8-31)(或者式(8-32))没有使用中心向量(或者权威向量)，因为用式(8-22)和式(8-30)进行了替换。

在每次迭代以后，数值都要经过归一化(保持它们足够小)处理，于是：

$$\sum_{i=1}^{n} a(i) = 1 \tag{8-34}$$

$$\sum_{i=1}^{n} h(i) = 1 \tag{8-35}$$

图 8-9 给出了 HITS 的幂迭代算法。当剩余向量的 1-norm 小于某些向量 ε_a 和 ε_h 时迭代终止。因此，该算法在平衡时得到了主特征向量，这和 PageRank 算法中一致。拥有更高权威值和更高中心值的网页表明它们分别是好的权威页和好的中心页。HITS 将选择一些中心性和权威性评级最高的网页，将它们返回给用户。

```
HITS-Iterate(G)
  a_0 ← h_0 ← (1,1,⋯,1);
  k ← 1;
  repeat
    a_k ← L^T L a_{k-1};
    h_k ← L L^T h_{k-1};
    a_k ← a_k / ||a_k||_1;
    h_k ← h_k / ||h_k||_1
  until ||a_k − a_{k-1}||_1 < ε_a and ||h_k − h_{k-1}||_1 < ε_h
return a_k and h_k;
```

图 8-9 基于幂迭代的 HITS 算法

虽然 HITS 总是收敛的，但是仍存在一个问题，即在限制(收敛)权威和中心向量时的单一性问题。现在有人已经发现在某些特定的图中，不同初始设置，在经过幂迭代后会得到不同的权威向量和中心向量。其中某些结果可能是不一致的或是错的。Farahat 等给出了几个这样的例子。这个问题的关键是可能会有重复的主要向量(几个特征值相同而且都是主特征向量)出现，这是由 $\boldsymbol{L}^{\mathrm{T}}\boldsymbol{L}$(相应的 $\boldsymbol{L}\boldsymbol{L}^{\mathrm{T}}$)是可约的造成的。第一种 PageRank 的解决方法也存在这种问题。然而，PageRank 的发明者找到了避免这个问题的方法。相应地，PageRank 中的解决方法也可以被利用到 HITS 中来。

8.5.2 寻找其他的特征向量

图 8-9 中给出的 HITS 算法计算出了主特征向量，该向量某种程度上表示了由搜索内容定义的图 G 中，最密集连接在一起的权威结点和中心结点。然而，在某些情况下，我们可能对在相同页面基集之间寻找密集链接的权威结点和中心结点的集合感兴趣。每个这样的集合都可能和搜索话题有关，但在图 G 中它们又是完全分离的，举例如下。

（1）搜索的字串可能拥有几种差别很大的含义使得查询变得模糊，例如，“jaguar”这个单词可能表示一种猫科动物或是一种轿车。

（2）搜索的字符串可能在不同社区中被当作某个话题的术语，如“classification”。

（3）搜索的字符串可能代表一个高度分化的话题，从而牵扯到某些相互之间不大有可能有关联的组织，如“abortion”。

在上述例子中，相关网页都能够自然地被分到几个簇中，或者叫作社区。一般来说，排名最高的权威页和中心页代表了主要的簇（或者说是主要的社区）。稍小一点的簇（或者说是社区），在像图 8-8 这样的二分子图中也有表示，它们可以通过计算非主特征向量得到。计算非主特征向量所采用的方法为**正交迭代**或者 **QR** 迭代，这两种方式与幂迭代类似。这里将不讨论这些方法的细节。

8.5.3 寻找同引分析和文献耦合的关系

权威页和中心页在计量引用领域有相对应的概念。一个权威页就像是一个有影响力的研究论文，将会被许多后继论文引用。一个中心页就像是一个调查论文一样，它将引用许多其他论文（包括很多有影响力的文章）。毫无疑问，权威性和中心性，以及同引分析和引文耦合之间存在某种关系。

回忆起前面提到的页面 i 和页面 j 的同引分析指数，我们用 C_{ij} 来表示，它可以通过如下计算公式得到：

$$C_{ij}=\sum_{k=1}^{n}\boldsymbol{L}_{ki}\boldsymbol{L}_{kj}=(\boldsymbol{L}^{\mathrm{T}}\boldsymbol{L})_{ij} \tag{8-36}$$

这说明了 HITS 算法中的权威矩阵（$\boldsymbol{L}^{\mathrm{T}}\boldsymbol{L}$）实际上就是 Web 范畴中的同引分析矩阵。

同样，前面提到的页面 i 和页面 j 的引文耦合程度，我们用 B_{ij} 表示，可以按如下公式计算：

$$B_{ij}=\sum_{k=1}^{n}\boldsymbol{L}_{ik}\boldsymbol{L}_{jk}=(\boldsymbol{L}\boldsymbol{L}^{\mathrm{T}})_{ij} \tag{8-37}$$

这说明了 HITS 中的中心矩阵（$\boldsymbol{L}\boldsymbol{L}^{\mathrm{T}}$）就是 Web 范畴中的引文耦合矩阵。

8.5.4 HITS 算法的优点和缺点

HITS 的主要优点是它根据搜索内容来为网页评级，这样它就能提供更加相关的权威页和中心页。这种评级方法也可以结合其他基于信息获取的评级方式。然而，HITS 也有几个缺点。

（1）它没有像 PageRank 那样好的反作弊能力。在自己的网页上添加大量指向权威网页的链接能够很容易影响到 HITS 算法。这能够显著增加网页的中心性分值。因为中心性和权威性是互相关联的,所以这样做也能够影响到权威性分值。

(2) 另外一个问题是话题漂移问题。在扩充根集的过程中,该算法很容易将一些与所搜索话题无关的网页(包括中心页与权威页)加入到基集中去,即那些被根集中的页面所指向,实际上却和搜索话题无关的页面,或者是指向根集中的页面,但是与话题无关的页面。造成这种情况的原因主要是,人们会出于各种原因添加链接,当然,作弊也是其中的原因之一。

(3) 搜索时计算也是一个主要的不足之处。寻找根集,扩展根集,然后计算特征向量都是非常花时间的操作。

多年来,众多研究者都在尝试解决上面的问题。我们将在下面进行简单介绍。一些研究者提出,对 Web 图的拓扑结构进行微小的改动能够明显改变最终得到的权威和中心向量。微小的扰动对于 PageRank 算法来说几乎没有影响,在这点上它比 HITS 要稳定。这要归功于 PageRank 的随机跳转步骤。Ng 等提出将一种类似的随机跳转步骤(随机跳转到基集的概率为 d)加入到 HITS 算法中,并证明它能够显著提高 HITS 的稳定性。Lempel 和 Moran 提出了 SALSA,即链接结构分析的随机算法。SALSA 结合了 HITS 和 PageRank 算法的某些特征来改进对于中心性和权威性的计算。它将问题投影到两个马尔可夫链上,一个权威性马尔可夫链和一个中心性马尔可夫链。SALSA 对作弊的免疫性要好一些,因为权威性分值和中心性分值之间的耦合比以前宽松。

Bharat 和 Henzinger 提出了一个对付网站之间的偏袒链接关系的方法。所谓偏袒链接就是一个网站上很多网页都指向另一个网站上的单一网页。这种手段增加了第一个网站上网页的中心性和第二个网站上网页的权威性。同样,对中心性也可以采用相同的手段。这些链接可能都是由同一个人建立的,因此它们被称为"偏袒的"链接,它们被用来增加目标页的评级,指出了可以为链接增加权重来解决这个问题。也就是说,如果有 k 条边从第一个网站的网页中发出,指向第二个网站上的单一网页,我们就把每个边的权威权重赋为 $1/k$。如果有 L 条边从第一个网页上的单一页指向第二个网站上的一个网页集,我们就将每条边的中心权重设为 $1/L$。这些权重将被用在权威性和中心性的计算中。然而,现在又出现了多个网站之间(大于两个)的更加复杂的作弊手段。

在解决 HITS 的话题漂移问题时,现有的手段主要是基于在根集扩张时对网页内容进行相似性比较。正如这样的描述,如果一个扩展的网页在内容相似性(基于余弦相似性)上和根集合里的网页差别过大,它将被放弃。余下的链接仍然按照相似性赋予权重。曾有人提出,利用链接锚文本(Anchor Text)和搜索话题之间的相似性来度量链接的权重(不像在 HITS 中只是给每个链接权重 1)。另有人更进一步利用网页的 DOM (Document Object Model)树形结构来找出和话题联系更加紧密的块或者子树,而不是将网页作为一个整体来考察它和搜索内容之间的关系。这种方法对于处理互联网上日渐增加的多话题网页很有帮助。在这个领域的最新成果是基于块的链接分析(Block－based Link Analysis),它将一个 Web 页面分成若干不同的块,根据每个块在页面中的位置和其他信息,赋予它一个权重。这些权重在 HITS 计算(也包括 PageRank 计算)中被用来度量链接的权重。这将显著减少那些非重要链接对分析结果造成的影响,正是这些非重要链接造成了话题漂移,有些链接的目的甚至是为了作弊。

8.5.5 基于 HITS 的多文档自动摘要

马尔可夫随机漫步模型(MRW)通过在文档的句子之间使用“投票”或“推荐”,已成功地用于多文档摘要。该模型首先构建一个有向图或无向图来反映句子之间的关系,然后应用基于图的排名算法计算句子的排名分数。排名分数高的句子被选到总结中。但是,该模型对文档集合中的句子进行统一使用,即对所有句子进行排序,不考虑句子级别信息之外的更高级别信息。实际上,给定一个文档集合,通常存在若干主题或子主题,而每个主题或子主题都由一组相关度很高的句子来表示。主题簇通常大小不同,对用户理解文档集的重要性也不同。集群级别的信息被认为是对句子排序过程有很大的影响。而且,同一主题群中的句子不能被统一对待。聚类中的某些句子比其他句子更重要,因为它们与聚类中心的距离不同。总之,在马尔可夫随机漫步模型中,既不能考虑簇级信息,也不能考虑句子到簇的关系。

为了解决上述马尔可夫随机漫步模型的局限性,万小军提出了信息纳入句子排序过程,即基于集群的 HITS 模型(ClusterHITS),该模型将集群和句子视为网络中的中心和权威。在 DUC2001 和 DUC2002 数据集上进行了实验,结果表明了该模型的有效性。

1. 算法简介

在基本 MRW 模型中,所有的句子都是不可区分的,即对句子进行统一处理。但是,正如在前面提到的,可能有很多因素会影响句子的重要性分析。如一个文档集通常包含几个主题,每个主题可以用一组与主题相关的句子来表示。主题群并不同等重要。作者的假设是,一个重要的主题聚类中的句子的排名要高于其他主题聚类中的句子,一个重要的主题聚类中的句子的排名要高于其他主题聚类中的句子。

为了充分利用聚类层信息,万小军提出了利用句子和聚类之间的关系,即基于聚类的 HITS 模型(ClusterHITS),该模型将句子-聚类关系形式化为 HITS 算法中的权威-中心关系。该模型基于链接分析技术。

请注意,上面的模型用于计算文档集中句子的显著性得分,并且需要其他步骤来生成最终的摘要。总体总结框架由以下三个步骤组成。

(1) 主题聚类检测:这一步的目的是检测文档集中的主题聚类。在本研究中,我们简单地使用聚类算法将句子分成几个主题聚类。

(2) 句子得分计算:该步骤的目的是通过使用 ClusterHITS 模型计算文档集合中句子的显著性得分,以包含集群级别的信息。

(3) 摘要提取:采用与基本模型相同的算法去除冗余,选择摘要句。

前两个步骤是关键步骤,下面将分别描述细节。最后一步非常简单,在本文中省略了它的细节。

2. 主题集群检测

在实验中,作者探索了三种流行的聚类算法来生成主题聚类。在本研究中,给定一个文档集，很难预测实际的簇数，因此通常设置预期簇数 K 如下：

$$K=\sqrt{[V]} \tag{8-38}$$

其中，$|V|$ 为文档集合中所有句子的个数。

聚类算法描述如下。

K-means 聚类：是一种基于分区的聚类算法。该算法随机选取 K 个句子作为 K 个聚类的初始质心，然后迭代地将所有句子分配到最近的聚类中，重新计算每个聚类的质心，直到质心不变。使用标准余弦度量计算句子和聚类质心之间的相似度。

Agglomerative 聚类：是一个自底向上的层次聚类算法和从句子开始作为单独的集群，在每个步骤中，合并或最亲密的一对集群最相似，直到集群的数量降低到所需的数 K。两个簇之间的相似度的计算使用 AverageLink 方法，计算平均余弦相似度的值之间的任何一对句子分别属于两个集群。

Divisive 聚类：是一种自上而下的分层聚类算法，从一个全包的聚类开始，每一步使用 K-means 算法将最大的聚类（即句子最多的聚类）分成两个小的聚类，直到聚类数量增加到想要的 K 为止。

3. 基于集群的 HITS 模型

与 ClusterCMRW 模型不同，HITS 模型区分了对象中的中心和权威。一个 Hub 对象链接到许多优秀的权威机构，一个 Authority 对象具有高质量的内容，并且有许多 Hub 链接到它。中心分数和权威分数以一种强化的方式计算。在本研究中，认为主题群是中心，句子是权威。图 8-10 给出了二分图表示，其中上层是中心层，下层是权威层。HITS 模型只使用句子到集群的关系。

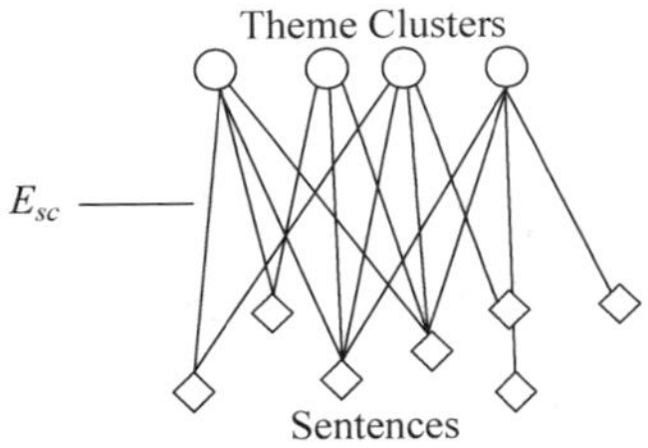

图 8-10 二分图

形式上，二分图被表示为 $G\#=\langle V_s,V_c,E_{sc}\rangle$，其中，$V_s=V=\{v_i\}$ 是一组句子（即权威），而 $V_c=C=\{c_j\}$ 是主题簇的集合（即中心）；$E_{sc}=\{e_{ij}\mid v_i\in V_s,c_j\in V_c\}$ 对应于任何句子和任何簇之间的相关性。每个边 e_{ij} 与表示句子 v_i 和簇 c_j 之间关系强度的权重 w_{ij} 相关联。类似地，计算权重 w_{ij} 也通过余弦测度。设 $\boldsymbol{L}=(L_{i,j})|V_s|\times|V_c|$ 表示邻接矩阵并且 $\boldsymbol{L}$ 定义如下：

$$\boldsymbol{L}_{i,j}=w_{i,j}=\text{simcosine}(v_i,c_j) \tag{8-39}$$

然后，根据第 t 次迭代的中心得分和权威得分，计算第 $(t+1)$ 次迭代时句子 v_i 的权威得分 AuthScore$(t+1)(v_i)$ 和聚类 c_j 的中心得分 HubScore$(t+1)(c_j)$，如下：

$$\text{AuthScore}^{(t+1)}(\nu_i)=\sum_{c_j\in V_c}w_{ij}\cdot\text{HubScore}^{(t)}(c_j) \tag{8-40}$$

$$\text{HubScore}^{(t+1)}(c_j)=\sum_{v_i\in V_s}w_{ij}\cdot\text{AuthScore}^{(t)}(v_i) \tag{8-41}$$

矩阵形式是：

$$\vec{\boldsymbol{a}}(t+1)=\boldsymbol{L}\vec{\boldsymbol{h}}(t) \tag{8-42}$$

$$\vec{\boldsymbol{h}}(t+1)=\boldsymbol{L}^{\mathrm{T}}\vec{\boldsymbol{a}}(t) \tag{8-43}$$

其中，$\vec{a}(t)=[\text{AuthScore}^{(t+1)}(\nu_i)]|V_s|\times 1$ 是句子在第 t 次迭代时的权威得分向量，$\vec{h}(t)=[\text{HubScore}^{(t+1)}(c_j)^{(t)}]|V_c|\times 1$ 是群集在第 t 次迭代时的中心得分向量。为了保证迭代形式的收敛性，每次迭代后对$\vec{a}$ 和$\vec{h}$ 进行归一化，如下：

$$\vec{a}(t+1)=\vec{a}(t+1)/|\vec{a}(t+1)| \tag{8-44}$$

$$\vec{h}(t+1)=\vec{h}(t+1)/|\vec{h}(t+1)| \tag{8-45}$$

可以证明，权力向量$\vec{a}$ 收敛于权力矩阵 $\boldsymbol{L}\boldsymbol{L}^{\mathrm{T}}$ 的主导特征向量，枢纽向量$\vec{h}$ 收敛于枢纽矩阵 $\boldsymbol{L}^{\mathrm{T}}\boldsymbol{L}$ 的主导特征向量。数值计算分数时，将所有句子和聚类的初始分数设为 1，使用上述迭代步骤计算新的分数，直到收敛。通常情况下，迭代算法的收敛性是在对任意句子和聚类进行连续两次迭代计算得到的分数差低于给定阈值(本研究中为 0.0001)时实现的。

最后，使用权威分数作为句子的显著性分数。然后，这些句子被排序，并被选为摘要。

8.6 两种算法的比较

通过理论分析和算法实际运行结果比较，可以得到两种算法的区别。

(1) PageRank 是对 WWW 的整体分析，通过模拟 WWW 上的随机游动对每一个网页计算其 PageRank 值。因此该算法是独立于用户查询的，可以对用户要求产生快速的响应。HITS 算法是对 WWW 的局部分析，是根据特定的查询产生不同的根集，然后计算网页的 Authority 值和 Hub 值。该算法是依赖于用户查询的，实时性差。

(2) HITS 算法存在“主题漂移”的现象，如用户在查询“有机化学”时，由于算法中需要对初次检索结果的根集扩充成基集，最终的检索结果总会包含大量的有关“化学”的站点。因此，HITS 适合宽主题的查询，而 PageRank 则较好地克服了“主题漂移”的现象。

(3) 实际应用中，由 S 生成 T 的时间开销是很昂贵的，需要下载和分析 S 中每个网页的所有链接，并且排出重复的链接。一般 T 比 S 大很多，由 T 生成有向图也很费时，需要分别计算网页的 A/H 值，计算量 HITS 比 PageRank 算法大。

因而可以看出，PageRank 算法比 HITS 算法有一定的优势，也成为商业应用中最成功的一种算法。虽然 PageRank 算法已经成功地用于 Google 搜索引擎中，但是有一个问题仍然存在，那就是网页中的每个链接的重要性并非都是一样的，PageRank 算法并没有进行区分。

8.7 链接分析的应用

Web 结构挖掘主要应用于 WWW 上的信息检索领域，如前面所介绍的集中算法都是利用网页间超链接信息对搜索引擎的检索结果进行相关度排序，另外，在信息检索领域的应用还包括寻找个人主页和相似性网页等。

除此之外，Web 结构分析可以提高搜索蜘蛛在网上爬行的效率，其搜索策略是沿着超链接优先爬行具有最高 PageRank 值的网页，从而使其以最短的路径、最少的时间发现最多最新的文档信息。

Web 主机的镜像似的搜索引擎为镜像网页建立了大量重复的索引，不仅造成了存储空间的浪费，而且直接导致了检索结果的重复。由于近似镜像 Web 页的主机在链接结构上非常近似，因此 Bharat 等通过将 IP 地址分析、URL 模式分析和链接结构分析相结合的方法，可以检测大量的近似镜像 Web 页。近似镜像检测算法已经被成功地应用于消除"搜索引擎"系统的重复网页，成为提高搜索引擎服务质量的关键技术之一。

另外，Web 结构挖掘还可以对 Web 页进行分类，预测用户的链接使用及链接属性的可视化，对各个企业搜索引擎索引的 Web 页数量进行统计分析等。最后再介绍一些关于 Web 站点的超链结构信息的应用。

(1) 超链结构可以用于指导 Robot 的站点信息收集工作。Robot 是 WWW 搜索引擎收集文档索引信息的主要手段，它可以沿超链自动地浏览 Web 站点。根据前面的讨论，为了以最小的代价发现最多的文档，Robot 应该沿着正向超链浏览 Web 站点。

(2) 超链结构可以用于帮助站点识别站点内部的各个独立的信息（子）系统。一个 Web 站点可以理解为一个由许多相对独立的（子）系统嵌套而成的信息系统，这些信息（子）系统的原始结构可以呈现出一种层次性，但是由于一个文档中可以包含指向任意已知文档的超链，而一个 Web 站点的资源通常是十分模糊的。正向超链体现了文档之间的层次结构关系，如果已知一个信息（子）系统的入口，那么就可以把（子）系统的范围理解为从入口沿正向超链可达的站点文档集。

(3) 超链结构可以用于改善搜索引擎的查询质量，一般而言，搜索引擎的查询结果通常是比较庞大的，内容许多是与查询条件无关的信息。为了方便用户的理解和利用，查询结果的排列次序是十分重要的。根据前面的讨论，Web 站点内的文档位于不同的层次上，层次越高的文档通常越重要。因此除了其他因素，如相关程度等，文档的层次也是查询结果排序的一个重要依据。在其他条件相同或相似的情况下，文档的层次越高，它的次序就应该越靠前。

习题

1. PageRank 算法和 HITS 算法的区别和联系是什么？

2. 给定由 4 个网页组成的网页集合，它们之间的相互连接关系如图 8-11 所示。请列出该网页集合的转移矩阵，并计算每个网页的 PageRank 值。

3. 如图 8-12 所示有 3 个网页 A、B、C 及其链接关系：

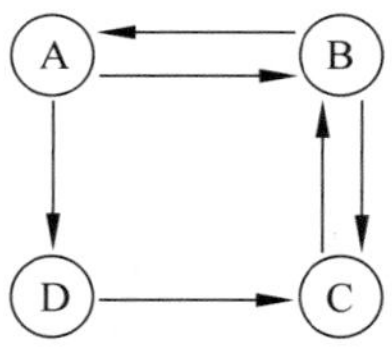

图 8-11　网页集合

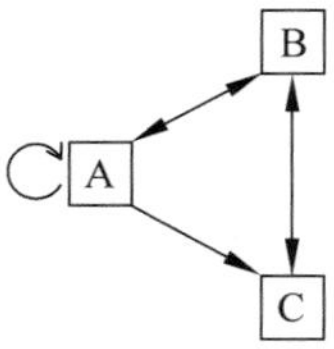

图 8-12　网页及其链接关系

请先构造邻接矩阵，并用 HITS 算法对三个网页进行排序。

参 考 文 献

[1] 王兰成. 信息检索·原理与技术[M]. 北京：高等教育出版社，2011.

[2] STEFAN I. 信息检索：实现和评价搜索引擎[M]. 陈健，等译. 北京：机械工业出版社，2012.

[3] DAVID A G. 信息检索：算法与启发式方法[M]. 张华平，等译. 2 版. 北京：人民邮电出版社，2010.

[4] CHRISTOPHER D M. 信息检索导论(修订版)[M]. 王斌，等译. 北京：人民邮电出版社，2019.

[5] 蔡晓妍，等. 商务智能与数据挖掘[M]. 2 版. 北京：清华大学出版社，2018.

[6] 新手学信息检索 6：谈谈二值独立模型[EB/OL]. [2020-12-30]. https://www.cnblogs.com/haolujun/archive/2013/01/14/2859744.html.

[7] 苏绥，等. 语言模型在信息检索中的应用[J]. 情报学报，2011，30(7)：704-713.

[8] 余姗姗，等. 基于改进的 TextRank 的自动摘要提取方法[J]. 计算机科学，2016，43(6)：240-247.

[9] 苏力华. 基于向量空间模型的文本分类技术研究[D/OL]. 西安：西安电子科技大学，2006. [2021-11-15]. http://d.wanfangdata.com.cn/thesis/ChJUaGVzaXNOZXdTMjAyMTAyMDESB1k4NTg4OTEaCG5ubHkxdzUx.

[10] 刘宏超. 基于 DBSCAN 的文本聚类算法研究[D/OL]. 南昌：江西财经大学，2016. [2021-1-15]. http://d.wanfangdata.com.cn/thesis/ChJUaGVzaXNOZXdTMjAyMTAyMDESCFkzMDczNDIyGghxeDM4MWU3eA%3D%3D.

[11] 陈治刚，等. 基于向量空间模型的文本分类系统的研究与实现[J]. 中文信息学报，2004，19(1)：36-41.

[12] 李健. 聚类分析及其在文本挖掘中的应用[D/OL]. 西安：西安电子科技大学，2005. [2021-1-15]. http://d.wanfangdata.com.cn/thesis/ChJUaGVzaXNOZXdTMjAyMTAyMDESB1k2OTU2ODgaCGQyYmFhMnpw.

[13] 马存. 基于 Word2Vec 的中文短文本聚类算法研究与应用[D/OL]. 沈阳：中国科学院沈阳计算技术研究所，2018. [2020-12-30]. http://d.wanfangdata.com.cn/thesis/ChJUaGVzaXNOZXdTMjAyMTAyMDESCFkzNDgwODQ1GghpNWJueWM1dg%3D%3D.

[14] 明拓思宇，等. 文本摘要研究进展与趋势[J]. 网络与信息安全学报，2018，4(6)：2018048-1.

[15] 徐馨韬，等. 基于改进 TextRank 算法的中文文本摘要提取[J]. 计算机工程，2019，45(3)：273-277.

[16] 熊娇. 基于词项-句子-文档三层图模型的多文档自动摘要[D/OL]. 南昌：江西师范大学，2015. [2020-11-23]. http://d.wanfangdata.com.cn/thesis/ChJUaGVzaXNOZXdTMjAyMTAyMDESB0Q2NjEyNjUaCHN0aG5pNHFu.

[17] 江跃华，等. 融合词汇特征的生成式摘要模型[J]. 河北科技大学学报，2019，40(2)：152-158.

[18] 郭洪杰. 基于深度学习的生成式自动摘要技术研究[D/OL]. 哈尔滨：哈尔滨工业大学，2018 [2021-1-12]. http://d.wanfangdata.com.cn/thesis/ChJUaGVzaXNOZXdTMjAyMTAy MDESCUQwMTU4NzgzMRoIZ29sMzdzOHE%3D.

[19] 陆亚男. 基于深度学习的摘要生成模型研究[D/OL]. 成都：电子科技大学，2019. [2021-1-10]. http://d.wanfangdata.com.cn/thesis/ChJUaGVzaXNOZXdTMjAyMTAyMDESCUQwMTcx NjE2MRoIZ29sMzdzOHE%3D.

[20] 薛航. 基于内容和社交网络的文本推荐系统的研究与实现[D/OL]. 北京：北京邮电大学，2019. [2021-1-10]. https://kns.cnki.net/kcms/detail/detail.aspx?dbcode=CMFD&dbname=CMFD201902&filename=1019114160.nh&v=OTgjdo0qDHRIEXHWvAFZspdltTWcI1dn43v9ZzBCR6%25mmd2B4Efh22hJN%25mmd2BIC0s7XBNdWh.

[21] 李建宇.基于图表学习的社交推荐研究[D/OL].北京：北京交通大学，2018.[2020-2-10].https://kns.cnki.net/kcms/detail/detail.aspx? dbcode=CMFD&dbname=CMFD201901&filename=1018109187.nh&v=vjOZ2EmvIuUQYlJUfyminIpeIeyNsca7Ma%25mmd2FIVvn17%25mmd2F9yEwY7Td55s5DSpQToEfJe.

[22] PETER H.机器学习实战[M].李锐，等译.北京：人民邮电出版社，2013.

[23] WAN X J，YANG J W. Multi-Document Summarization Using Cluster-Based Link Analysis [C]. In Proceedings of SIGIR08，pp.299-306.

[24] ERKAN G，RADEV D R. LexRank：Graph-based Lexical Centrality as Salience in Text Summarization [J]. Journal of Artificial Intelligence Research 22.2004：457-479.

[25] 彭钰莹.基于排序学习的生物医学领域信息检索[D/OL].大连：大连理工大学，2018.[2020-11-26].http://d.wanfangdata.com.cn/thesis/ChJUaGVzaXNOZXdTMjAyMTAyMDESCUQw MTU1Njg2NhoIeHM3a3R6NGc%3D.

[26] 许奥狄.信息检索中基于深度学习的文本表示与分类方法研究[D/OL].重庆：重庆邮电大学，2019.[2020-10-15].http://d.wanfangdata.com.cn/thesis/ChJUaGVzaXNOZXdTMjAyMTAyMDESCUQwMTg2Nzk0MRoIeHM3a3R6NGc%3D.

图书资源支持

感谢您一直以来对清华版图书的支持和爱护。为了配合本书的使用，本书提供配套的资源，有需求的读者请扫描下方的“书圈”微信公众号二维码，在图书专区下载，也可以拨打电话或发送电子邮件咨询。

如果您在使用本书的过程中遇到了什么问题，或者有相关图书出版计划，也请您发邮件告诉我们，以便我们更好地为您服务。

我们的联系方式：

地　　址：北京市海淀区双清路学研大厦 A 座 714

邮　　编：100084

电　　话：010-83470236　010-83470237

客服邮箱：2301891038@qq.com

QQ：2301891038（请写明您的单位和姓名）

资源下载：关注公众号“书圈”下载配套资源。

资源下载、样书申请

书圈

图书案例

清华计算机学堂

观看课程直播